电脑 Diannao | 即学即用 | 系列
Jixuejiyong Xilie

Word 2007 即学即用

王彬华 编著

电子科技大学出版社

图书在版编目（CIP）数据

Word 2007 即学即用 / 王彬华编著. —成都：电子科技大学出版社，2008.1

(电脑即学即用系列)

ISBN 978-7-81114-722-3

Ⅰ. W… Ⅱ. 王… Ⅲ. 文字处理系统，Word 2007 Ⅳ. TP391.12

中国版本图书馆 CIP 数据核字（2007）第 192214 号

Word 2007 即学即用

王彬华　编著

出　　版：电子科技大学出版社（成都市一环路东一段 159 号电子信息产业大厦　邮编：610051）

策划编辑：谢应成

责任编辑：谢晓辉

主　　页：www. uestcp. com.cn

电子邮箱：uestcp @ uestcp.com.cn

发　　行：新华书店经销

印　　刷：四川南方印务有限公司

成品尺寸：185 mm×230 mm　印张 12. 25　字数 282 千字

版　　次：2008 年 1 月第一版

印　　次：2008 年 1 月第一次印刷

书　　号：ISBN 978-7-81114-722-3

定　　价：20. 00 元

《电脑即学即用系列》

电脑作为现代办公设备必不可少的一种工具，已经广泛地应用到各个领域，正在改变着人们的生产和生活。不会使用电脑就跟不上时代，因此，如何快速地学会电脑操作技能，就成为现代社会每个人都需要解决的新问题。

为适应这种需求，各类学历教育学校以及社会培训学校都开设计算机专业方面的课程，各类学校也将非计算机专业学生的电脑知识和技能教育纳入教学计划。为此，我们组织了一批教学精英编写这套《电脑即学即用》系列，以满足学校教学和学习电脑知识人员的需要。本套教材的作者均长期从事一线教育工作，熟悉教学内容的编排，了解学生的需求和接受能力，并将丰富的授课和写作经验融入本套教材的编写中。

本套教材涵盖了计算机各个应用领域，包括操作系统使用、办公软件、互联网、网页制作、计算机组装、图形图像、二维动画、三维动画、电脑制图等。众多的图书品种可以满足不同读者、不同电脑课程设置的需要。

本套丛书全部以最流行软件为基础，详细讲解每个软件的使用方法及应用技巧，并以大量的案例贯穿于教学过程中，使读者真正熟练掌握所学软件，融会贯通。本套丛书具有以下特点：

1. 本丛书紧密结合自学与课堂教学的特点，针对广大初、中级读者电脑基础知识薄弱的现状，突出基础知识和实践指导方面的内容。

2. 版式设计简洁、大方，突出重点，对于标题、正文、注释、技巧等都设计了醒目的字体，读者阅读起来会感到轻松愉快。

3. 语言精练实用，不讲深奥的原理，只介绍学习电脑应用最需要的内容。

4. 以详细、直观的步骤讲解相关操作，方便读者阅读。本套丛书在实例的讲解上注意选材，书中的实例都具有较强的代表性。

5. 本套丛书中涉及的制作实例、素材等内容均可在 http://www.zrbook.net 网站上下载使用。

编　者

2007 年 10 月

Word 2007 即学即用

自 Word 推出以来，在各行各业得到了广泛的应用，特别是从事办公室工作的人员更是对它爱不释手。随着 Word 2007 的推出，其全新的界面、方便易用的工作环境、丰富的功能再次受到广大用户的青睐。

本书结合作者多年的应用经验及 Word 2007 的特点进行编写，期望本书的出版能够有助于计算机文字处理技术的普及应用。

本书共分为 8 个章节，具体内容安排如下：

第 1 章 Word 2007 基础知识。主要介绍 Word 2007 的新增功能；启动、退出 Word 2007 应用程序的方法；文档的基本操作，如新建、打开、关闭、保存文档；定义工作环境，如设置保存参数、显示拼写和语法、设置自定义访问工具栏等。

第 2 章编辑文本。主要介绍编辑文本的准备工作及对文本的一些基本操作，如使用光标、输入文本、选择文本、改写文本等。

第 3 章格式化文本。主要介绍文档中字符、文本、段落格式化操作及文本框，如给字符加下划线、着重号，设置上标和下标，设置字符间距、段间距、段落缩进、编辑文本框、填充文本框等操作。

第 4 章表格处理。主要介绍创建表格、编辑表格、表格中数据的处理、格式化表格、插入图表等操作。

第 5 章插入图片。主要介绍图形、图片的各种操作和插入艺术字，如绘制图形、美化图形、插入图片、设置图片格式、插入艺术字、设置艺术字样式等操作。

第 6 章版面设计与输出。主要介绍 Word 中有一定难度的操作，如修订文档、将文档进行比较与合并操作、给文档设置分栏、提取文档目录、建立超链接、设置邮件合并等。

第 7 章 Word 2007 高级应用。主要介绍文档的页面设置、在文档中添加页眉页脚及打印设置。

第 8 章综合实例。本章结合前面几章学过的知识，将多个知识点及功能结合使用制作各种效果，如制作相框、宣传单、毛笔字帖、财务报表等。

本书可作为 Word 2007 初学者或自学者使用，也可作为各中专学校及培训班教材，更可作为 Word 用户学习和应用的参考资料。

虽然经过严格的审核、精细编辑，本书在质量上有一定的保障，但为求尽善尽美，欢迎广大读者和专家提出宝贵意见。

王彬华

2007 年 10 月

Word 2007 即学即用

Word 2007 即学即用　目录

Word 2007 **即 学 即 用**

电脑即学即用

教你学电脑

第 1 章　Word 2007 基础知识

本章要点：

- Word 2007 新界面
- SmartArt 功能
- 模板下载功能
- 自定义工具功能

电脑博士，听说现在已将办公处理软件 Word 2003 版升级为 2007 版了，是吗？

是呀，Word 2007 版可比 Word 2003 版本好用多了，它不但以全新的工作界面出现，让用户真正体会到办公美学，而且还增加了许多新的功能，如 SmartArt、模板下载等功能。

1.1 启动 Word 2007

启动 Word 2007 的方法很多，主要可以用“开始”菜单、桌面快捷图标和最近打开的文档启动。

1.1.1 使用开始菜单启动 Word 2007

使用“开始”菜单启动 Word 2007 是一种常用的方法。

1 执行“开始”/“所有程序”/“Microsoft Word 2007”命令。

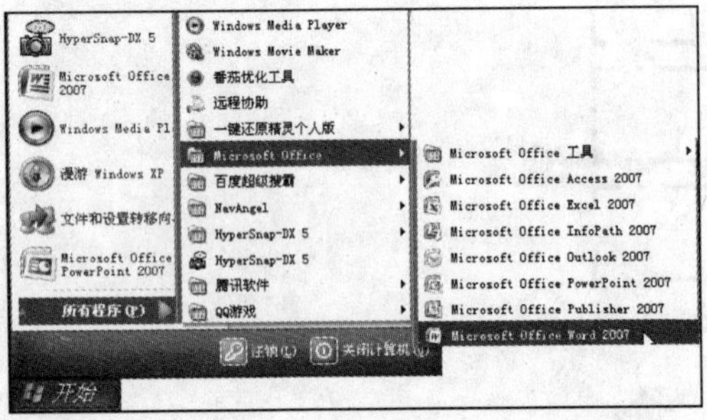

2 启动 Word 2007 后，会自动新建一个文档。

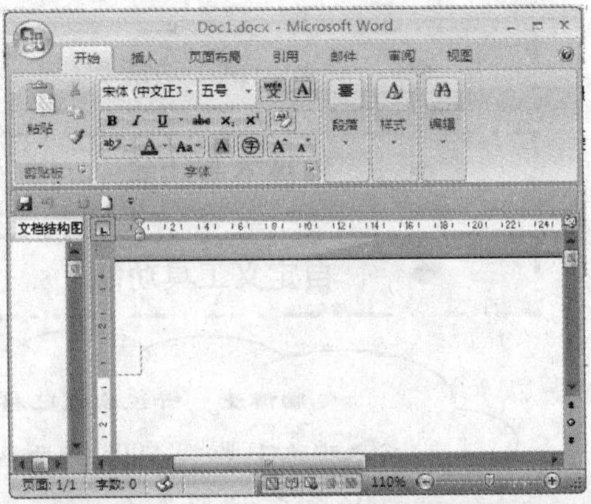

1.1.2 使用快捷图标启动 Word 2007

使用鼠标双击桌面上的“Microsoft Word 2007 图标”，可快速启动 Word 2007。使用这种方法启动 Word 2007 后，会自动创建一个新的文档。

1.1.3 使用最近打开的文档启动 Word 2007

若用户最近使用过 Word 2007 文档，系统会自动将此文档放在“开始”菜单中的“我最近的文档”菜单中，在此菜单中任选一个 Word 2007 文档，即可启动 Word 2007。

1 执行“开始”/“我最近的文档”/“Docl”命令。

2 此时会打开名为“Docl.docx”的文档，同时也启动了 Word 2007 应用程序。

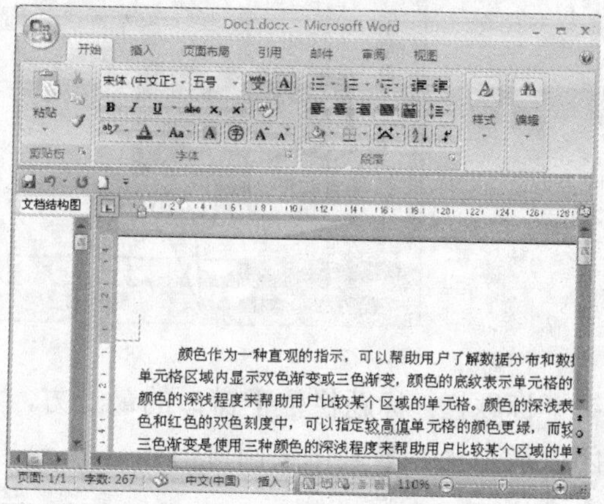

1.2 Word 2007 的新增功能

整个 Word 2007 的设计采用新的 UI。界面以淡蓝色与渐变色的结合，简洁紧凑的布局，可使用户在工作中体验出“办公美学”。

在 Word 2007 中新的工具栏采用了圆角边沿设计，Vista 的玻璃质感，重新设计的图标，无不给每一个体验者带来视觉的冲击，令人兴奋不已。

1.2.1 Word 2007 工作界面的组成

Word 2007 的工作界面是由“标题栏”、“功能区”、“标尺”、“滚动条”、“状态栏”和“动态命令标签”组成的。

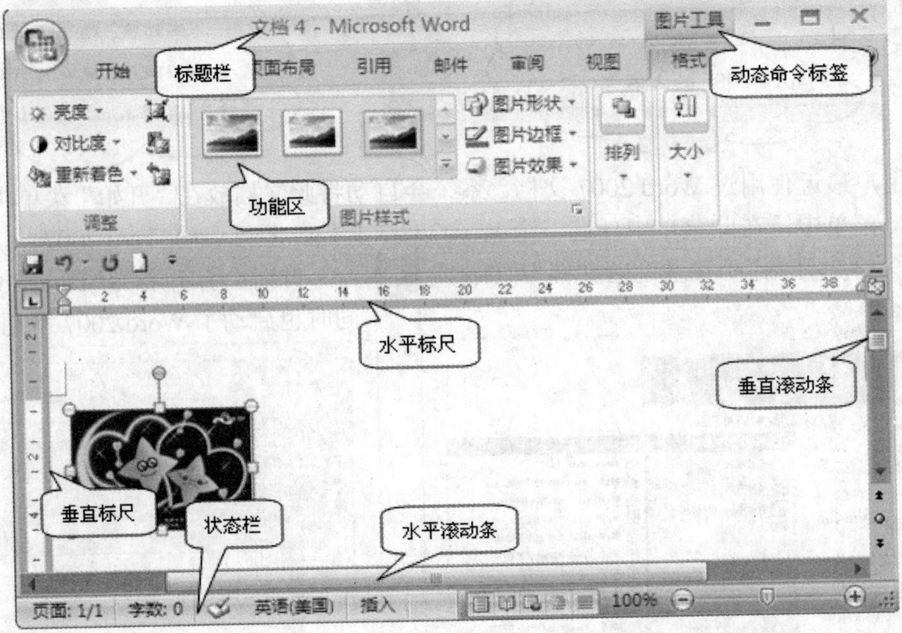

标题栏：标题栏位于窗口的最上方，主要用于显示当前文档的名称、格式、兼容模式及关闭、最小化、最大化文档窗口。

标题栏

功能区：功能区使以前各种下拉式菜单中的上千个命令，以面向对象的方式展现在用户面前，且功能区对这些命令进行重新分组，分别放在“开始”、“插入”、“页面布局”、“引用”、“邮件”、“审阅”、“视图”、“设计”和“布局”9 个命令标签中。使用功能区可使用户方便、快捷地使用某个命令。

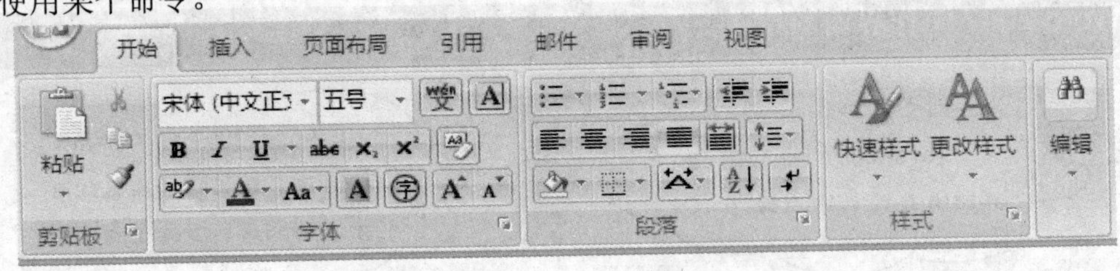

标尺：使用标尺可在编辑文档时精确到某个位置。在窗口中共有两个标尺，分别是垂直标尺和水平标尺。单击窗口中垂直滚动条上边的“标尺”按钮 即可显示标尺。

滚动条：使用滚动条可显示文档窗口中没有被显示出来的内容，它包括垂直滚动条和水平滚动条。

状态栏：用于显示当前文档中的页面信息、编辑模式、视图方式和显示比例等信息，它位于窗口的最底部。

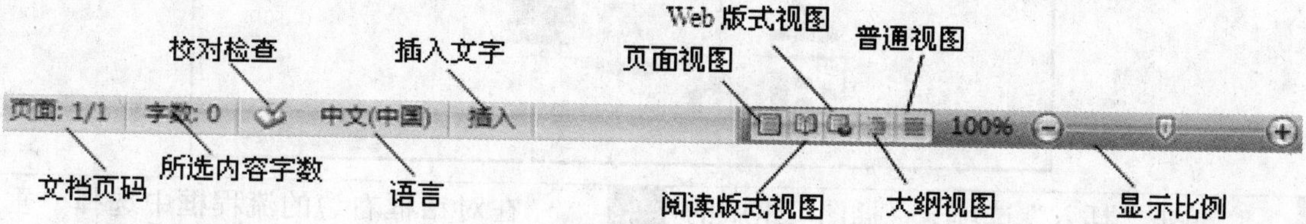

动态命令标签：可根据当前用户的操作对象，自动弹出一个命令标签，该标签中的所有命令都和当前操作的对象相关。

使用 Word 2007 办公可为用户带来更多的方便，尤其是将各种下拉菜单命令组合成功能组后，大大提高了工作效率，且能制作出许多 Word 以前无法制作的效果。Word 2007 不仅能为熟手带来方便，更能使初学者轻松掌握各个命令，总之 Word 2007 是一门易学易用的办公自动化软件。

1.2.2 SmartArt 功能

使用 Word 2007 中的“SmartArt”功能，可在文档中快速地绘制列表、流程、循环、层次结构、关系、矩阵和棱锥图等。

单击“插入”选项卡“插图”组中的“SmartArt”按钮，会弹出如下图所示的“选择 SmartArt 图形”对话框。在此对话框中有许多复杂的图形，并可在文档中直接插入这些图形。比如，要在文档中插入列表，只需在该对话框中单击“列表”选项，此时在对话框左边框中会显示出所有列表类型，用户在“列表”框中单击所需的列表，即可在文档中插入一个列表。

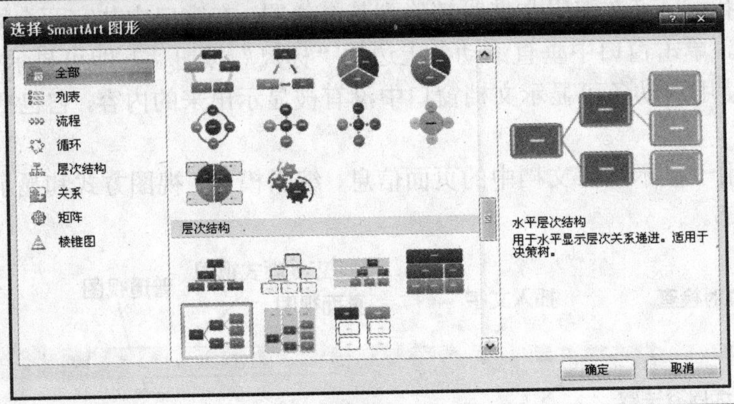

1 单击“插入”选项卡“插图”组中的“SmartArt”按钮，在弹出的“选择SmartArt图形”对话框中单击“流程”选项。

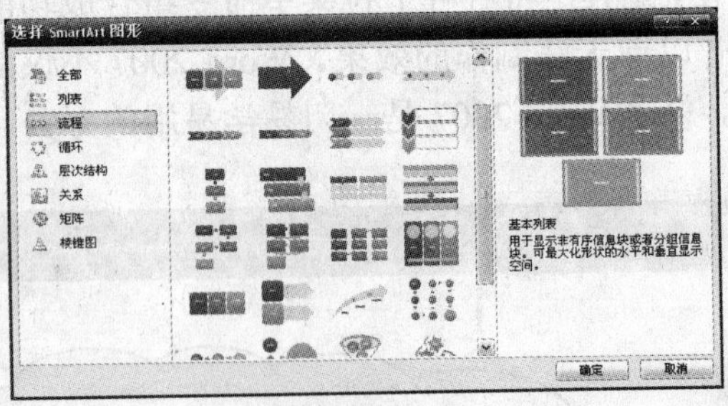

2 在对话框右边的流程框中选择“垂直流程图”。

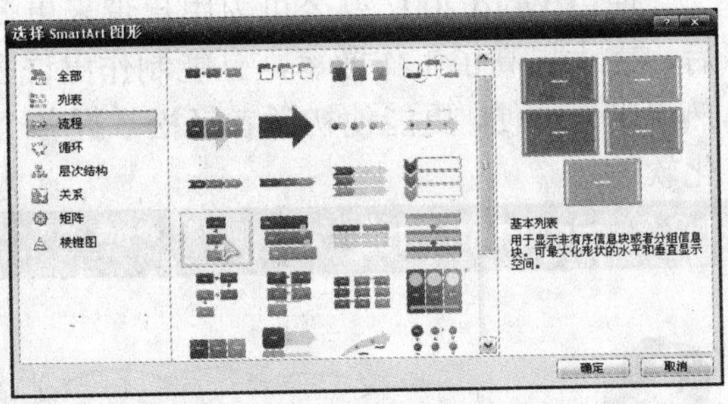

3 单击“确定”按钮，即可在文档中插入一个垂直流程图。

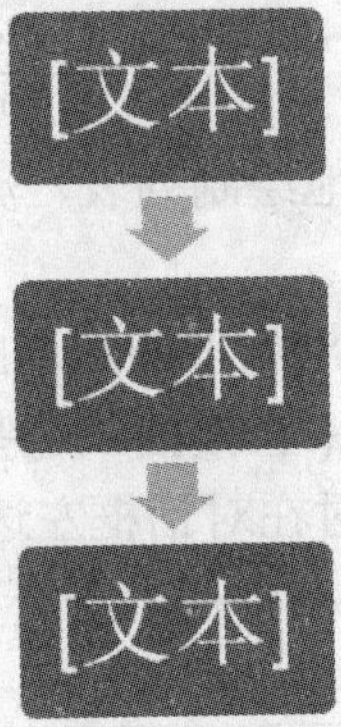

4 插入流程图后，在左边会弹出一个“文本输入”框。

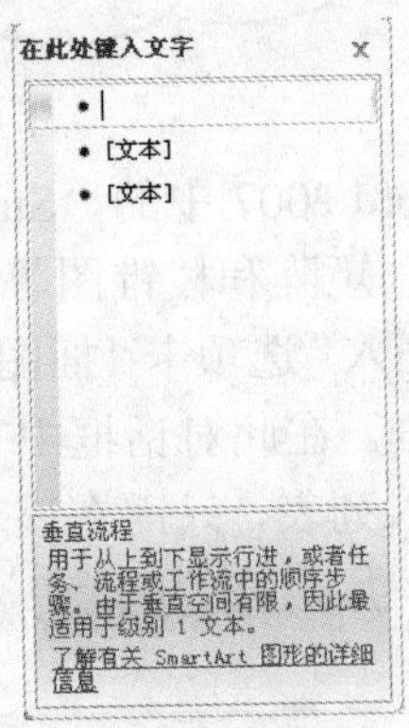

5 分别在文本框中输入文本内容。

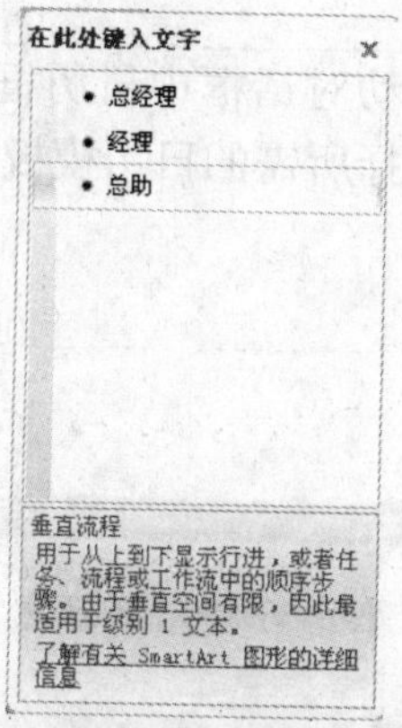

输入完文本内容后，即可在右边的流程框中显示相应的内容。

1.2.3 模板下载功能

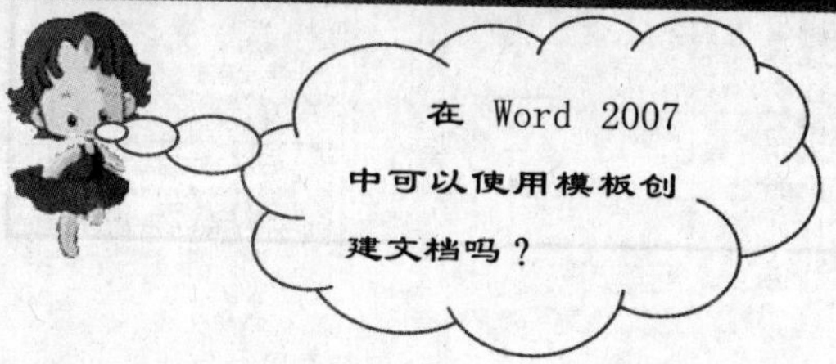

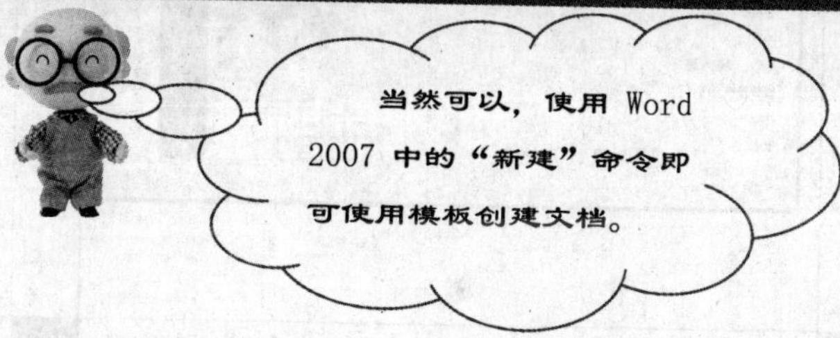

在 Word 2007 中可创建许多样式的模板文档，如证书、小册子、日历、贺卡、名片、合同、协议等。单击窗口左上角的“Office 按钮”，可弹出 Office 命令菜单，在此菜单中选择“新建”命令，会弹出“新建文档”对话框。

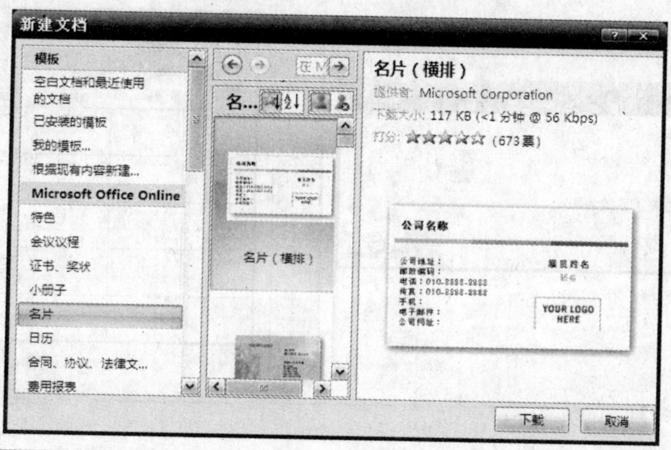

在“新建文档”对话框左边的模板中选择相应的模板类型。在对话框的中间会弹出此模板的预览版式效果，在预览版式中选择所需的模板，此时会在对话框的最左边框中显示此模板，然后单击“下载”按钮，即可将模板下载到文档中。

1 单击窗口左上角的“Office 按钮”在弹出的命令菜单中选择“新建”命令，此时会弹出“新建文档”对话框，在对话框中选择“日历”模板。

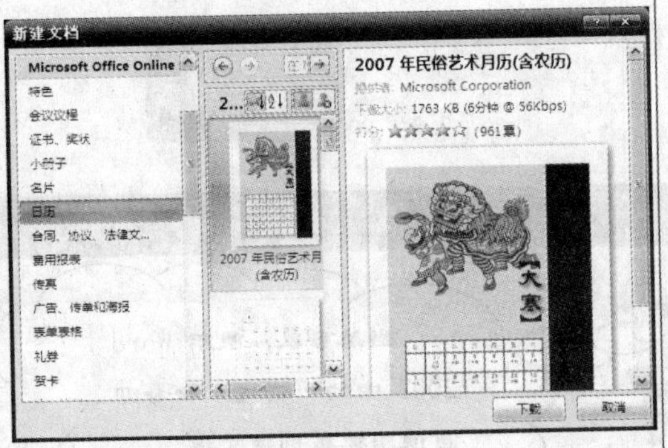

2 拖动对话框中日历框左边的垂直滚动条，选择所需的日历模板。

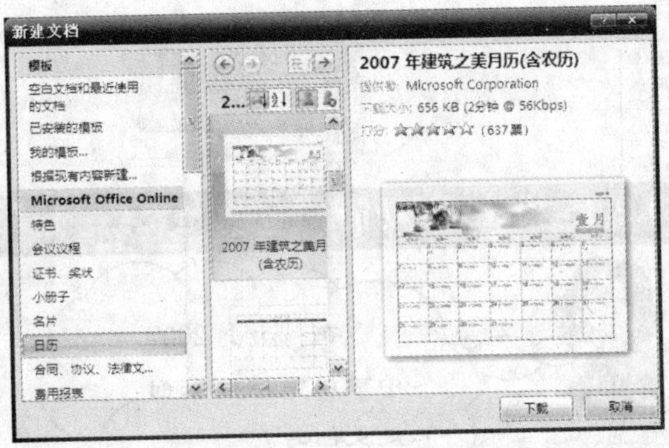

3 单击“下载”按钮，此时会弹出“正在下载模板”提示框。

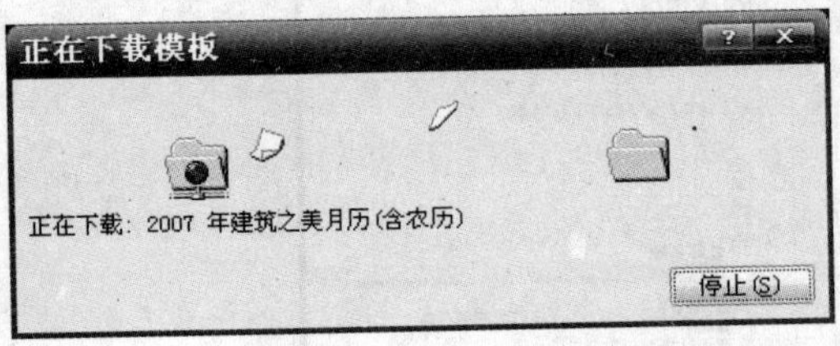

4 等待下载提示框消失后，即可创建相应的模板文档。

1.3 文档基本操作

在 Word 2007 中，对文档的操作主要有新建、保存和关闭三种。

1.3.1 新建文档

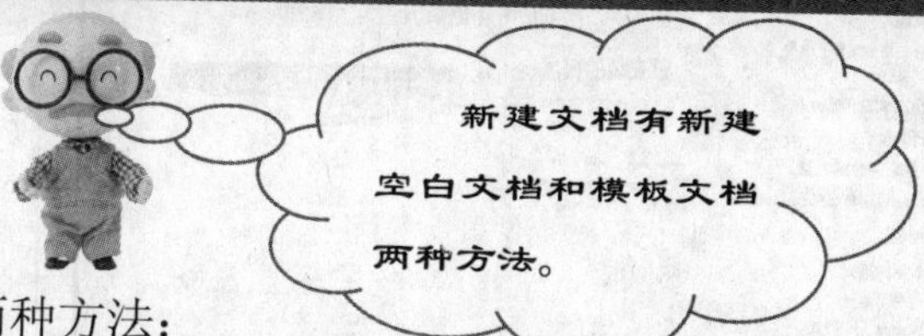

在 Word 2007 中新建文档主要有以下两种方法：

• 创建空白文档

1 单击窗口中左上角的“Office 按钮”，在弹出的下拉菜单中选择“新建”命令。

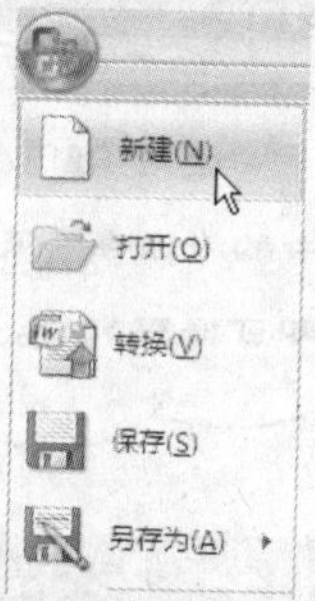

2 此时会弹出“新建文档”对话框。单击“创建”按钮，即可创建一个空白文档。

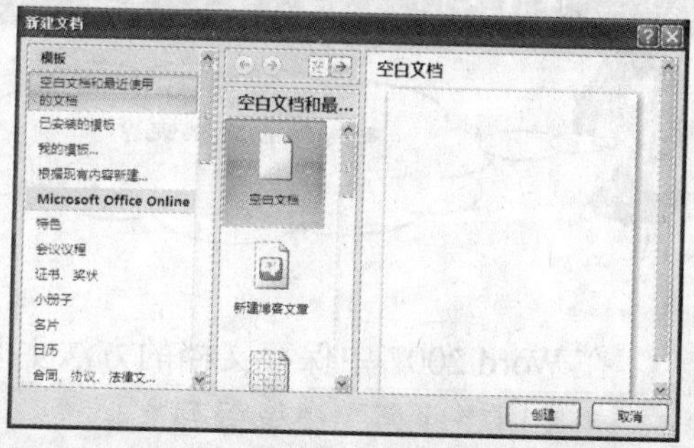

• 创建模板文档

1 打开“新建文档”对话框后，在“模板”列表中选择所需的模板，如选择“已安装的模板”。

2 用鼠标拖动对话框中“已安装的模板”下面的垂直滚动条，查找模板样式。

3 单击“已安装的模板”列表中所需的模板样式，此时会在对话框右边框中显示其模板样式。

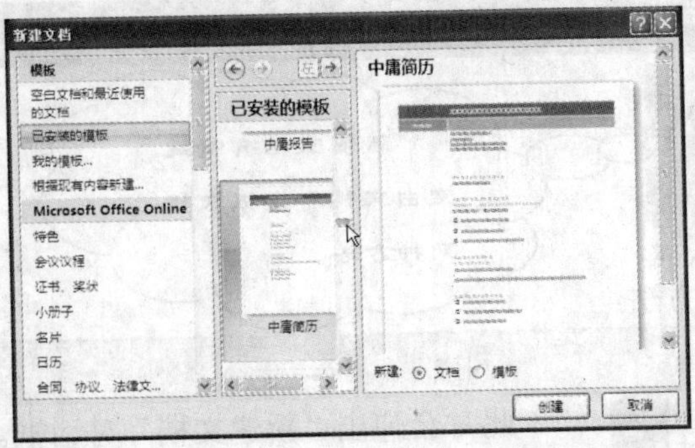

4 单击“创建”按钮，即可创建一个简历模板文档。

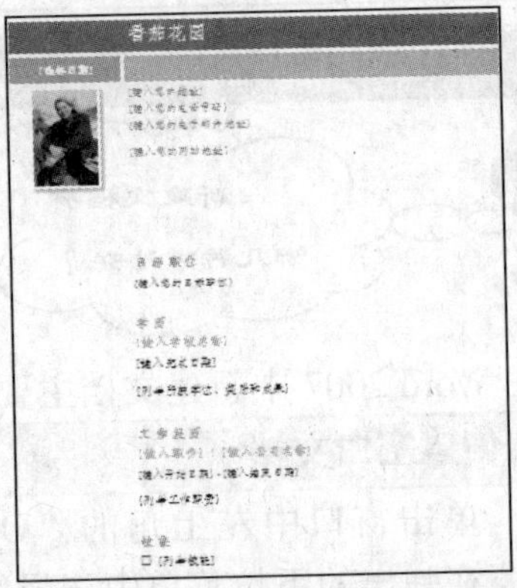

1.3.2 保存文档

在 Word 2007 中保存文档的方法主要有以下几种：

- **使用“保存”命令保存文档**

1 单击窗口左上角的 Office 按钮，在弹出的下拉菜单中选择“保存”命令。

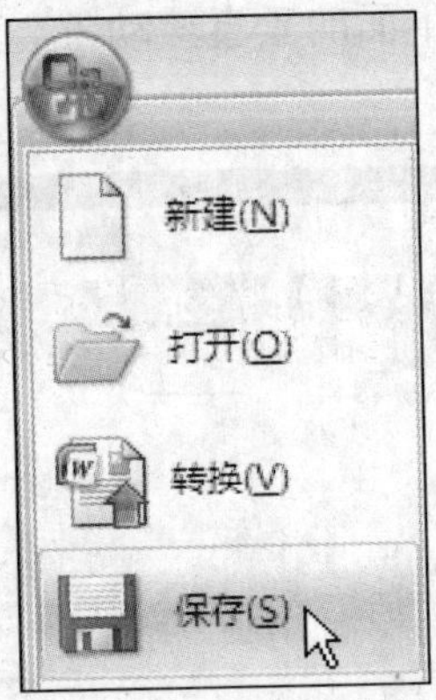

2 执行“保存”命令后，会在状态栏上显示保存文档进度。

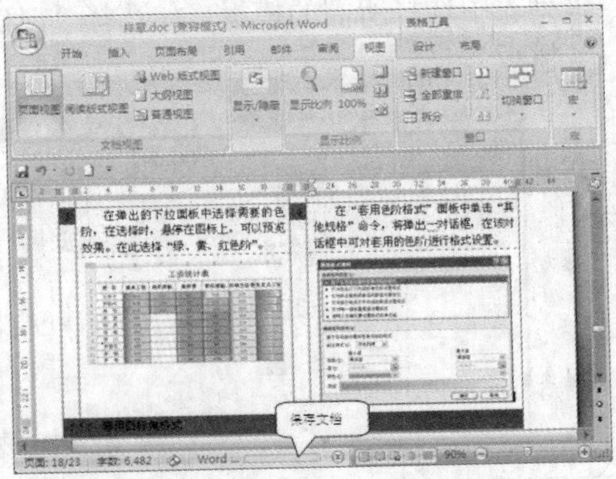

• 使用“另存为”命令保存文档

1 单击窗口中左上角的 Office 按钮，在弹出的下拉菜单中选择“另存为”命令。

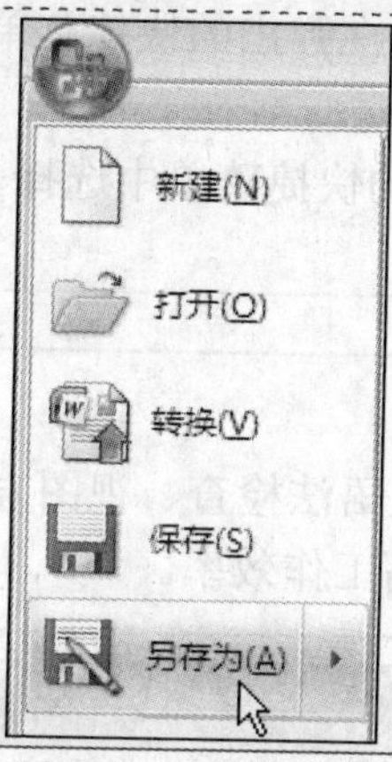
新建(N)
打开(O)
转换(V)
保存(S)
另存为(A)

2 此时会弹出“另存为”对话框。

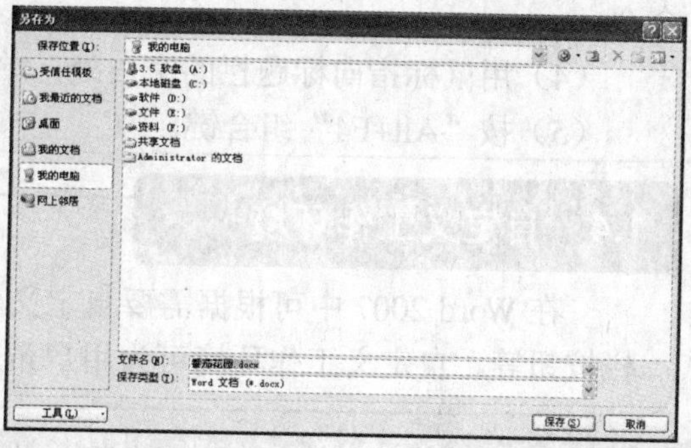

3 单击对话框中“查找范围”右边的下拉按钮，在弹出的列表中选择文件所要保存的位置。

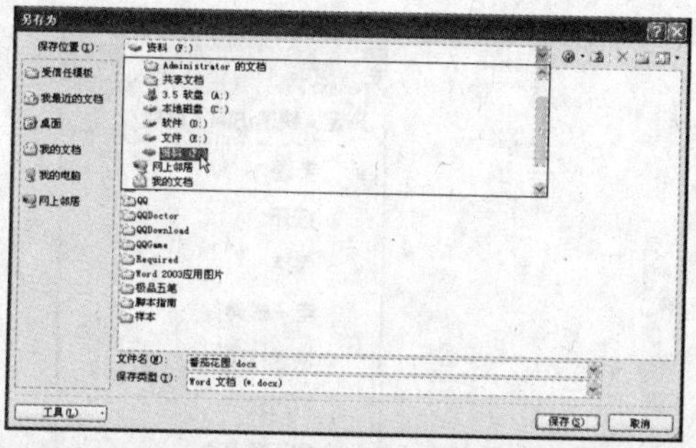

4 在“文件名”文本框中输入要保存的文件的名称，并单击“文件类型”右边的下拉按钮，在弹出的“文件类型”列表中选择文件的类型，然后单击“保存”按钮，即可将文件以开始输入的文件名、类型保存在指定的路径中。

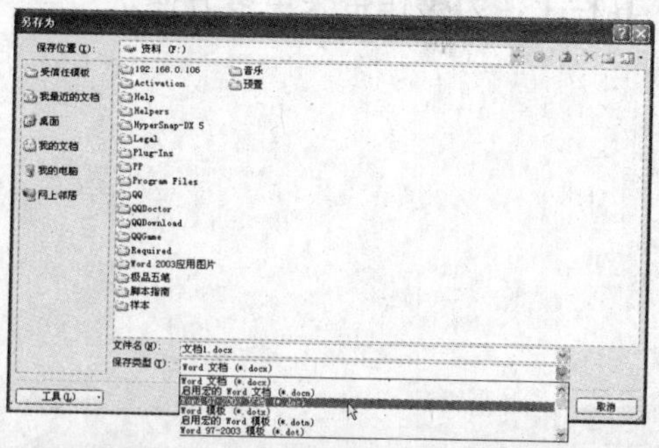

1.3.3 关闭

关闭文档有几种方法呢？

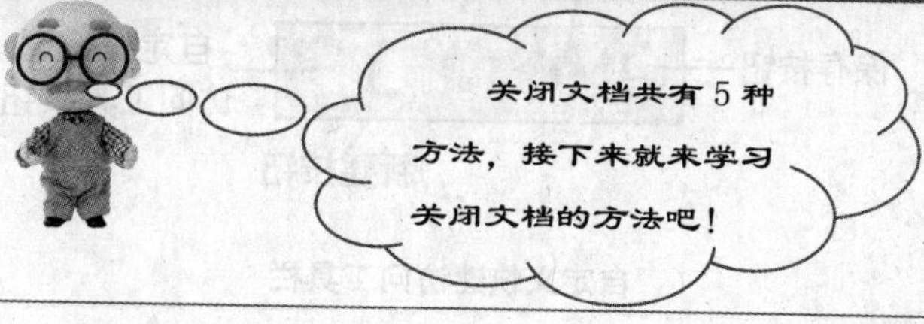
关闭文档共有 5 种方法，接下来就来学习关闭文档的方法吧！

在 Word 2007 中关闭文档主要有以下几种方法：

（1）单击文档窗口右上角标题栏上的“关闭”按钮×。

（2）单击窗口左上角的 Office 按钮，在弹出的下拉菜单中选择“关闭”命令。

（3）当文档窗口最小化时，用鼠标指向文档单击右键，在弹出的快捷菜单中选择“关闭”命令。

（4）用鼠标指向标题栏的空白处，单击右键，在弹出的快捷菜单中选择“关闭”命令。

（5）按“Alt+F4”组合键。

1.4 自定义工作环境

在 Word 2007 中可根据需要自定义工作环境，如定义语法检查、视图方式和添加工具栏按钮等。自定义工作环境可为用户带来许多方便，提高工作效率。

1.4.1 自定义快速访问工具栏

自定义快速访问工具栏是 Word 2007 新增的一项功能，使用它可将常用的工具按钮放在工具栏上，为操作带来更多方便。

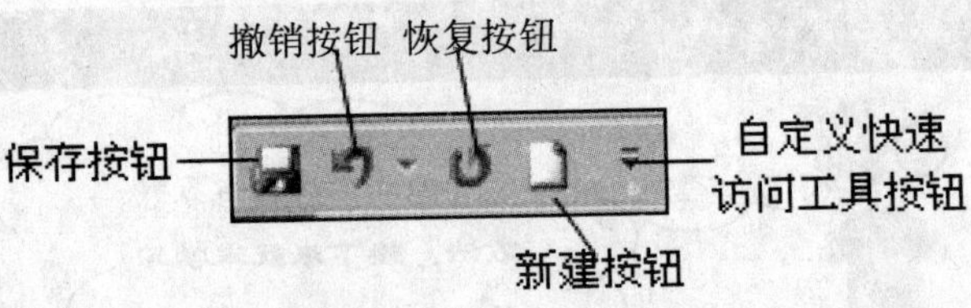

自定义快速访问工具栏

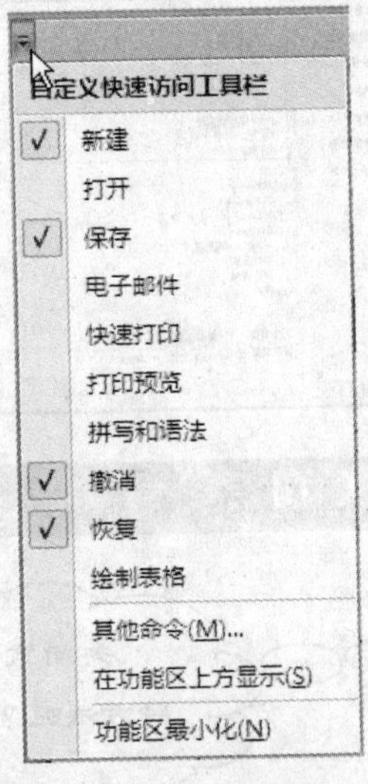

“自定义快速访问工具栏”列表

自定义访问工具栏可以位于功能区的上方，也可位于功能区下方，用户可随自己的喜好设置工具栏在窗口中的位置。默认情况下自定义工具栏中并不是将所有工具按钮都列在工具栏上，而是要用户根据需要进行添加或删除这些工具按钮。自定义工具按钮如下图所示。

单击“自定义快速访问工具栏”上的下拉按钮，弹出“自定义快速访问工具栏”列表，如下图所示，在列表中选择常用的工具项，选择之后会在此工具项前面出现一个“√”符号，表示此工具已被定义到快速访问工具栏中。

1.4.2 自定义显示选项

使用 Word 2007 中提供的自定义显示选项，可在文档中显示段落标记、制表位、空格、对象位置、隐藏字符等。

单击窗口左上角的 Office 按钮，在弹出的下拉菜单中单击“Word 选项”按钮。

此时会弹出“Word 选项”对话框。

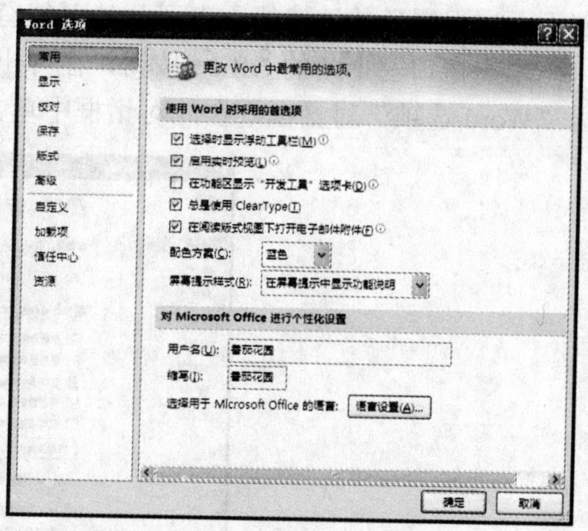

在此对话框左边单击“显示”选项后，会在右边框中显示所有文档显示选项。

用鼠标选择右边的复选框，被选择的选项即可在文档中显示出来，如选择“空格”复选框，单击“确定”按钮后，会在文档中显示“空格”标记。

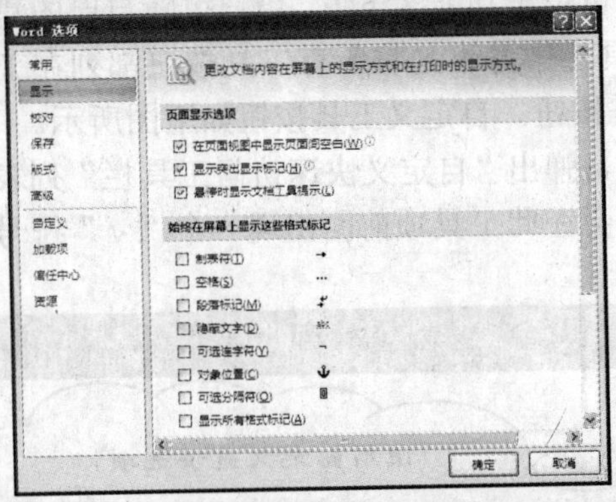

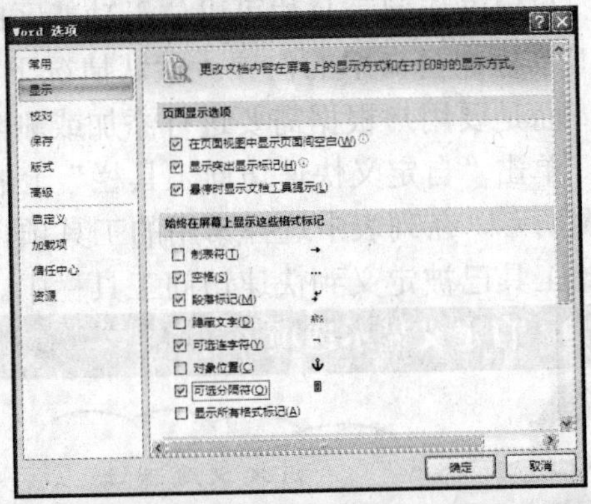

1.4.3　自定义拼写和语法

在 Word 2007 文档中，若在文档下面出现红色波浪线，表示此处可能有拼写问题；若在文档下面出现绿色的波浪线，表示此处可能有语法问题。

单击窗口左上角的 Office 按钮，在弹出的下拉菜单中单击“Word 选项”按钮，此时会弹出“Word 选项”对话框，在此对话框中单击“校对”选项，其对话框将变成如下图所示。

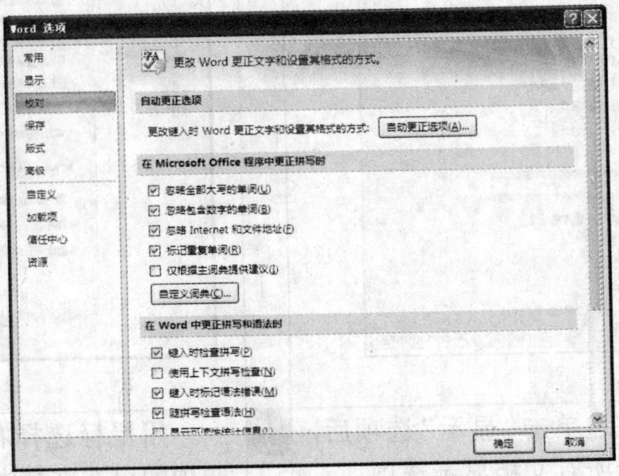

“Word 选项”校对对话框

使用此对话框可开启、关闭、隐藏拼写和语法检查，并通过“自定义词典”按钮，添加或更正拼写和语法错误。

• 开启拼写和语法检查

1 打开“Word 选项”对话框，并在对话框的左边框中单击“校对”按钮。

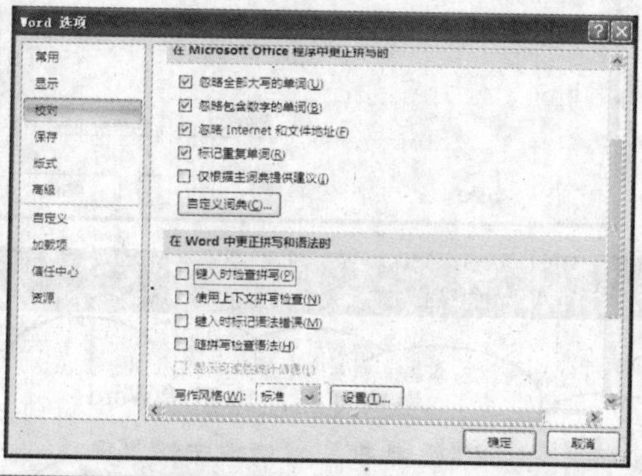

2 选择“键入时检查拼写”、“键入时标记语法错误”和“随拼写检查语法”三个复选框。

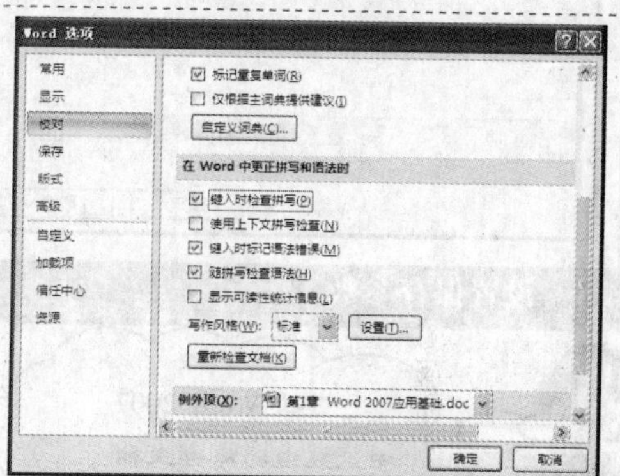

• 自定义词典

在 Word 2007 中输入文档时，是根据系统中的词典进行语法和拼写进行检查的。对于有些特殊的词语，系统中不一定有，为避免系统检查时出错，可通过自定义词典将这些特殊的词语加入到词典中去。

1 打开“Word 选项”校对对话框，单击“自定义词典”按钮，此时会弹出如下图所示的“自定义词典”对话框。

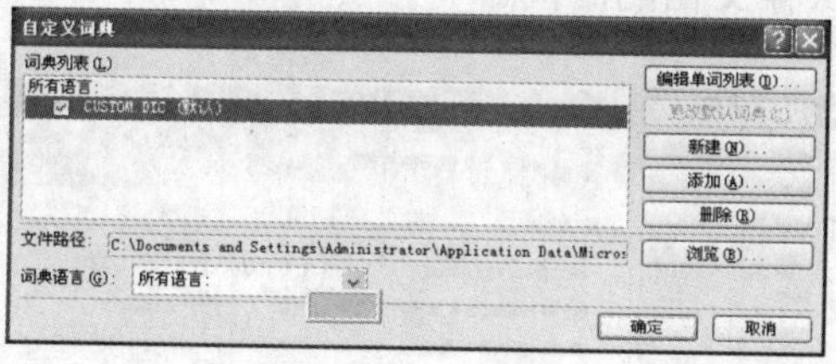

2 单击“自定义词典”对话框中的“新建”按钮，会弹出“创建自定义词典”对话框。在对话框的“文件名”文本框中输入词典的文件名。

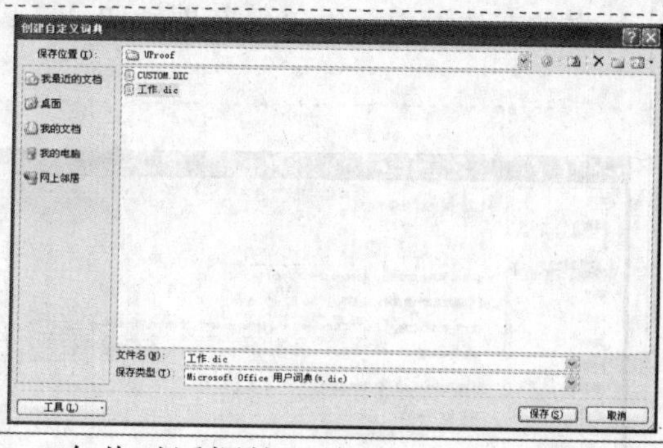

3 在“创建自定义词典”对话框中单击“确定”按钮返回“自定义词典”对话框，在“词典列表”中单击已经创建的“工作”词典文件，然后单击“编辑单词列表”按钮。

4 在此对话框的“单词”文本框中输入单词，如输入“Job”，再单击下面的“添加”按钮，即可将此单词添加到自定义词典中。

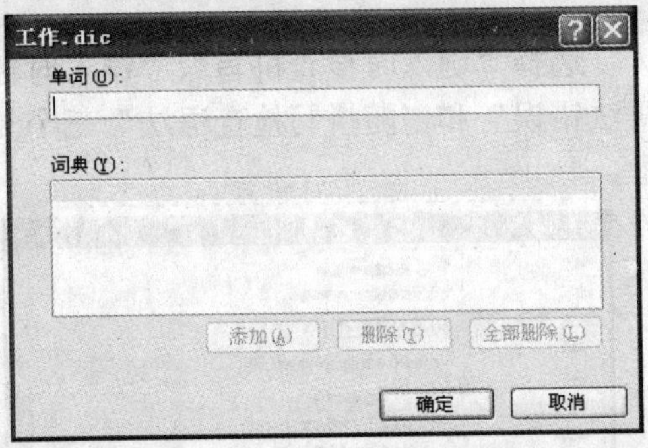

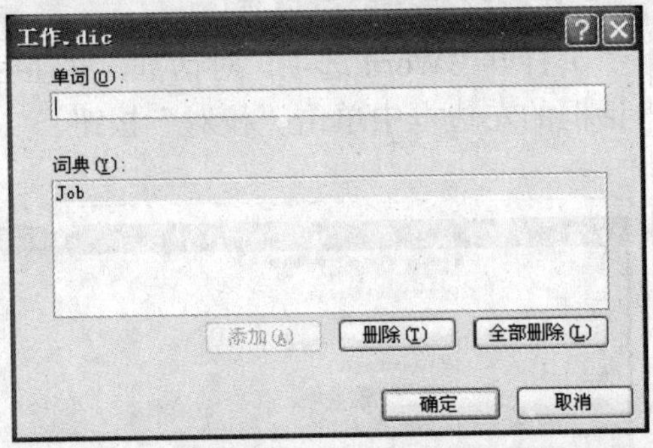

1.4.4 设置保存参数

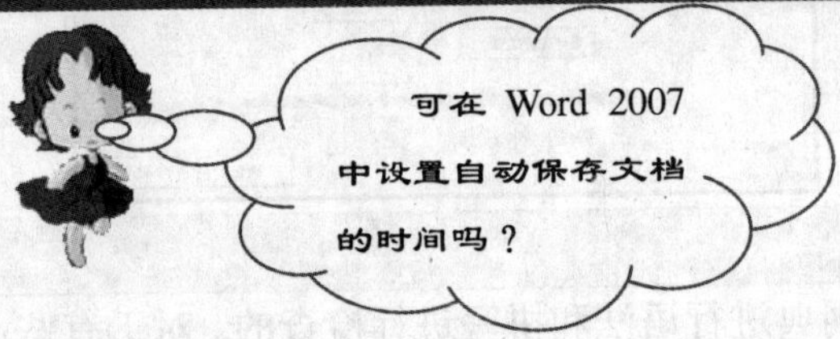

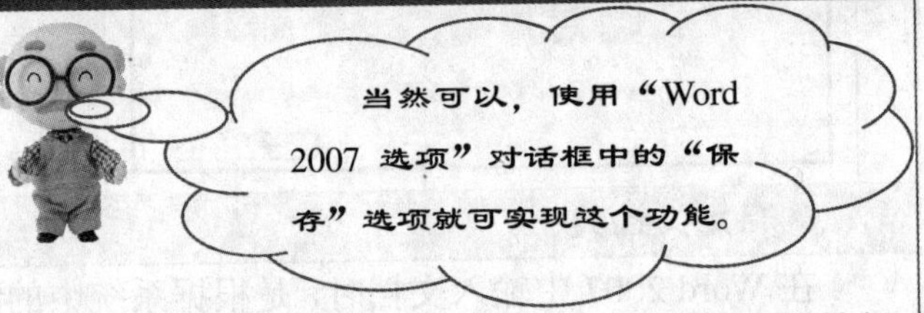

不少用户在办公时，喜欢一边浏览网页一边工作，有时会从网上传来一些病毒导致计算机无法正常工作，最常见的就是死机或重启。这时，工作人员都会气愤不已，因为刚刚才做了一半工作还没进行保存，重启机后又得重头再工作一遍，这样浪费了太多的时间。

对于以上情况，建议用户最好在进行工作之前先设置好文档的保存参数，在 Word 2007 中可设置每隔一个时间段保存一次文档，这样就会避免做无用功的现象。

1 打开“Word 选项”对话框，并在对话框的左边框中单击“保存”按钮。

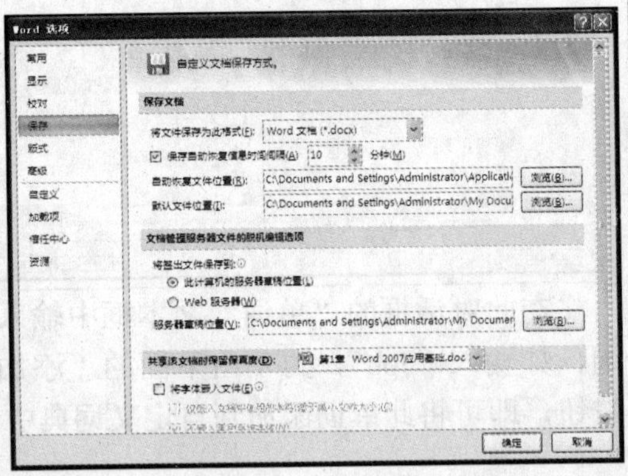

2 在对话框中选择“保存自动恢复信息时间间隔”复选框，并单击后面的按钮，选择保存文档的时间。

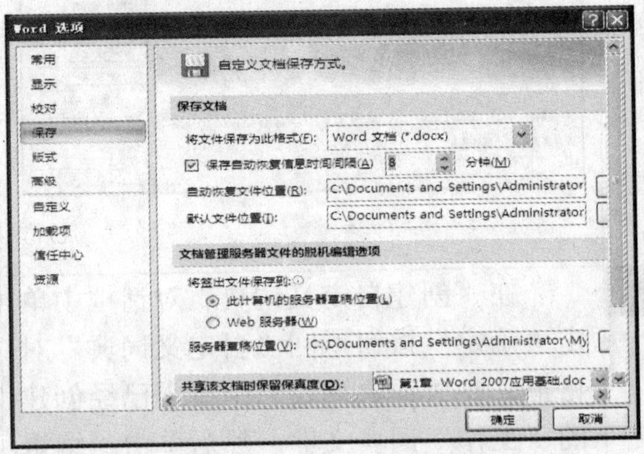

电脑即学即用

教你学电脑

第2章 编辑文本

本 章 要 点：

- 光标的使用
- 输入字符
- 文本操作
- 复制、粘贴、移动文本

电脑博士，创建好新文档后，如何在文档中编辑文本呢？

小丽，本章将教你如何编辑文本。编辑文本包括有选择文本、查找/替换文本、修改文本等。

2.1 光标的使用

光标在 Word 2007 编辑文档的过程中有着非常重要的作用，它就像是一根指挥棒，光标在编辑区域的哪里，哪里就是当前编辑的活动区域。使用光标可以在文本的任何位置插入字符、图片、特殊字符等内容。

2.1.1 光标插入点

光标有什么作用呢？
使用光标可在文档中输入字符、插入图片、表格、特殊字符等信息。

光标插入点是指将光标插入文本中新的位置，以便输入新的文本或插入新的内容。光标插入点是一条不断闪烁的竖线。创建一个新的文档后，光标会出现在文档的最开始位置，表示从此位置可输入文本。光标的使用非常灵活，因此用户可在编辑区的任何位置输入文本或插入文本。

2.1.2 移动光标

怎样才能移动光标呢？
使用键盘上的方向键和鼠标都可移动光标。

移动光标的方法主要有以下两种：

- **使用鼠标移动**

1 创建一个新的文档，此时光标位于文档的最开始位置。

2 因特殊情况，需要将光标移到第 6 行的中间位置，可将鼠标移到第 6 行中间位置双击左键插入光标。

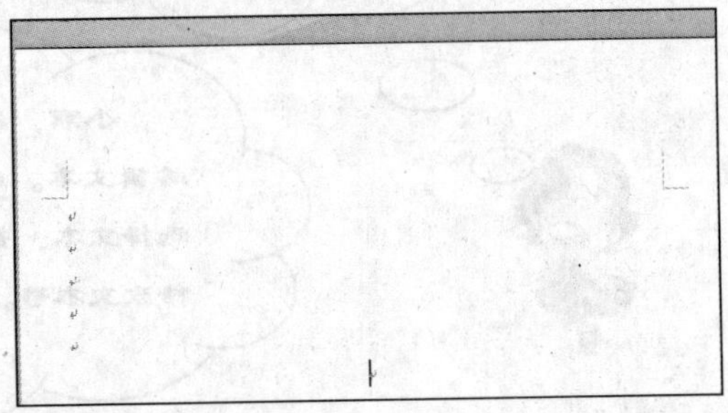

• 使用键盘移动

1 打开一个文档。

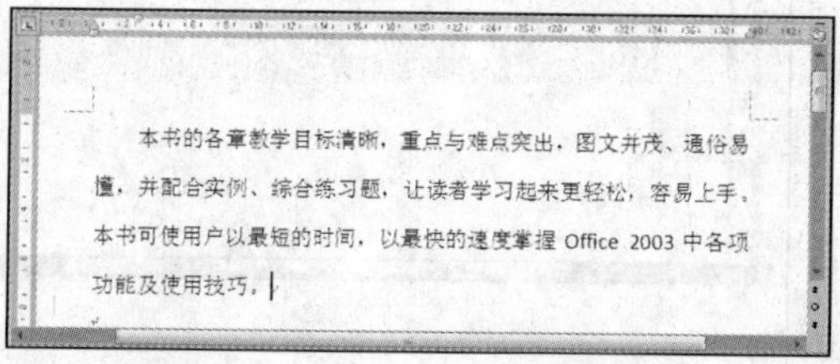
本书的各章教学目标清晰，重点与难点突出，图文并茂、通俗易
懂，并配合实例、综合练习题，让读者学习起来更轻松，容易上手。
本书可使用户以最短的时间，以最快的速度掌握 Office 2003 中各项
功能及使用技巧。

2 现在需要在“并配合实例”文本后面插入图片，因此需要按键盘上“向上”的方向键，将光标移到文本后面，才能插入图片。

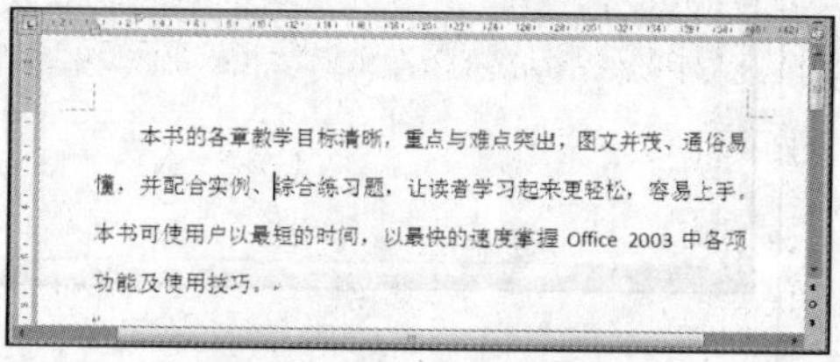
本书的各章教学目标清晰，重点与难点突出，图文并茂、通俗易
懂，并配合实例、综合练习题，让读者学习起来更轻松，容易上手。
本书可使用户以最短的时间，以最快的速度掌握 Office 2003 中各项
功能及使用技巧。

提示：除以上介绍的方法可移动光标，下面还有几种移动光标常用的方法。

（1）按 Home 键，可将光标移动到一行的开头。

（2）按 End 键，可将光标移动到一行的末尾。

（3）按 Page Up 键，可将光标移动到上一个屏幕。

（4）按 Page Down 键，可将光标移动到下一个屏幕。

（5）按 Ctrl+Home 键，可将光标移动到文档的开头。

（6）按 Ctrl+End 键，可将光标移动到文档的末尾。

2.2 输入字符

输入字符是 Word 的一项重要工作。随着电脑技术的进步，出现了手写输入、声音输入和扫描输入等几种方式，但现在用户还是普遍采用键盘输入方式。输入字符主要包括输入文字和输入符号两种方法，下面将对这两种方法进行简单介绍。

2.2.1 输入文字

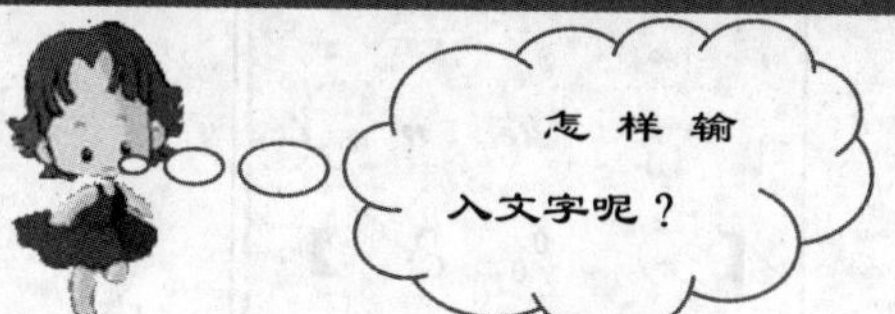
怎样输
入文字呢？

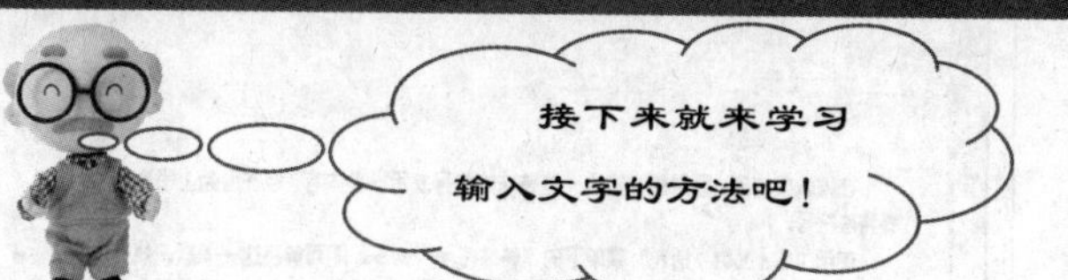
接下来就来学习
输入文字的方法吧！

输入文字是编辑文档最基本的操作。创建一个新的空白文档后，会在窗口的编辑区中出现一个不断闪烁的光标插入点，表示在此位置可输入文字。输入文字的顺序是从左向右的，当输入完一行文字后，光标会自动地跳转到下一行。用户也可使用“Enter”（回车）键强制将光标移动到下一行。

1 将鼠标指向编辑区的中间位置双击左键，在光标所在位置输入“送别”。

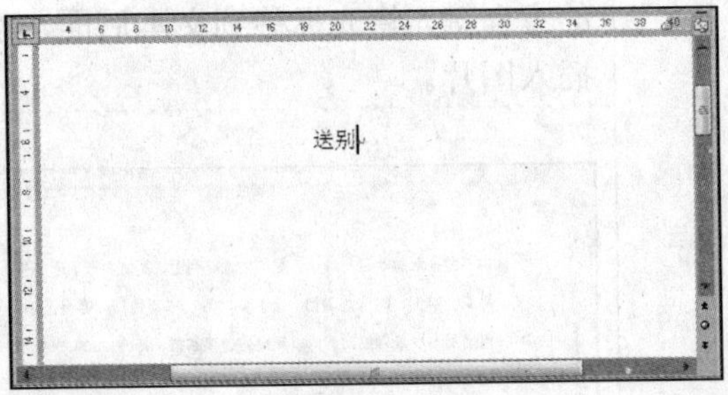
送别

2 按“Enter”键强制将光标切换到下一行。

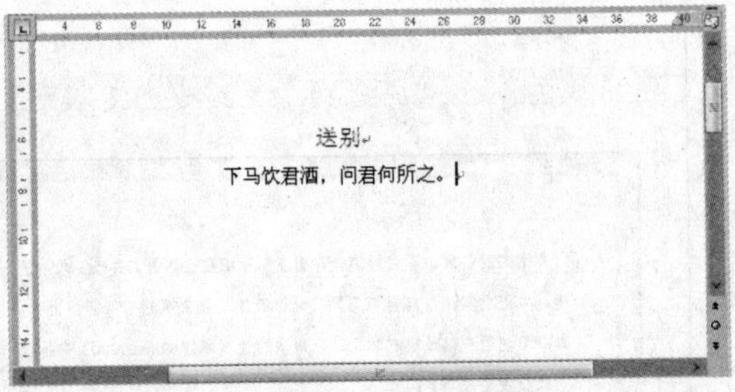
送别
下马饮君酒，问君何所之。

2.2.2 输入符号

怎样在文档
中输入符号呢？

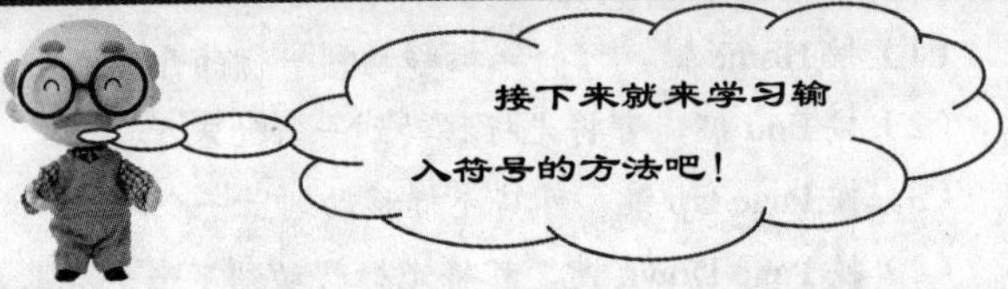
接下来就来学习输
入符号的方法吧！

在 Word 2007 中输入字符主要有两种方法：一种是输入常规符号，另一种是输入特殊符号。下面将简单介绍这两种输入字符的方法。

• 输入常规符号

打开文档，并将光标定位在需要插入符号的位置。

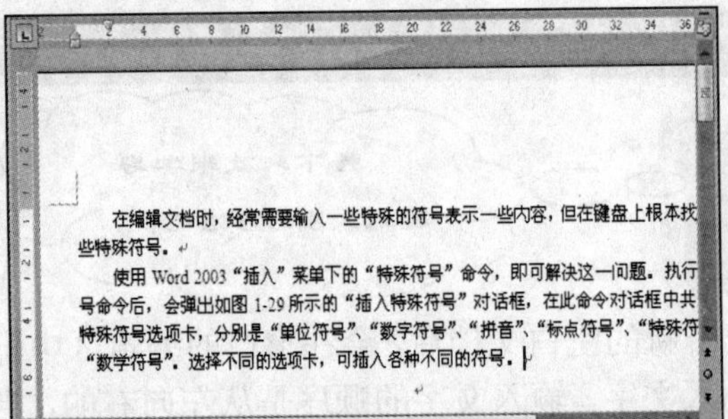
在编辑文档时，经常需要输入一些特殊的符号表示一些内容，但在键盘上根本找
些特殊符号。
使用 Word 2003“插入”菜单下的“特殊符号”命令，即可解决这一问题。执行
号命令后，会弹出如图 1-29 所示的“插入特殊符号”对话框，在此命令对话框中共
特殊符号选项卡，分别是“单位符号”、“数字符号”、“拼音”、“标点符号”、“特殊符
“数学符号”。选择不同的选项卡，可插入各种不同的符号。

单击“插入”选项卡“符号”组中的“符号”按钮，此时会弹出符号列表，在此列表中选择“其他符号”选项。

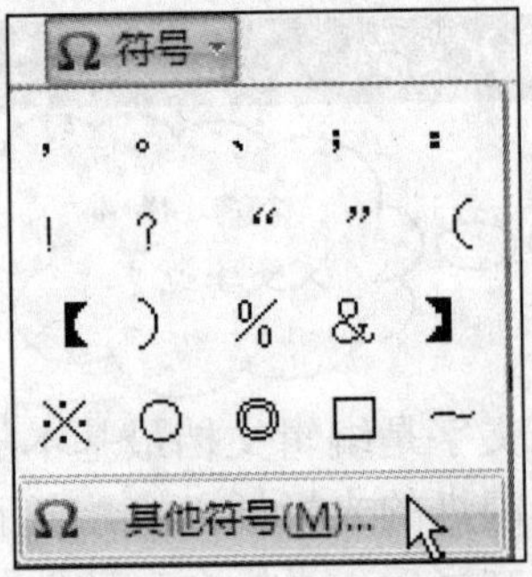
Ω 符号
其他符号(M)...

3 单击“其他符号”选项后，对话框将变成如下图所示。

4 如需要在文档中插入“@”符号，只需在符号框中选择此符号，然后单击“插入”按钮，即可在文档中光标处插入符号。

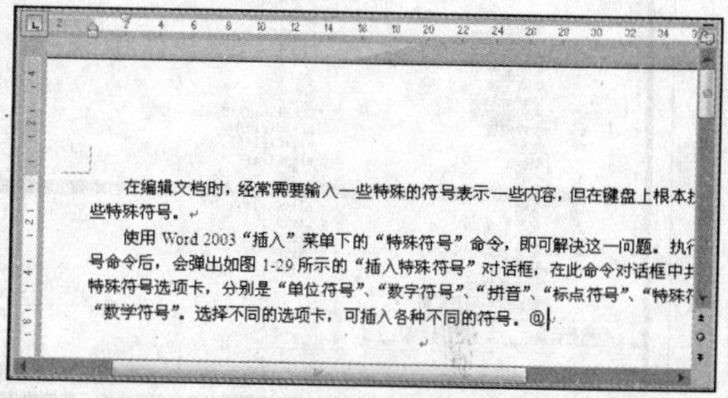

• 插入特殊符号

1 打开文档，并将光标定位在需要插入符号的位置。

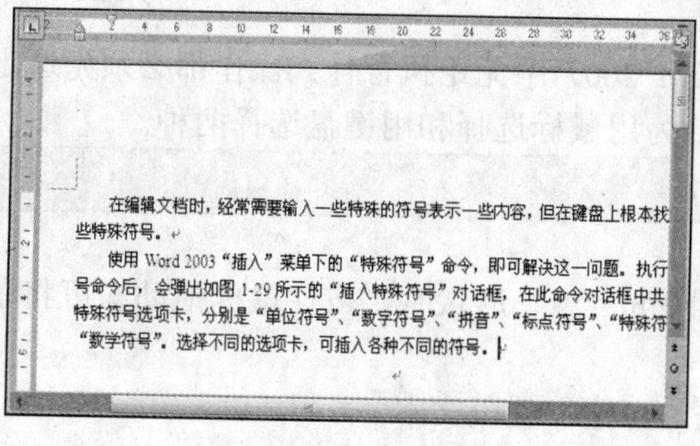

2 单击“插入”选项卡“符号”组中的“符号”按钮，在弹出的符号列表中选择“其他符号”选项，并在弹出的“符号”对话框中单击“特殊符号”选项卡。

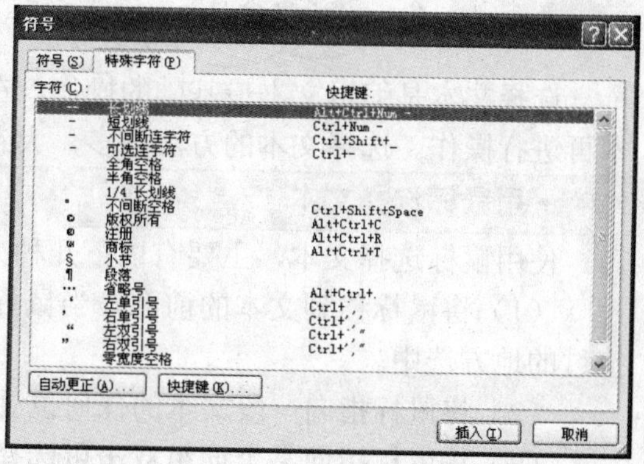

3 在“符号”对话框中，拖动右边的垂直滚动条，可查看所有符号，用鼠标单击这些符号即可进行选择。

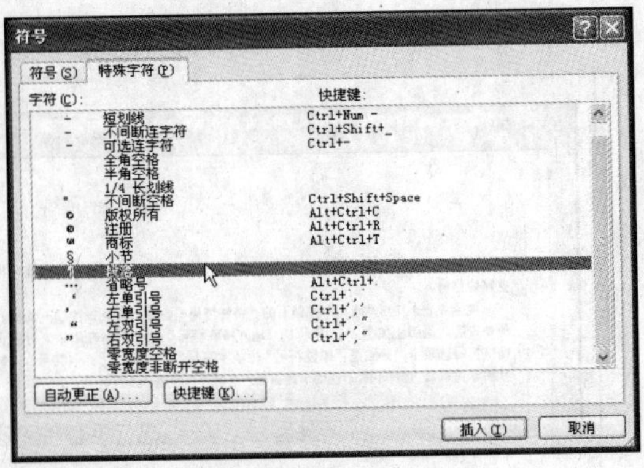

4 单击“插入”按钮后，再单击对话框中的“关闭”按钮，被选择的符号即可插入到文档光标处。

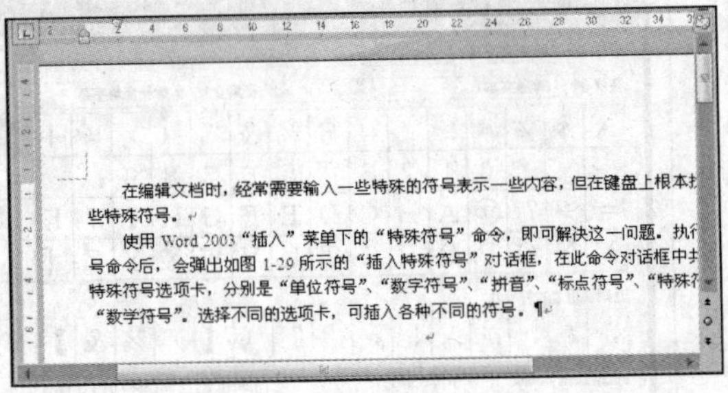

2.3 文本操作

文本操作主要有选择文本、查找和替换文本、改写文本等操作。下面对这些文本操作方法进行简单介绍。

2.3.1 选择文本

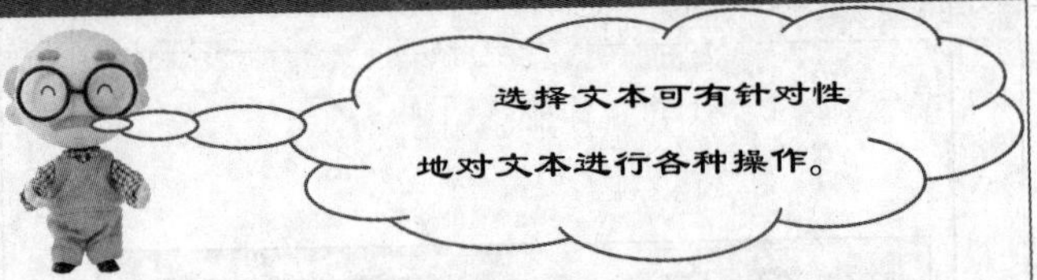

选择文本是编辑文本最基础的操作，在 Word 2007 中无论执行什么操作都必须先选定文本再进行操作。选择文本的方法很多，大致可分为用鼠标选择和用键盘选择两种。

• 用鼠标选择文本

使用鼠标选择文本，主要有以下几种方法：

（1）将鼠标移到文本的前面，当鼠标指针变成“⇙”形状时，按住鼠标拖动即可将鼠标拖过的地方选中。

（2）将鼠标指向一段文本的任何位置 3 击，可选中整段文本。

（3）将鼠标指向某个词组双击可选择该词组。

（4）将鼠标指向某个段落的中间，按住鼠标左键并拖动，反白显示的文本表示被选中。使用这种方法可以非常灵活地选择文本，如选择词组、一句话、一段文本、整个文本等。

1 打开如下图所示的文档。

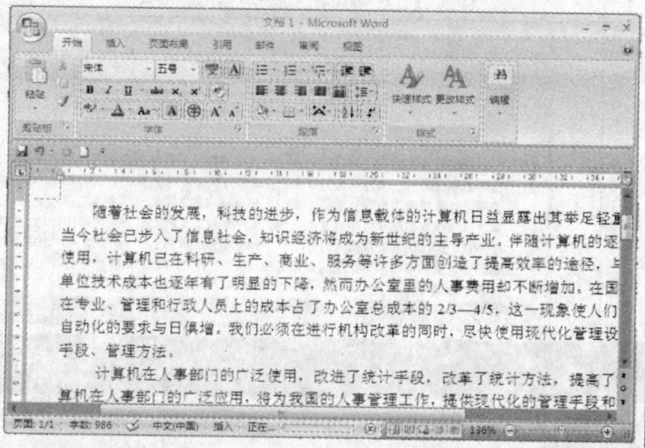

2 将光标移到第一段文本“科技的进步”前面，然后按住鼠标左键拖动，被反白显示的文档即可被选定。

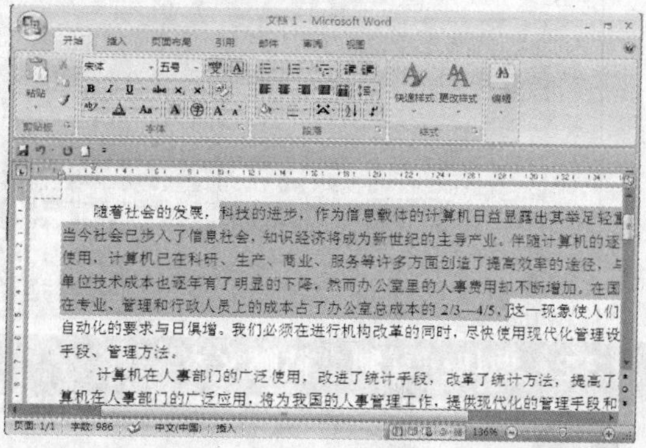

• 使用键盘选择文本

使用键盘选择文本主要有以下几种方法：

（1）使用“Shift”键连续选择。按住“Shift”键，同时按住“Home”键可选择从当前光标所在的位置开始到行首；按住“Shift”键，并同时按住“End”键可选择从当前光标所在的位置开始到行尾；选择第一段文本后，按住“Shift”键并单击文档的末尾，可选择整个文档。

（2）使用“Ctrl”键可选择不连续文本。选择第一处文本后，按住“Ctrl”键的同时再选择第二处文本。

（3）使用“Alt”键选择矩形文本。按住“Alt”键，同时用鼠标在文档中的任何位置拖动即可选择一块矩形文本。

1 打开文档。

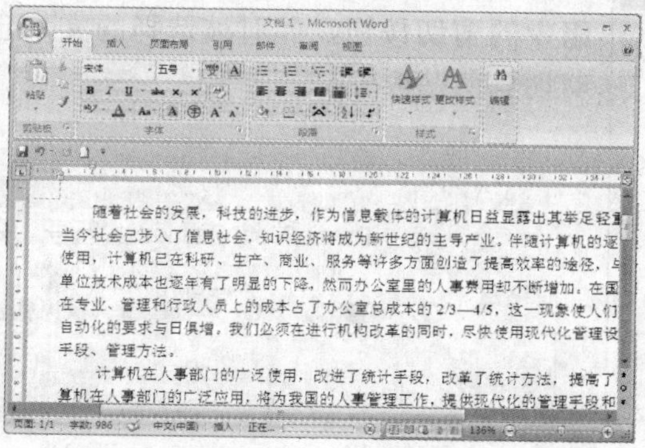

2 将鼠标指向将要选择的文本的开始位置，按住鼠标左键并拖动选择第一处文本。

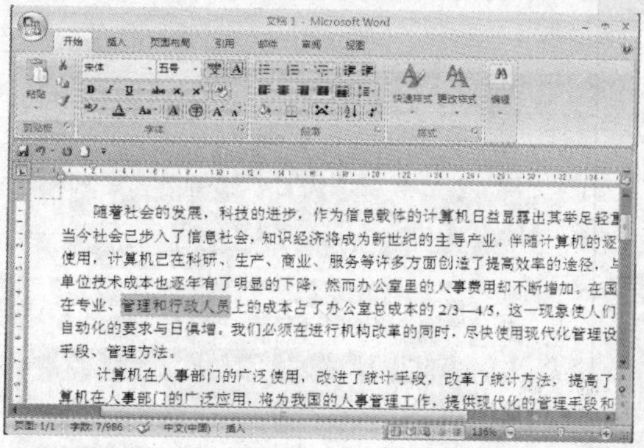

3 按住“Ctrl”键，使用同样的方法再选择第二处文本。

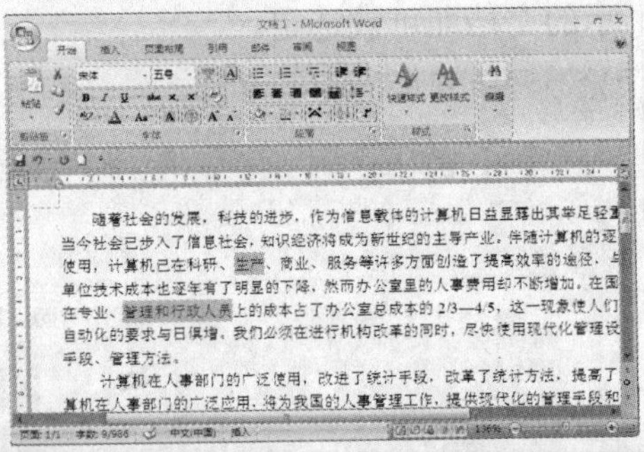

4 按照相同的方法，可选择多处不连续文档，效果如下图所示。

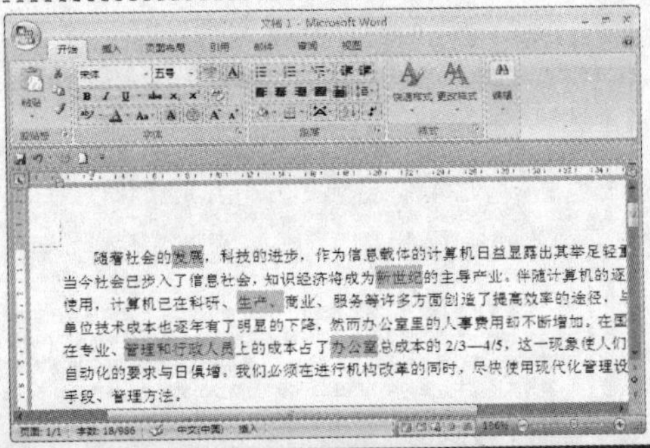

2.3.2 剪切、复制、粘贴文本

如果要把一个文档
中的文本复制到另一个
文档中，要怎样做呢？
使用 Word 2007 提
供的复制、粘贴命令，
即可以实现这个功能。

使用剪切、复制、粘贴命令编辑文本，可将被选中的文本通过剪贴板复制到同一文档或另一文档中。剪切、复制、粘贴命令，对文档中的文本、表格、图片等都可进行操作。

• 剪切文本

在剪切文本之前必须先选择文本，再进行剪切操作。剪切文本的方法主要有以下几种：

（1）单击“开始”选项卡“剪贴板”选项组中的“剪切”按钮。

（3）将鼠标指向被选定的文本单击右键，在弹出的快捷菜单中选择“剪切”命令。

（4）按“Ctrl+X”快捷键。

1 打开文档，并选择需要剪切的文本。

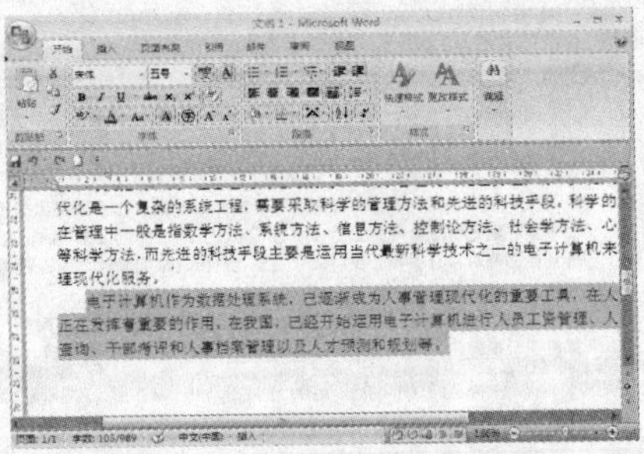

2 单击“开始”选项卡“剪贴板”选项组中的剪切按钮，此时被选择的文本会被剪切到剪贴板中。

Times New Romar
五号
粘贴
剪贴板
字体

• 复制文本

复制文本可将选定的文本复制到剪贴板中。复制文本的方法主要有以下几种：

（1）单击“开始”选项卡“剪贴板”选项组中的“复制”按钮  。

（2）将鼠标指向被选择的文本单击右键，在弹出的快捷菜单中选择“复制”命令。

（3）按“Ctrl+C”快捷键。

1 打开文档，并选择需要复制的文本。

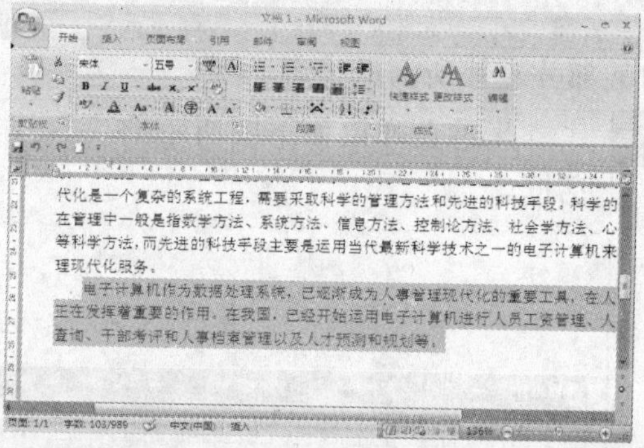

2 单击“开始”选项卡“复制”选项组中的复制按钮，此时被选择的文本会被复制到剪贴板中。

• 粘贴文本

使用粘贴命令可将被剪切或复制到剪贴板中的文本粘贴到光标所在的位置，使用粘贴命令主要有以下几种方法：

（1）单击“开始”选项卡“剪贴板”选项组中的“粘贴”按钮  。

（2）在光标插入点单击鼠标右键，在弹出的快捷菜单中选择“粘贴”命令。

（3）使用“Ctrl+V”快捷键。

1 将光标插入文档中，单击“开始”选项卡“剪贴板”选项组中的“粘贴”按钮。

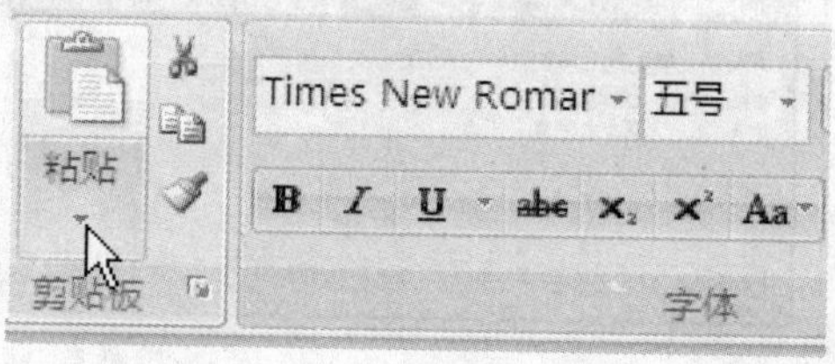

2 此时剪贴板中的文本即可被复制到光标插入点，下图反向显示的文本就是被粘贴的文本。

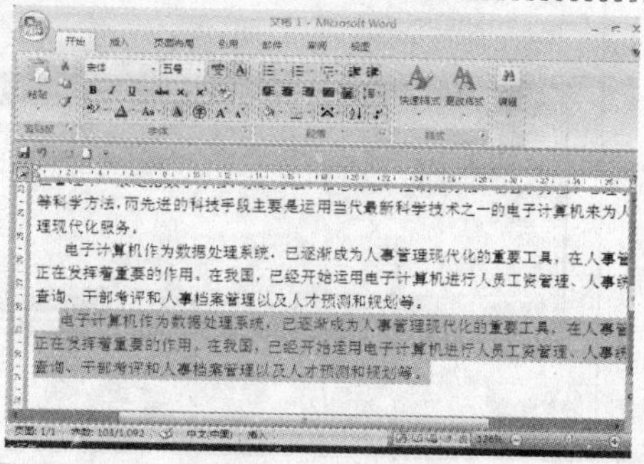

2.3.3 查找和替换文本

查找和替换文本可将文档中某个词组、一句话、一段话等替换成别的内容。查找和替换文本主要用于将文档中错误的内容替换为正确的内容。

• 查找文本

使用“查找”按钮可在整个文档或文档中的某部分查找所需的内容。

1 单击“开始”选项卡，并在功能区中单击“编辑”组中的“查找”按钮。

2 此时会弹出如下图所示的“查找”对话框。

3 在“查找内容”文本框中输入将要查找的内容，如输入文本。

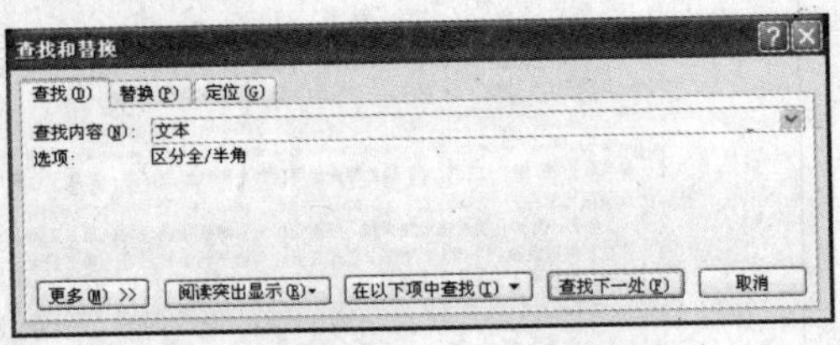

4 单击对话框中的“查找下一处”按钮，此时光标会在文档中依次查找“文本”内容，被查找到的内容将会被反白显示。

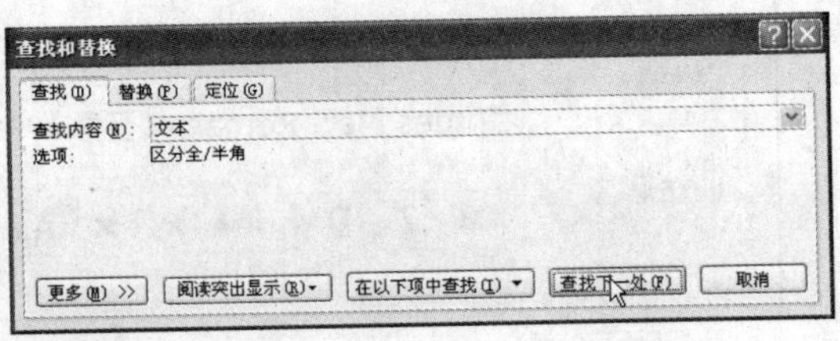

• 替换文本

使用“替换”按钮可将在文本中查找到的内容替换为其他内容。

1 单击“开始”选项卡“编辑”组中的“替换”按钮。

2 此时会弹出“查找和替换”对话框。

3 在“查找内容”文本框中输入查找内容“文本”，然后在“替换为”文本框中输入替换内容“内容”。

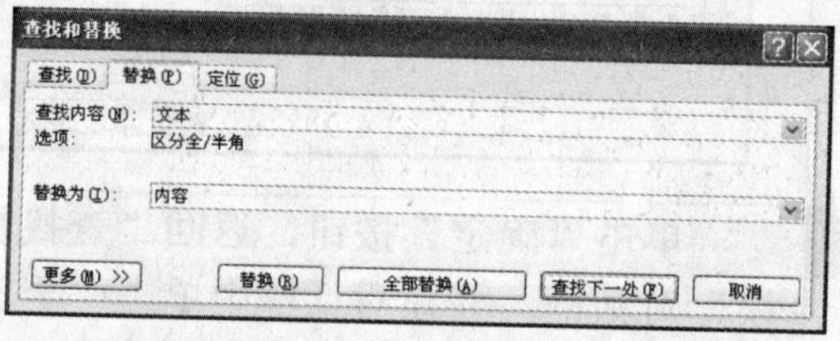

4 单击对话框中的“全部替换”按钮，若将文档中的内容替换完，会弹出如下图所示的提示框。

• 高级替换文本

在 Word 2007 中，可替换文档中已设置好的文本格式。

1 打开文档，选定需要替换格式的文本。

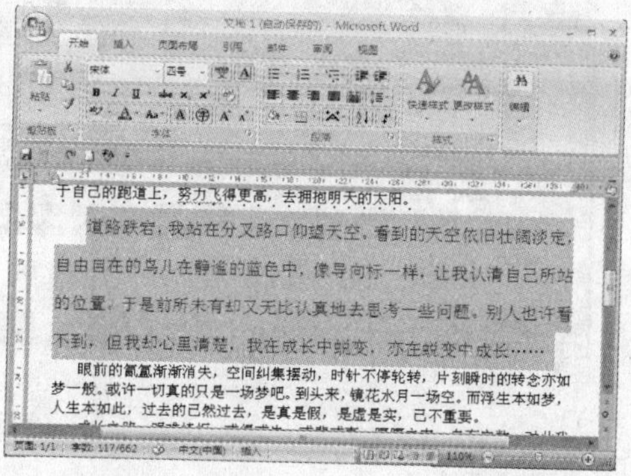

2 打开“查找和替换”对话框，将光标定位在“查找内容”文本框中，并单击“更多”按钮，此时对话框切换成如下图所示。

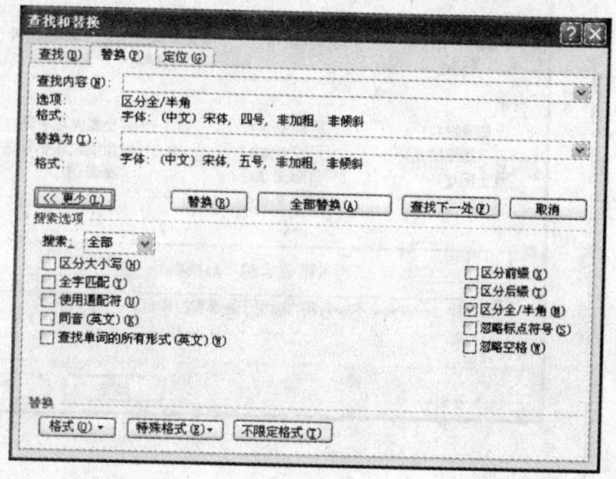

单击“格式”按钮，在弹出的格式菜单中选择“字体”选项。

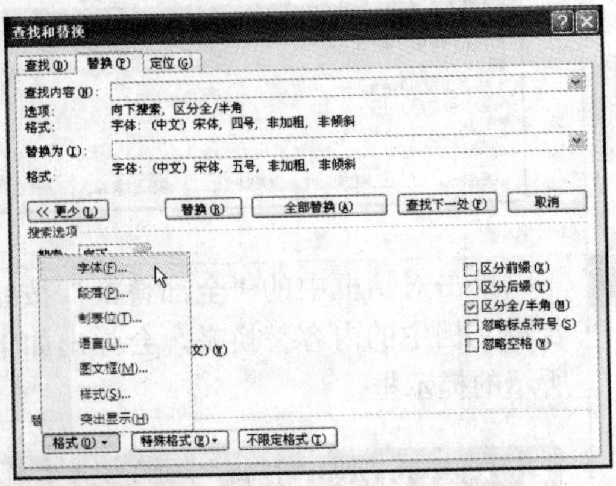

4 此时会弹出“查找字体”对话框，在此对话框中的“中文字体”列表中选择“宋体”；“字形”为“常规”；“字号”为“四号”。

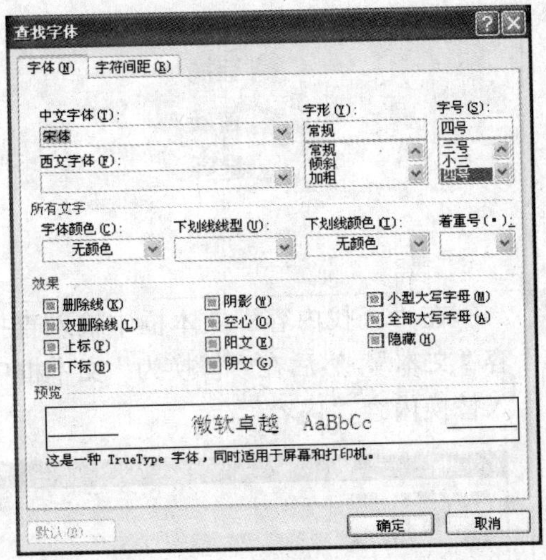

单击“确定”按钮后，将光标定位在“替换为”文本框中，并打开“查找字体”对话框，其设置如下图所示。

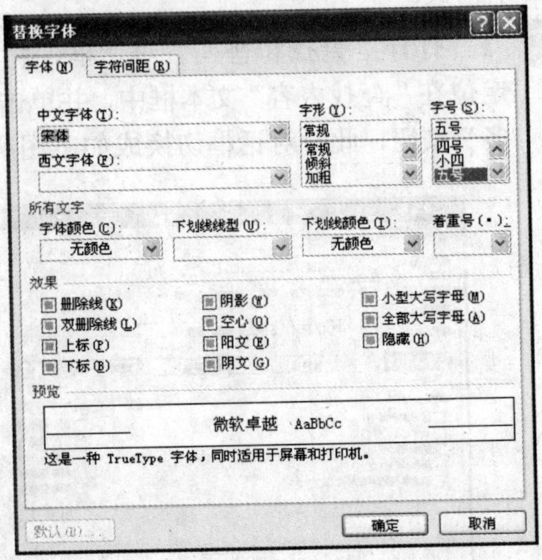

6 单击“确定”按钮，返回“查找和替换”对话框，并在对话框中单击“全部替换”按钮。

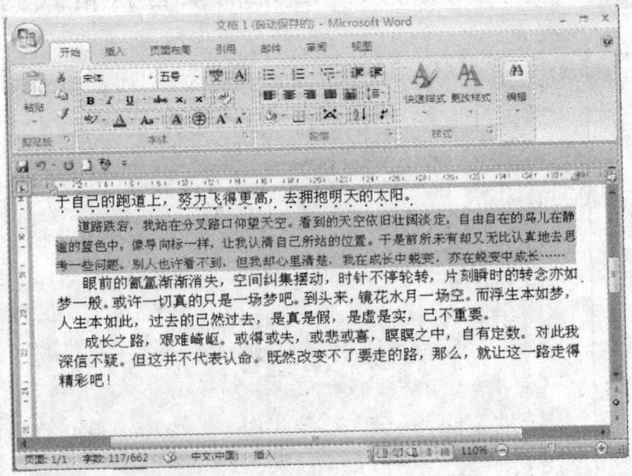

2.3.4 改写文本

为什么要改
写文本呢？
改写文本可更改文
本中输入错误的内容。

使用改写功能可在文本中输入新的内容替换原来的内容。

1 在以下文档中，将光标插入“消息”文本的前面。

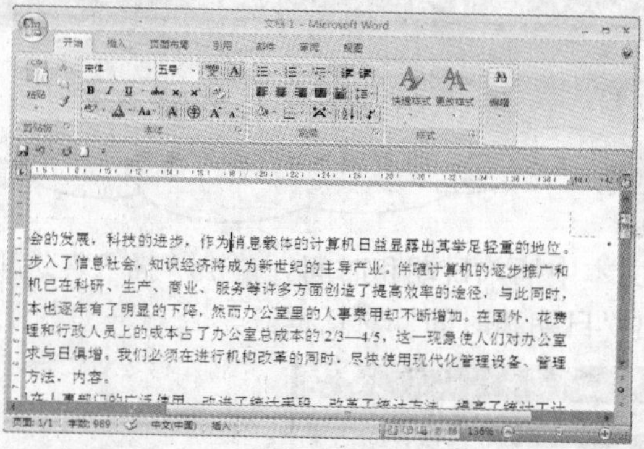
文档 1 - Microsoft Word

2 单击状态栏上的“插入”按钮，在光标处输入“信息”，此时会自动删除“消息”，并更改为“信息”，如下图所示。

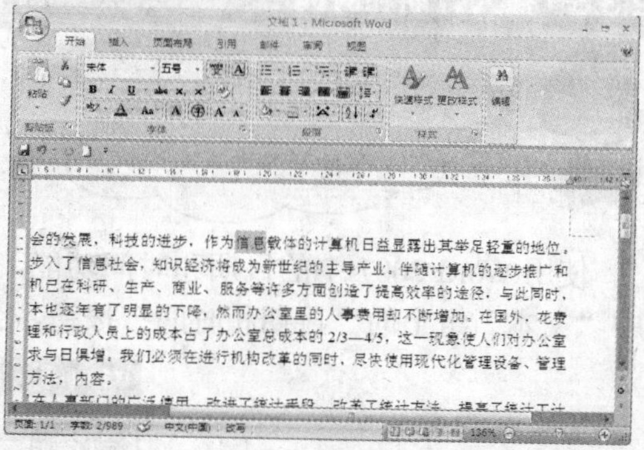
文档 1 - Microsoft Word

2.3.5 错误操作处理

在编辑文本时
不小心误删了一个
字怎么办呢？
直接按“Ctrl+Z”
组合键就可以撤销上
一步的误删除操作。

在编辑文本时，经常会出现文字输入错误或错误删除文本的情况，这时只需按“Ctrl+Z”组合键就可以撤销上一步的操作。

撤销操作还有一种方法，就是单击“自定义”工具栏上的“撤销”按钮 。使用此按钮可快捷撤销前面所做的几步操作，其方法是：单击“撤销”按钮右边的下拉按钮，如下图所示，在弹出的下拉列表中选择需要撤销的步骤，即可将此步骤以前的所有操作都被撤销。

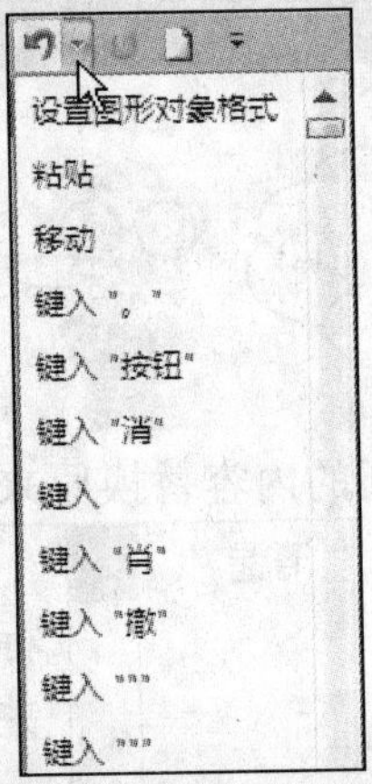

2.3.6 插入日期和时间

使用 Word 2007 中的日期和时间功能，可在文本中插入日期和时间。单击“插入”选项卡中“文本”组上的“日期和时间”按钮，会弹出“日期和时间”对话框。

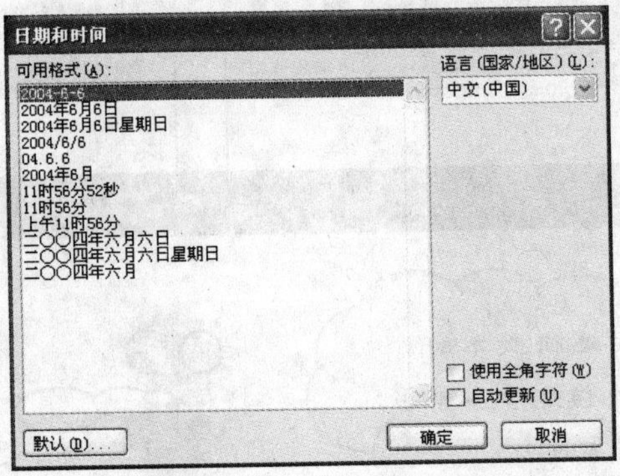

“日期和时间”对话框中各选项的含义如下。

“可用格式”：在此列表中共有 12 种日期时间格式，用鼠标选择所需的格式后，单击“确定”按钮，即可将此格式的日期时间插入到文档中。

“语言”：单击语言栏右边的下拉按钮，会弹出语言列表，在此列表中可选择日期和时间的语言。语言列表中共有“中国”和“美国”两种语言，如果选择“美国”，那么“可用格式”列表中的日期时间格式会为以英文显示。

电脑即学即用

教你学电脑

第3章 格式化文本

本章要点：

- 设置字体格式
- 设置段落格式
- 文本框操作
- 设置分栏

电脑博士，编辑好文本后，如何将它变得漂亮呢？

小丽，本章将教你如何修饰文本，使文本变得更加漂亮。格式化文本包括设置字体格式、段落格式和文本框操作。

3.1 字体格式化

使用 Word 2007 排版为用户提供了更广阔的发挥空间。使用各种格式，展示出特殊的艺术风格是排版人员必不可少的技能。

对文本进行格式化主要是设置字体的字形、字号、字体、颜色及文本段落中各字符之间的间距、缩进等。

3.1.1 设置字体格式

使用什么方法
可将文档中的字号
增大呢？
在“字体”对话框
中设置文本的“字号”
即可使字号增大。

在编辑文档时，可通过以下两种方式使输入的文本应用到设置的格式。

（1）先设置后输入。指先将设置好文本的格式，再输入文字，这时输入的文字会自动应用所设置的格式。

（2）先输入后设置。指先在文档中输入文本，然后选择需要设置格式的文本，再设置文字格式。

在 Word 2007 中对文本进行格式设置的方法有三种：第一种是使用“字体”组中的文字格式设置按钮；第二种是使用“字体”对话框；第三种是使用“样式”组中已定义好的样式。在这三种设置字体格式的方法中，前两种方法大致相同，因此只选其中一种方法进行讲解。

• 使用“字体”对话框设置文本格式

使用“字体”对话框设置文本格式主要可设置文本的字号、字形、字体和颜色等。

1 打开文档，并选择需要设置格式的文本。

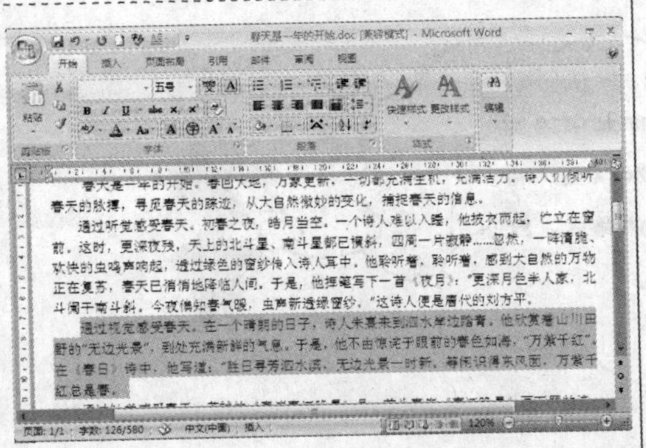

2 单击“开始”选项卡“字体”组中的“字体”按钮 。打开“字体”对话框。

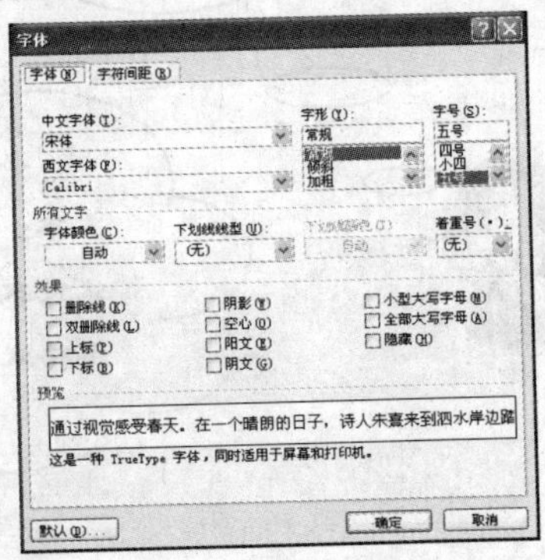

3 在对话框中单击“中文字体”列表框右侧的下拉按钮，在弹出的字体列表中选择“华文彩云”字体。

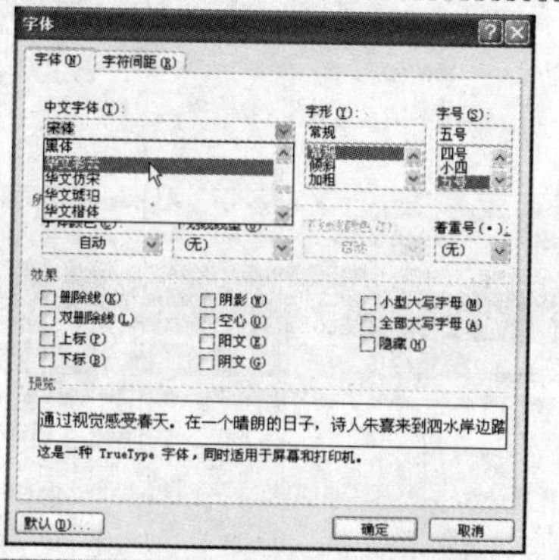

4 单击“确定”按钮，效果如下图所示。

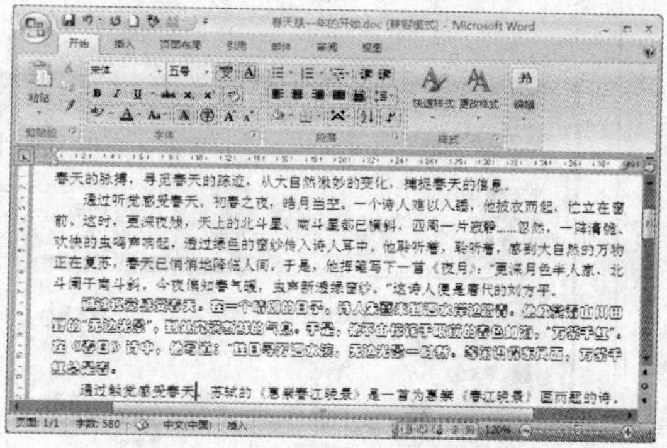

5 在“字体”对话框中，单击“字形”列表框中的“加粗”。

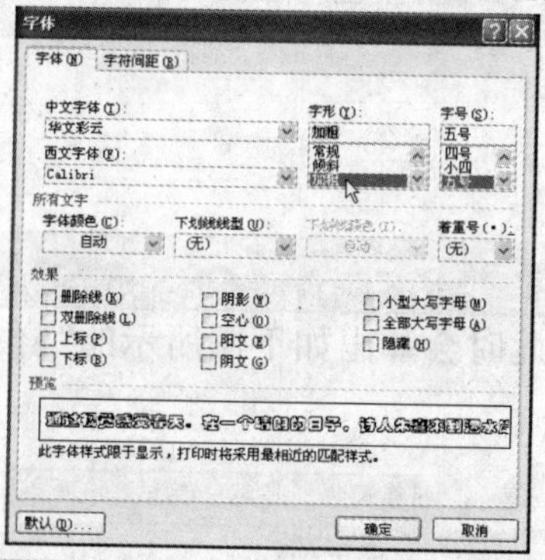

6 单击“确定”按钮后，效果如下图所示。

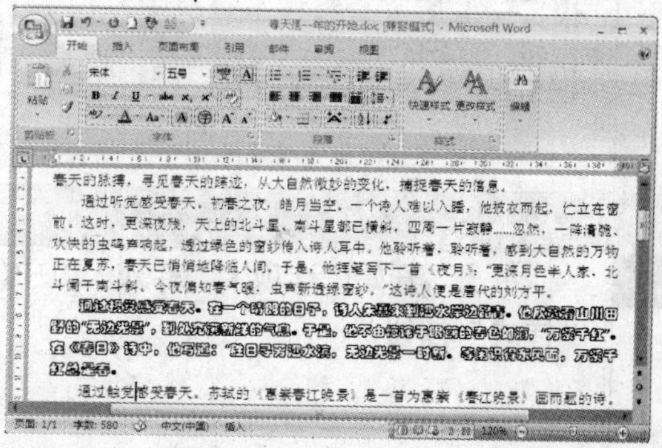

7 在“字体”对话框中，单击“字号”列表框右侧的垂直滚动条选择字号。

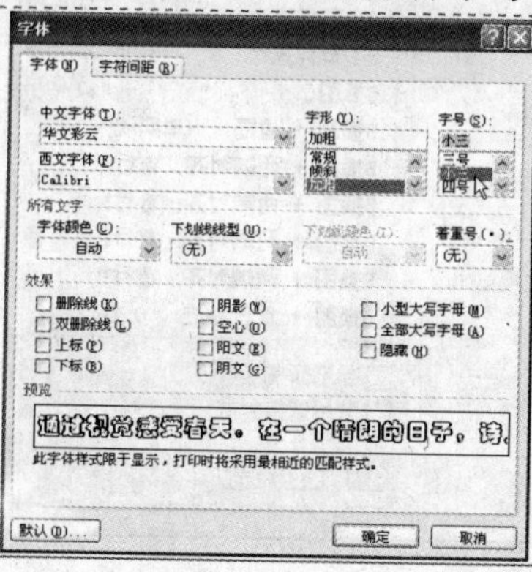

8 单击“确定”按钮后，效果如下图所示。

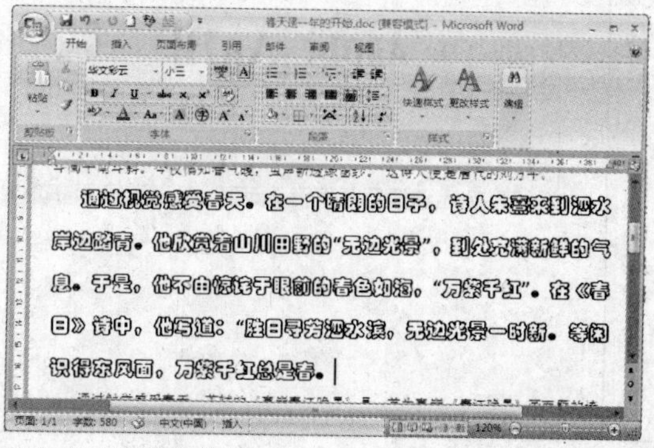

在“字体”对话框中，单击“字体颜色”列表框右侧的下拉按钮，在弹出的颜色面板中选择“浅绿”色。

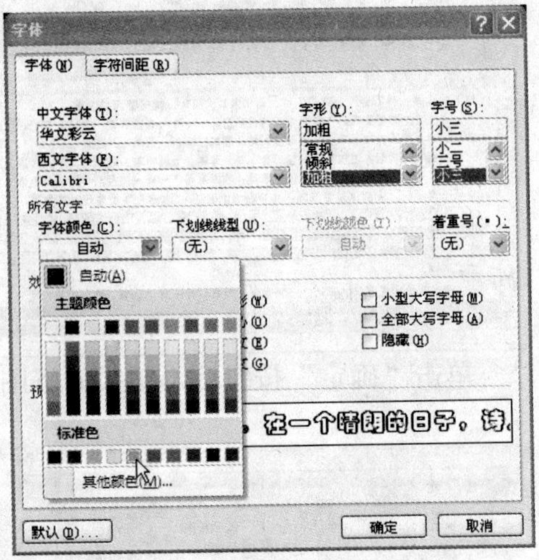

10 单击“确定”按钮后，效果如下图所示。

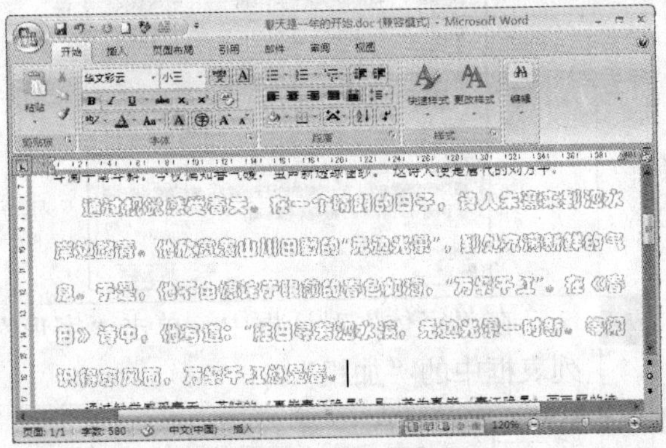

• **使用“样式”设置文本格式**

单击“开始”选项卡“样式”组中的“样式”按钮。

此时会弹出如下图所示的“样式”列表框。

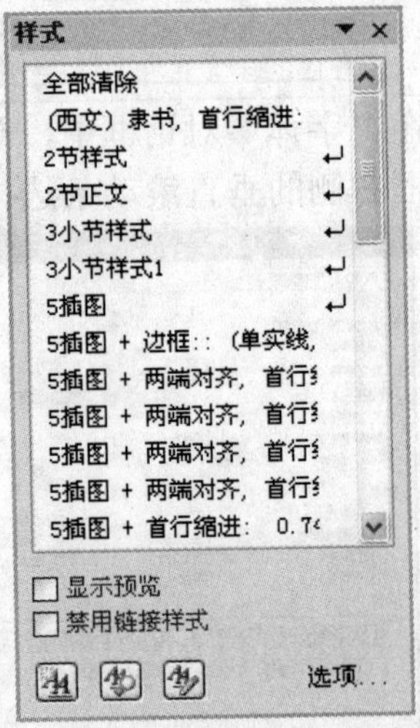

单击“样式”列表框底部的“新建样式”按钮 ，会弹出“根据格式设置创建新样式”对话框。在此对话框中的“名称”框中输入新建样式的名称。

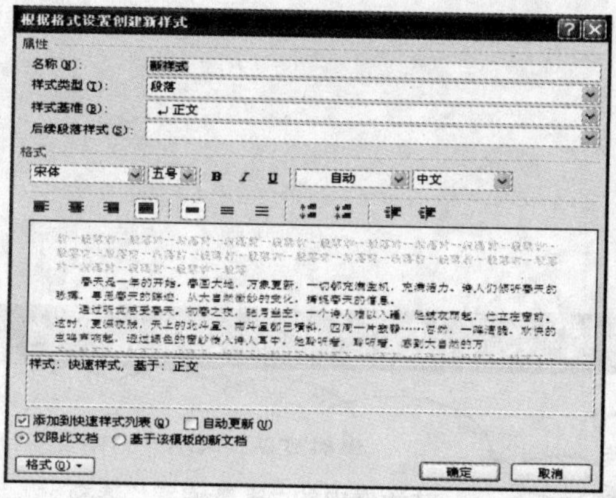

在此对话框中单击“格式”按钮，并在弹出的菜单中选择“字体”命令。

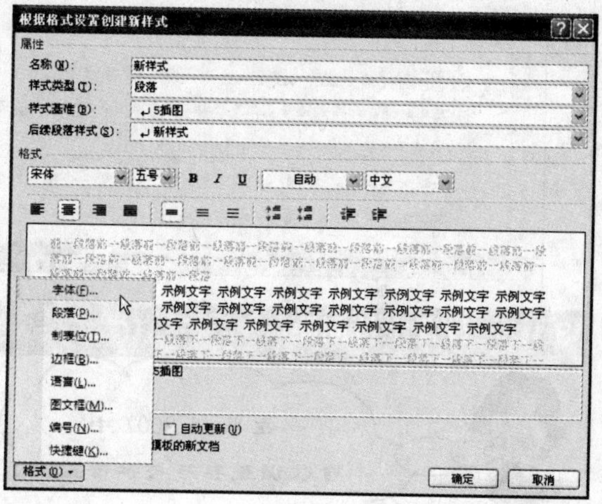

单击“字体”命令后，会弹出“字体”对话框。

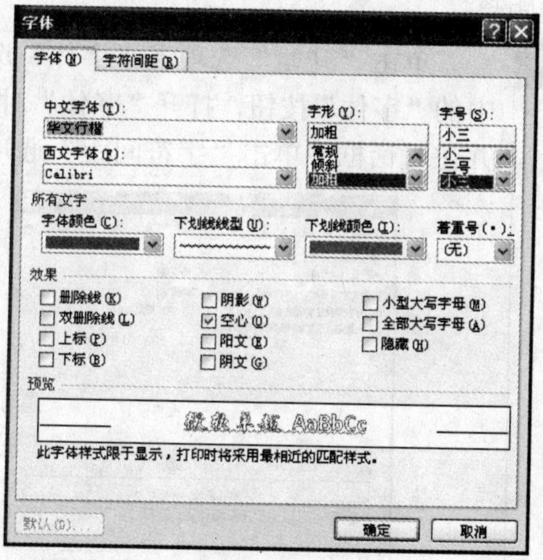

单击“确定”按钮后，返回到“根据格式设置创建新样式”对话框，在此对话框中再单击“确定”按钮，此时在“样式”列表中可看到新建样式。

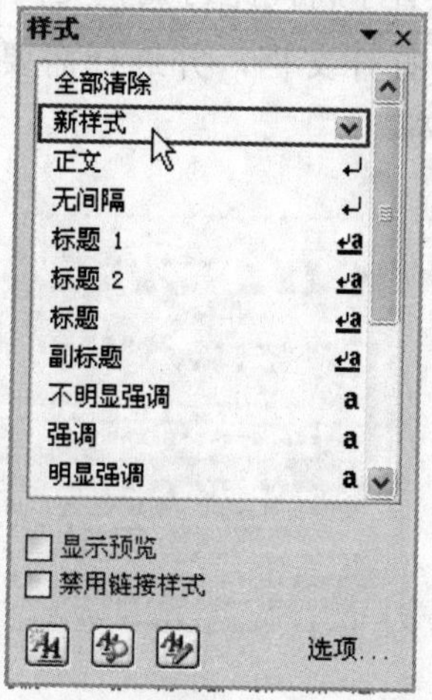

在“样式”列表框中选择“新样式”，文本格式效果如下图所示。

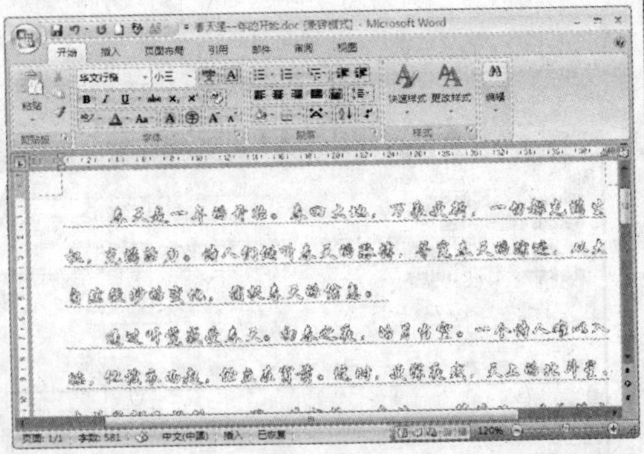

提示：

用鼠标右键单击“样式”列表中需要修改的样式，在弹出的快捷菜单中选择“修改”命令，可修改以前设置的样式。

3.1.2 设置字符间距

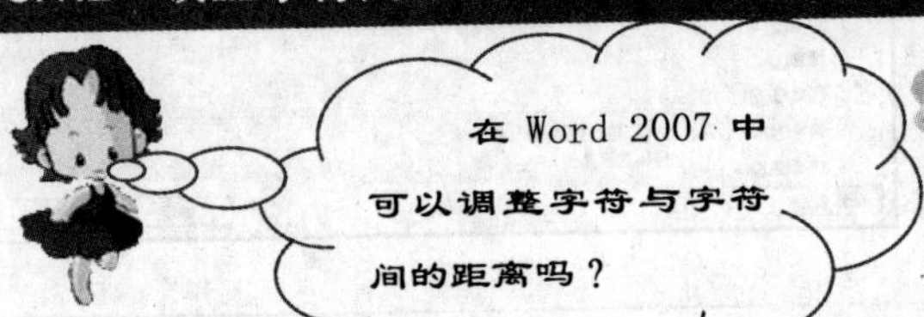
在 Word 2007 中
可以调整字符与字符
间的距离吗？

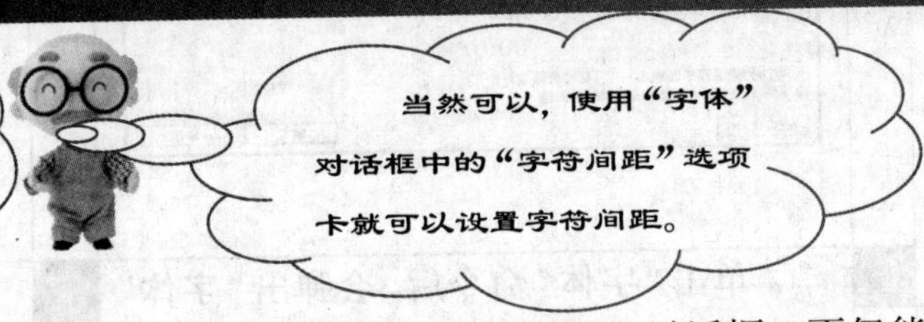
当然可以，使用“字体”
对话框中的“字符间距”选项
卡就可以设置字符间距。

字符间距是指两个字符间的距离，它以“磅”为单位。使用“字符间距”对话框，不仅能设置字符间距，还可设置字符的位置。

• 设置字符间距

设置字符间距可调整文档中字符与字符之间的距离。

打开文档，并选择需要设置字符间距的文本。

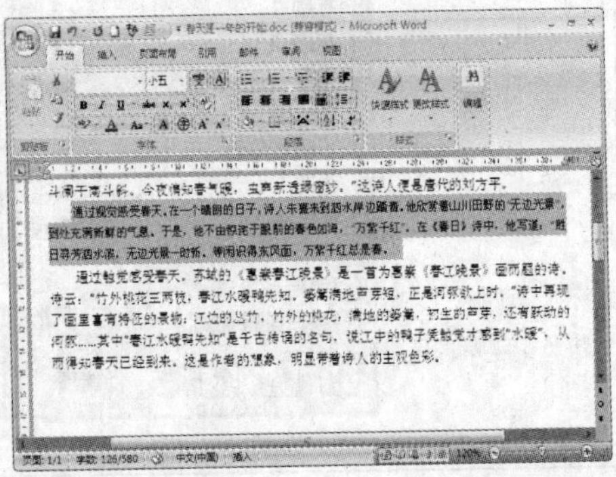

单击“开始”选项卡“字体”选项组中的“字体”按钮，打开“字体”对话框，并在对话框中单击“字符间距”选项卡。

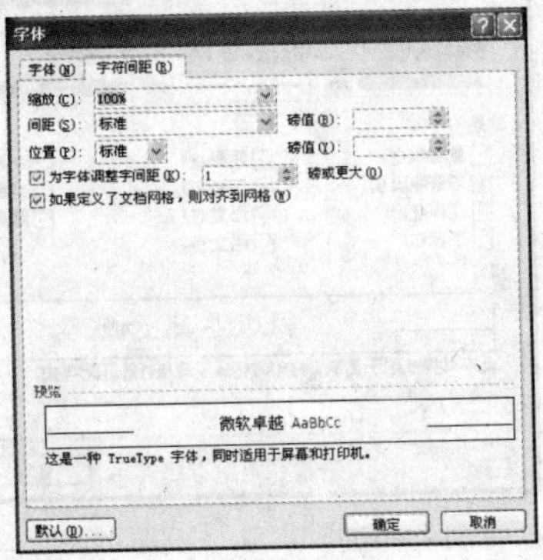

3 在此对话框中，单击“间距”栏右侧的按钮，在弹出的“间距”列表中选择“加宽”选项。

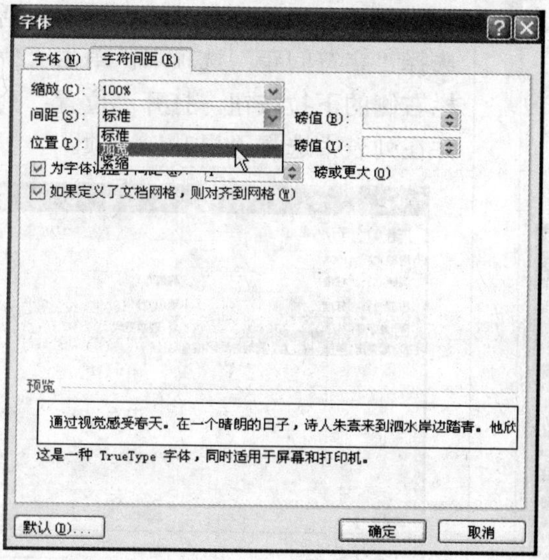

4 单击“磅值”栏右侧的按钮，设置字符间距的大小，磅值越大字符间的间距就越大，反之成立。

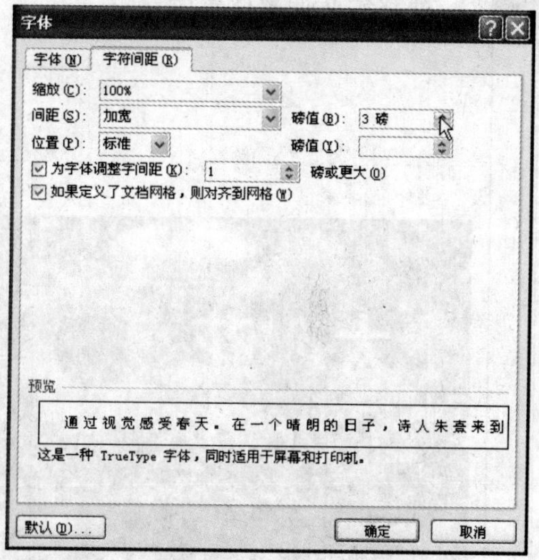

5 将字符间距设置为“3 磅”后，单击“确定”按钮。

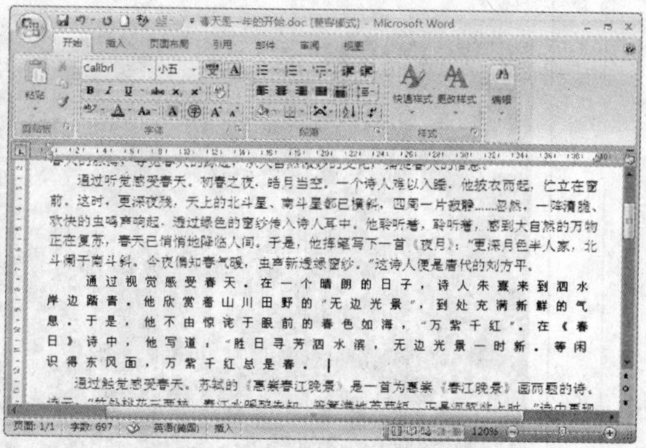

6 在“间距”列表中选择“紧缩”选项，并单击“磅值”右侧向上的按钮，可减小字符间距，若将“磅值”设置为“0.5”。

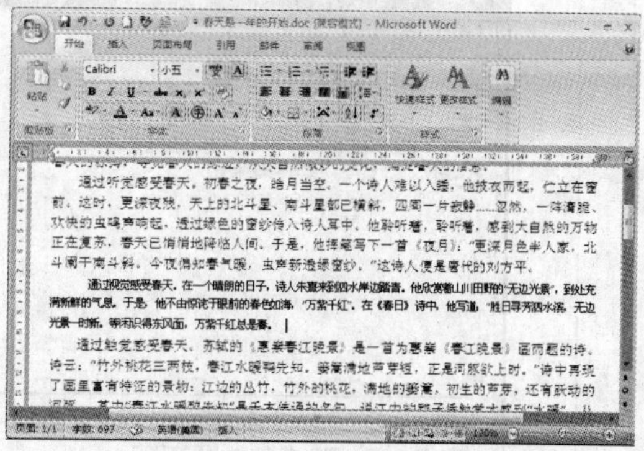

• 设置字符位置

在编辑文本时，字符是都以水平的基准线对齐的。在使用 Word 2007 制作海报、杂志或其他的宣传广告时，需要将某个字放大或调整其位置，这时可使用 “字符间距” 选项卡中的“位置”对字符进行设置。

1 选择需要调整位置的字符。

2 打开“字体”对话框，并在对话框中选择“字符间距”选项卡。单击“位置”栏右侧的下拉按钮，打开“位置”列表，并在列表中选择“提升”选项。

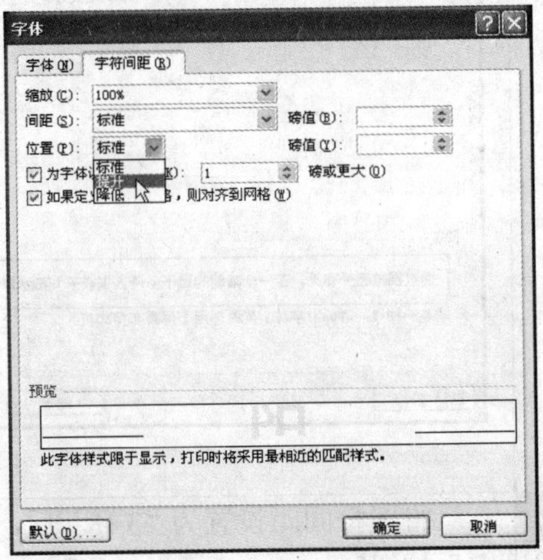

3 单击“磅值”栏右侧的按钮，设置字符提升的高度，将其设置为 20 磅。

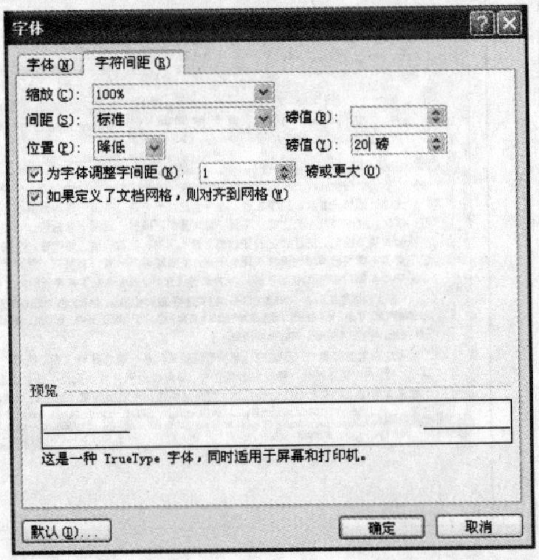

4 单击“确定”按钮后，所选文本将全部向左对齐。

3.2 段落格式化

段落格式化是指设置段落的属性，包括段落对齐、段间距、缩进、换行、分页和版式等。

3.2.1 设置段落对齐方式

怎样设置段落
的对齐方式呢？

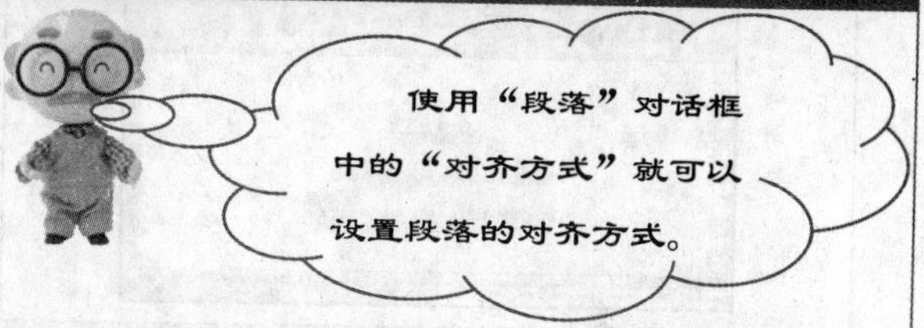
使用“段落”对话框
中的“对齐方式”就可以
设置段落的对齐方式。

在 Word 2007 中，段落的对齐方式共有 5 种，分别是左对齐、居中、右对齐、两端对齐和分散对齐。

• 左对齐

1 选择需要左对齐的文本。

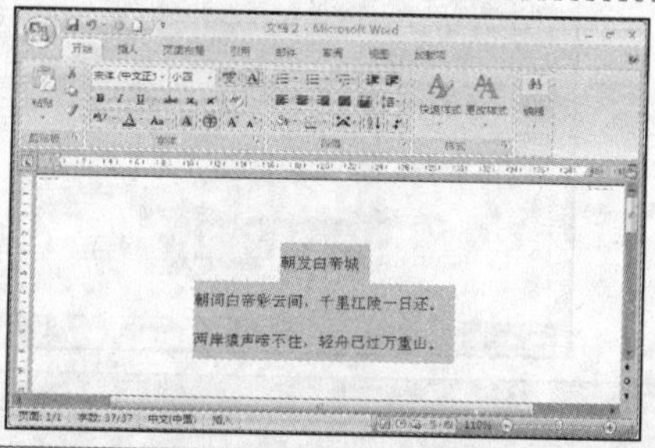
朝发白帝城
朝辞白帝彩云间，千里江陵一日还。
两岸猿声啼不住，轻舟已过万重山。

2 单击“开始”选项卡“段落”组中的“段落”按钮。

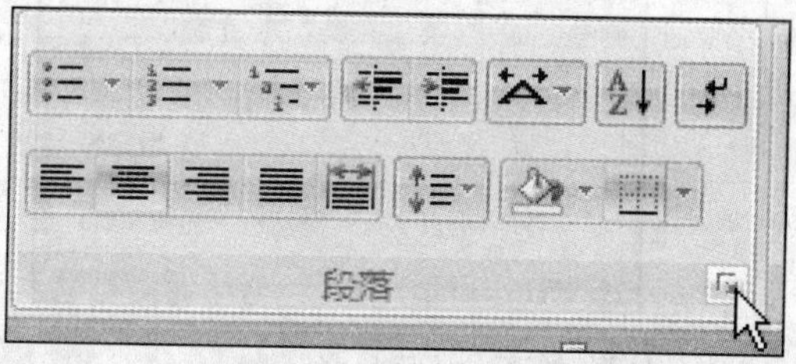
段落

3 打开“段落”对话框后，单击“对齐方式”右侧的下拉按钮，在弹出的对齐方式列表中选择“左对齐”。

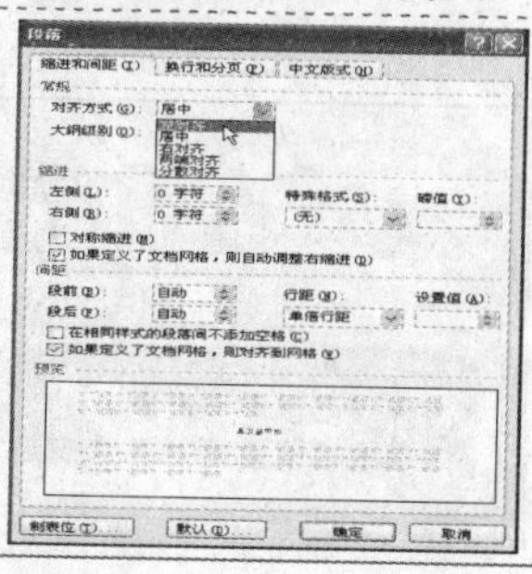

4 单击“确定”按钮后，效果如下图所示。

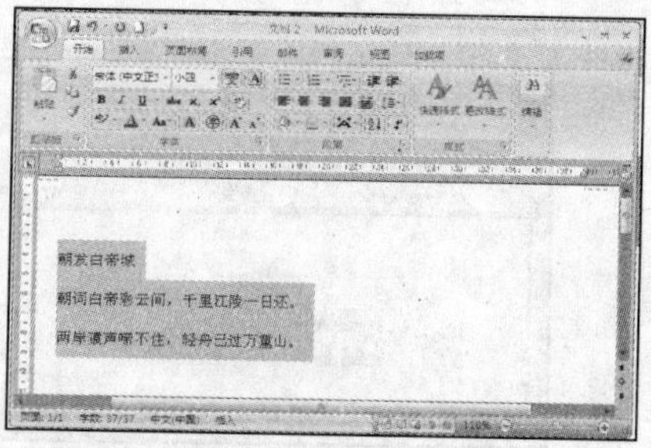
朝发白帝城
朝辞白帝彩云间，千里江陵一日还。
两岸猿声啼不住，轻舟已过万重山。

- **右对齐**

选择需要右对齐的文本。

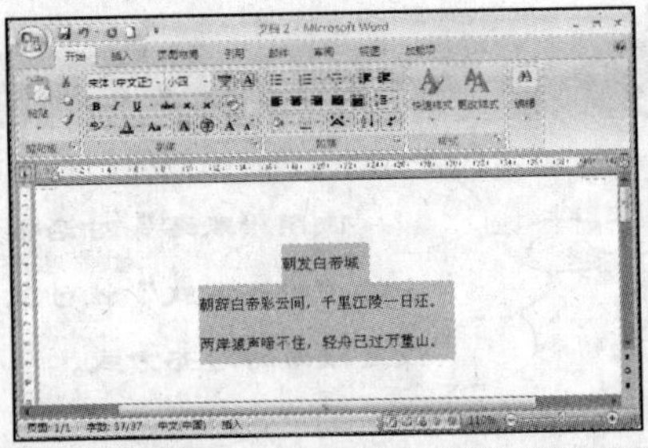
朝发白帝城
朝辞白帝彩云间，千里江陵一日还。
两岸猿声啼不住，轻舟已过万重山。

在“段落”对话框中，单击“对齐方式”右侧的下拉按钮，在弹出的对齐方式列表中选择“右对齐”，单击“确定”按钮。

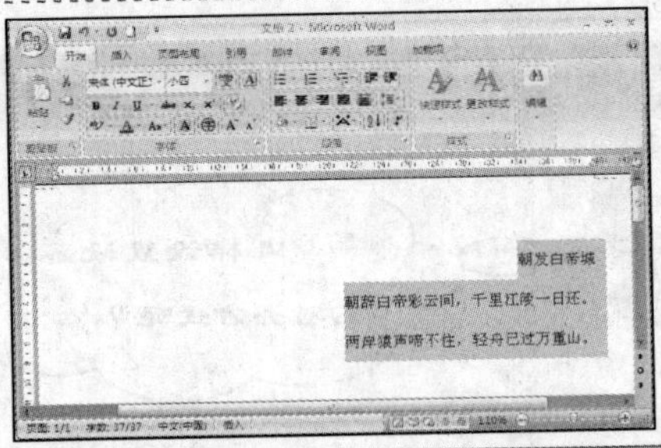
朝发白帝城
朝辞白帝彩云间，千里江陵一日还。
两岸猿声啼不住，轻舟已过万重山。

- **居中对齐**

选择需要居中对齐的文本。

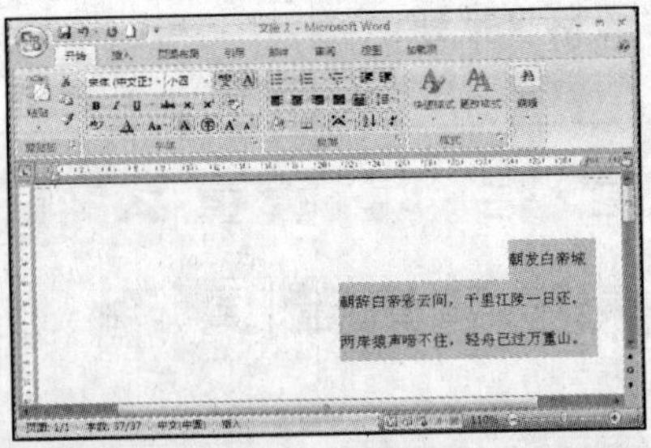
朝发白帝城
朝辞白帝彩云间，千里江陵一日还。
两岸猿声啼不住，轻舟已过万重山。

在“段落”对话框中，单击“对齐方式”右侧的下拉按钮，在弹出的对齐方式列表中选择“居中”，单击“确定”按钮。

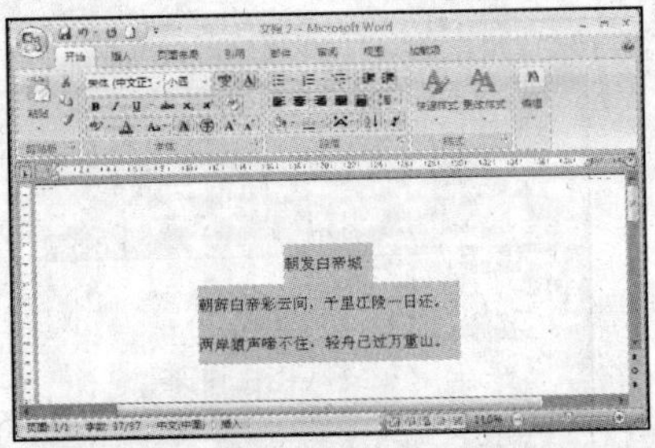
朝发白帝城
朝辞白帝彩云间，千里江陵一日还。
两岸猿声啼不住，轻舟已过万重山。

- **分散对齐**

选择需要分散对齐的文本。

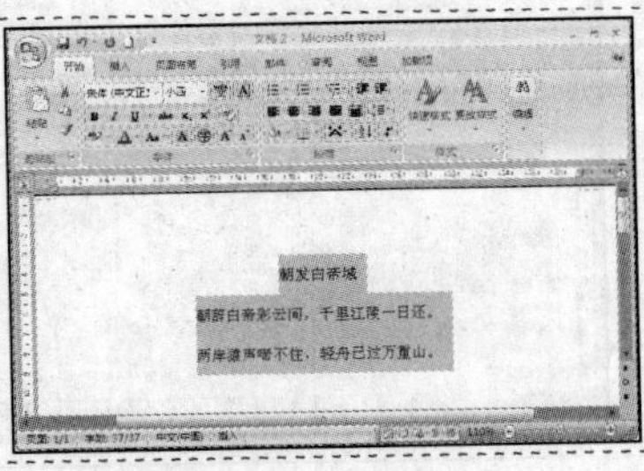
朝发白帝城
朝辞白帝彩云间，千里江陵一日还。
两岸猿声啼不住，轻舟已过万重山。

在“段落”对话框中，单击“对齐方式”右侧的下拉按钮，在弹出的对齐方式列表中选择“分散对齐”，单击“确定”按钮。

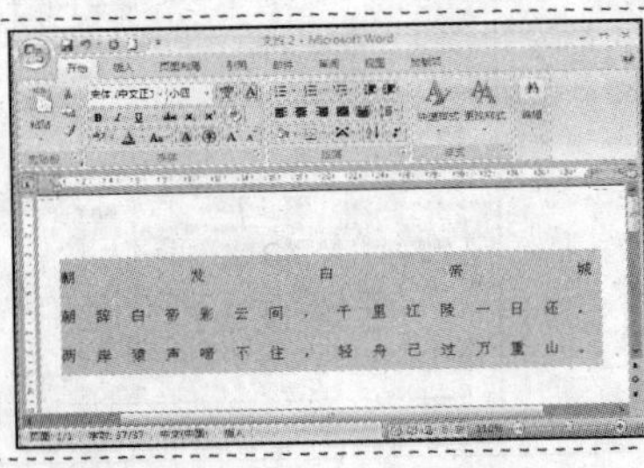
朝 发 白 帝 城
朝 辞 白 帝 彩 云 间 ， 千 里 江 陵 一 日 还 。
两 岸 猿 声 啼 不 住 ， 轻 舟 已 过 万 重 山 。

• 两端对齐

1 选择需要两端对齐的文本。

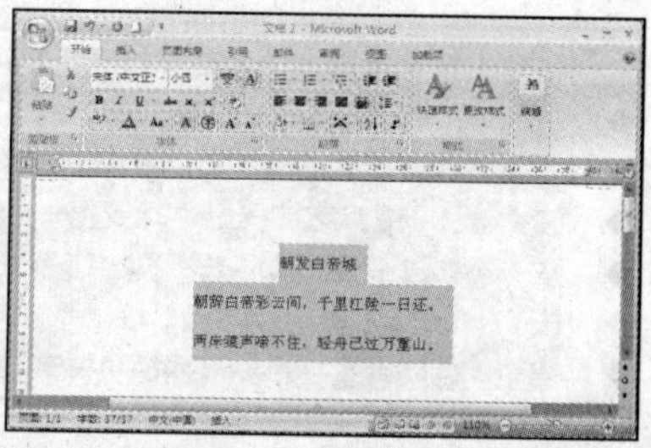

2 在“段落”对话框中，单击“对齐方式”右侧的下拉按钮，在弹出的对齐方式列表中选择“两端对齐”，单击“确定”按钮。

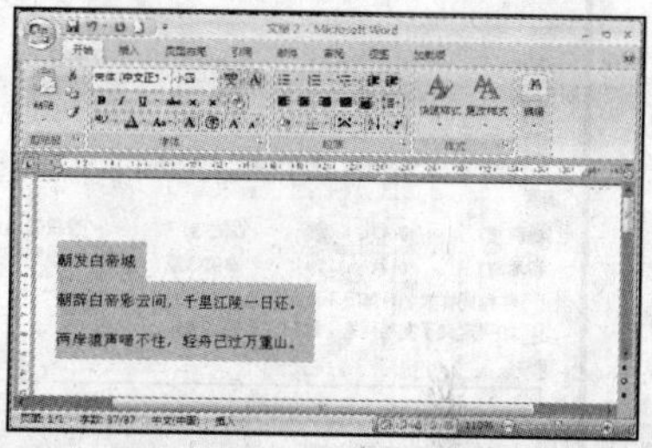

3.2.2 设置段落缩进和间距

设置段落的缩进和间距可用来调整段落与段落之间的距离和强调某一段中的内容。

• 设置段落缩进

段落缩进包括有左缩进、右缩进、首行缩进和悬挂缩进四项。段落的缩进对文档的排版非常有用，对一段文本使用不同的缩进可强调这段文本的内容。

1 打开文档，并选择如下图所示的文本。

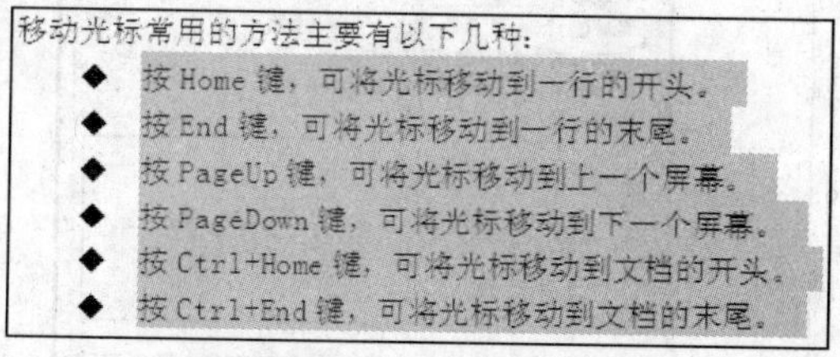
移动光标常用的方法主要有以下几种：

- 按 Home 键，可将光标移动到一行的开头。
- 按 End 键，可将光标移动到一行的末尾。
- 按 PageUp 键，可将光标移动到上一个屏幕。
- 按 PageDown 键，可将光标移动到下一个屏幕。
- 按 Ctrl+Home 键，可将光标移动到文档的开头。
- 按 Ctrl+End 键，可将光标移动到文档的末尾。

2 打开“段落”对话框，并在对话框中，单击“特殊格式”右下侧的按钮，在弹出的列表中单击“悬挂缩进”。

在此对话框中，单击“磅值”栏右侧的按钮，将磅值设置为 4 个字符。

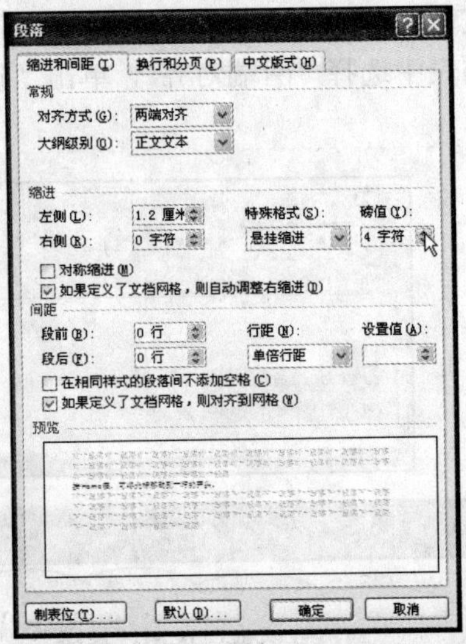

单击“确定”按钮，效果如下图所示。

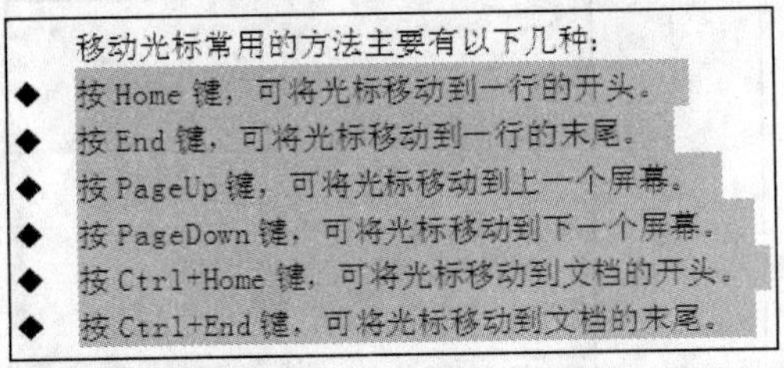

• 设置段落间距

段落间距是指光标所在段与前一段或后一段的距离量。设置段间距可使文档中各标题之间区分得更加明显。

选择需要设置段间距的段落。

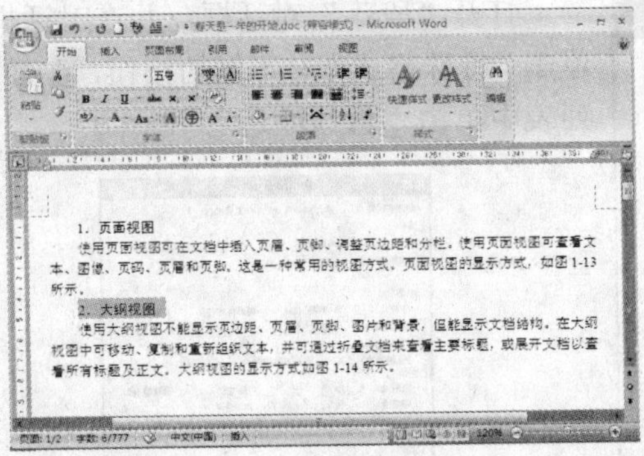

打开“段落”对话框，并单击“段落”栏右侧的按钮，将段前间距设置为 1 行。

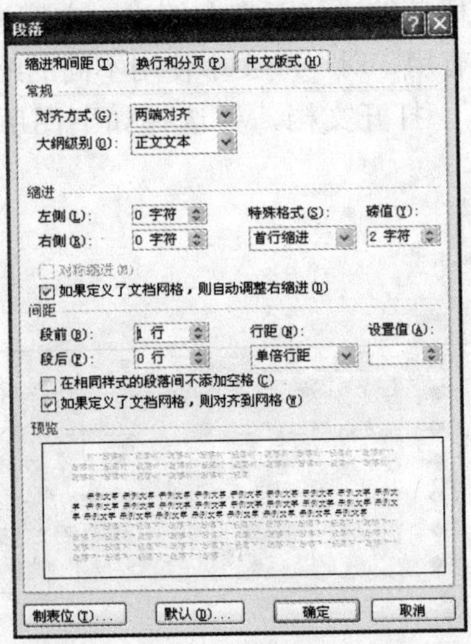

3　使用同样的方法，将段后间距设置为1行。

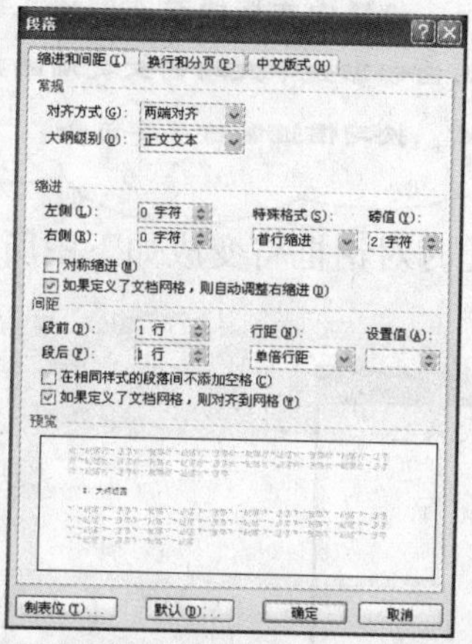

4　单击“确定”按钮后，此标题与前段和后段的距离都为1行，效果如下图所示。

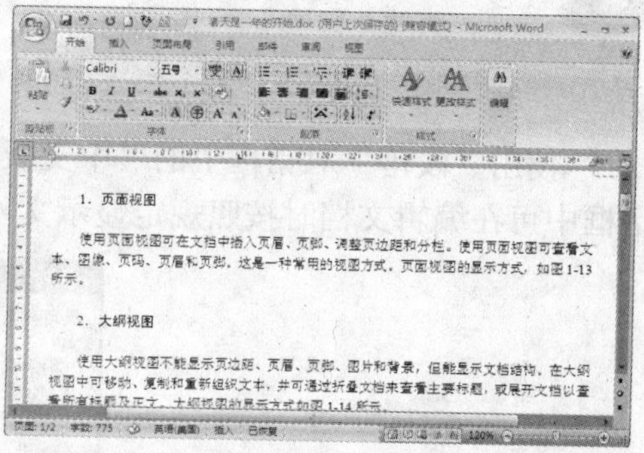

3.2.3　设置换行和分页

使用“段落”对话框中的“换行和分页”选项卡，此时对话框将变成如下图所示，在此对话框中可对文档中某段文本进行换行和分页设置。若在此对话框中选择“段前分页”复选框，无论将光标定位在段落的任何位置，只要按回车键即可将光标前面的文本与后面的文本分页显示。

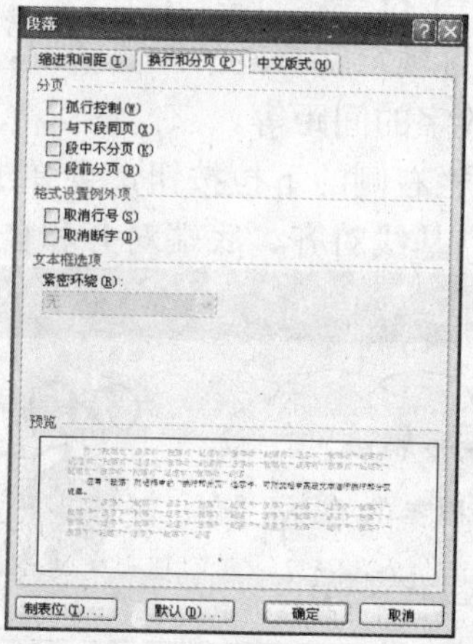

3.2.4 中文版式设置

使用“段落”对话框中的“中文版式”选项卡，此时对话框将变成如下图所示。在此对话框中可在编辑文档时按照规定显示文本的版式。

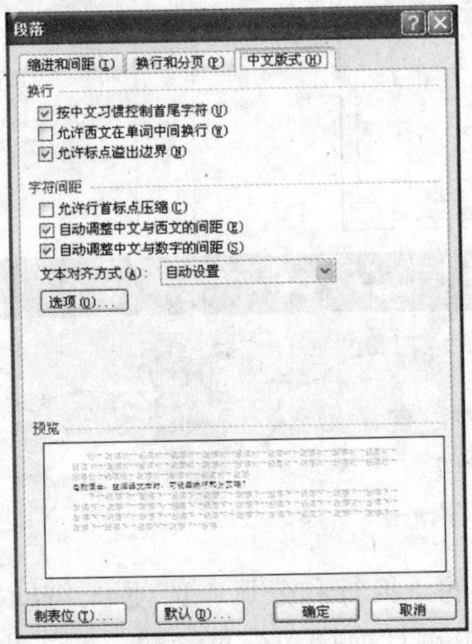

换行和分页选项框中各选项的含义如下。

“换行”：在此选项中可规定字符的换行情况，如允许在西文单词中进行换行、允许标点溢出边界、按习惯控制段落首尾字符等。

“字符间距”：在此选项中可规定字符间的距离情况，如允许行首标点压缩、自动调整中西文的间距和自动调整中文与数字的间距等。

“文本对齐方式”：单击此栏右侧的下拉按钮，会弹出对齐方式列表框，它共有 5 种对齐方式，分别是顶端对齐、居中、基线对齐、底端对齐和自动设置。

3.2.5 设置项目符号和编号

当编辑的文档中有明显的序列关系或分项关系时，可设置相应的项目符号和编号使这些序列关系变得更加明显。

• 设置项目符号

给文本设置项目符号有两种方法，一种是用鼠标指向需要设置项目符号的位置单击右键，并在弹出的快捷菜单中选择“项目符号”；第二种是单击“段落”组中的“项目符号”右侧的下拉按钮 ☰▾ 。

1 有以下序列文本。

移动光标常用的方法主要有以下几种：
按 Home 键，可将光标移动到一行的开头。
按 End 键，可将光标移动到一行的末尾。
按 PageUp 键，可将光标移动到上一个屏幕。
按 PageDown 键，可将光标移动到下一个屏幕。
按 Ctrl+Home 键，可将光标移动到文档的开头。
按 Ctrl+End 键，可将光标移动到文档的末尾。

2 将鼠标定位在文本“按 Home 键”前面，单击右键，在弹出的快捷菜单中选择“项目符号”，并在弹出项目符号面板中选择所需的项目符号，如下图所示。

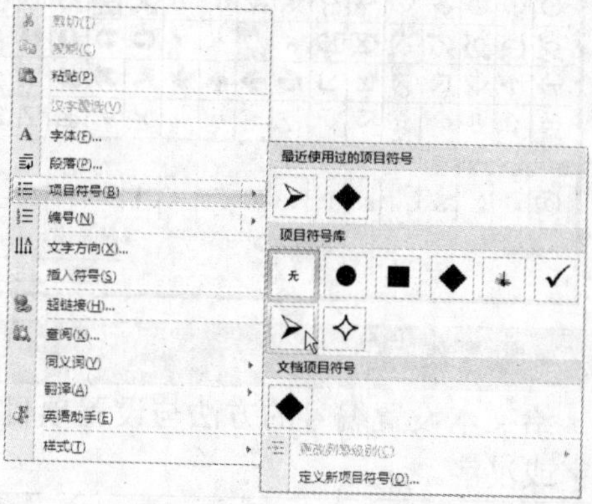

3 选择项目符号后，效果如下图所示。

移动光标常用的方法主要有以下几种：
➢ 按 Home 键，可将光标移动到一行的开头。
按 End 键，可将光标移动到一行的末尾。
按 PageUp 键，可将光标移动到上一个屏幕。
按 PageDown 键，可将光标移动到下一个屏幕。
按 Ctrl+Home 键，可将光标移动到文档的开头。
按 Ctrl+End 键，可将光标移动到文档的末尾。

4 若“项目符号”面板中的符号都不是所需的符号，可单击面板底部的“定义新项目符号”选项，此时会弹出“定义新项目符号”对话框。

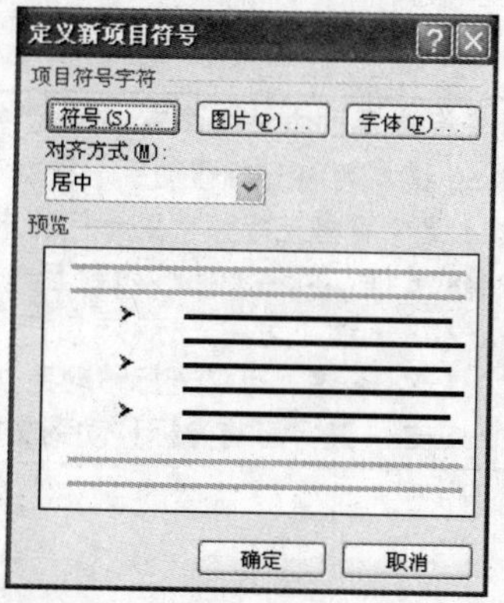

5 在对话框中单击“项目符号字符”中的“符号”按钮，此时会弹出“符号”对话框。

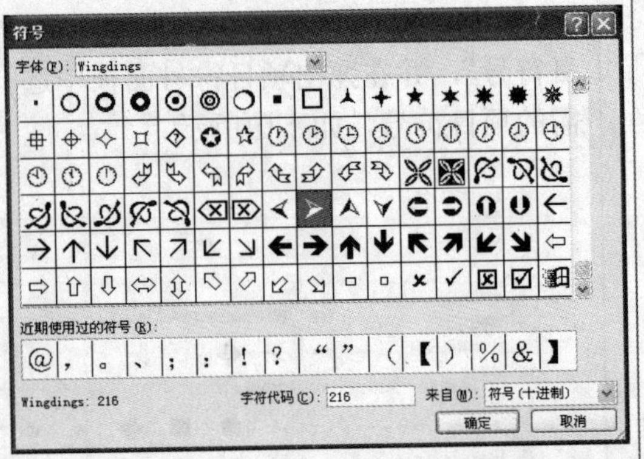

6 在“符号”对话框中选择所需的项目符号后，单击“确定”按钮，此时会返回“定义新项目符号”对话框。在返回的“定义新项目符号”对话框中单击“确定”按钮。重新打开“项目符号”面板，可发现刚才被选择的新项目符号已被添加到项目符号库中去了。

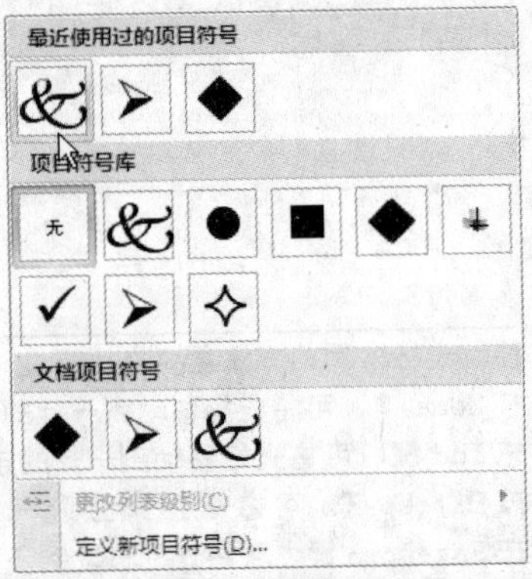

• 设置编号

给文本设置编号的方法与设置项目符号的方法类似。在文本中设置的编号可以是字母、数字或汉字。

1 有以下序列文本。

移动光标常用的方法主要有以下几种：
按 Home 键，可将光标移动到一行的开头。
按 End 键，可将光标移动到一行的末尾。
按 PageUp 键，可将光标移动到上一个屏幕。
按 PageDown 键，可将光标移动到下一个屏幕。
按 Ctrl+Home 键，可将光标移动到文档的开头。
按 Ctrl+End 键，可将光标移动到文档的末尾。

2 将鼠标定位在文本“按 Home 键”前面，单击右键，在弹出的快捷菜单中选择“编号”，并在弹出编号面板中选择所需的编号。

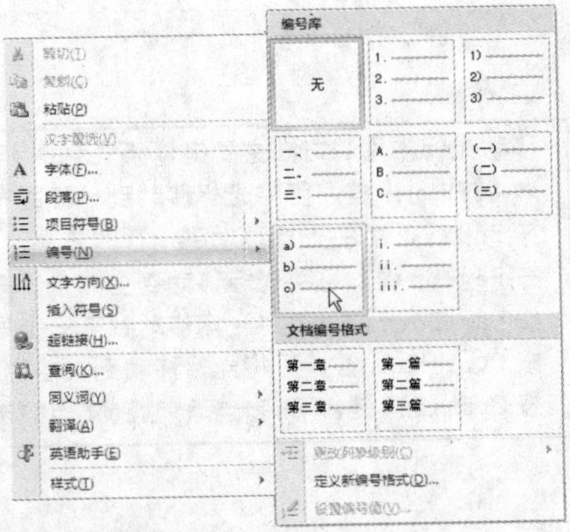

3 选择编号后，效果如下图所示。

移动光标常用的方法主要有以下几种：

a） 按 Home 键，可将光标移动到一行的开头。

按 End 键，可将光标移动到一行的末尾。

按 PageUp 键，可将光标移动到上一个屏幕。

按 PageDown 键，可将光标移动到下一个屏幕。

按 Ctrl+Home 键，可将光标移动到文档的开头。

按 Ctrl+End 键，可将光标移动到文档的末尾。

4 在文档中设置编辑后，按回车键会自动弹出下一个编号。单击“编号”面板上的“定义新编号格式”选项，会弹出“定义新编号格式”对话框。在对话框中单击“编号样式”列表框右侧的下拉按钮，在弹出的列表中选择编辑样式。

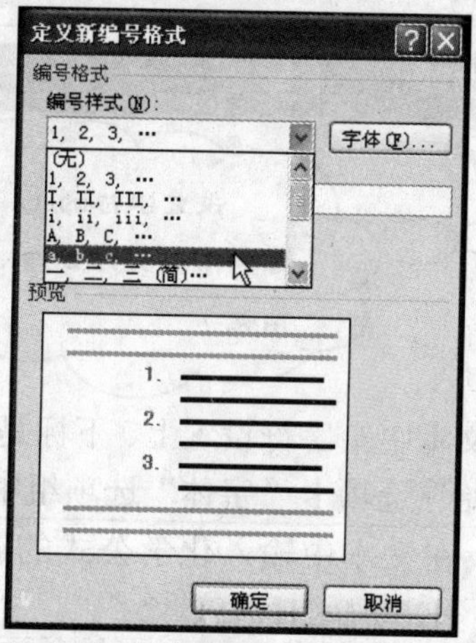

在对话框中单击“字体”按钮，此时会弹出“字体”对话框，在此对话框中设置字体的格式。

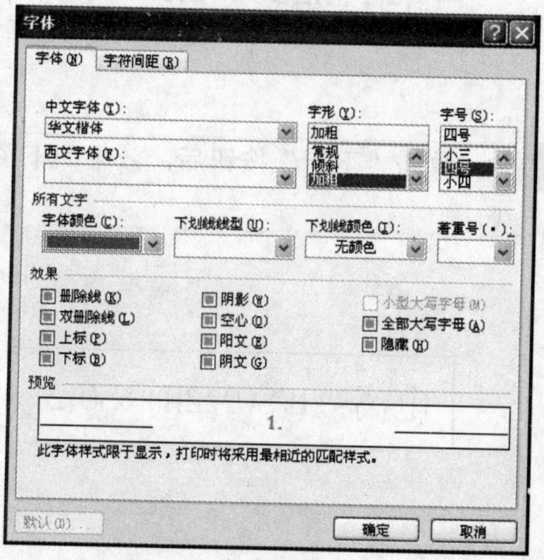

重复步骤 1 和步骤 2 的操作，编辑效果如下图所示。

移动光标常用的方法主要有以下几种：

a. 按 Home 键，可将光标移动到一行的开头。

按 End 键，可将光标移动到一行的末尾。

按 PageUp 键，可将光标移动到上一个屏幕。

按 PageDown 键，可将光标移动到下一个屏幕。

按 Ctrl+Home 键，可将光标移动到文档的开头。

按 Ctrl+End 键，可将光标移动到文档的末尾。

3.3 修饰字符

编辑一篇满意的文档，不仅仅是对文本进行修改、排版、复制等操作，更重要的是通过操作使文本变得更加漂亮。在 Word 2007 中可对字符设置上标、下标、加下划线、设置边框和底纹、设置间距和位置、给字符加圈等，通过这些设置可使文本变得美观又独特，下面将对这些字符修饰操作进行详细的介绍。

3.3.1 设置上、下标

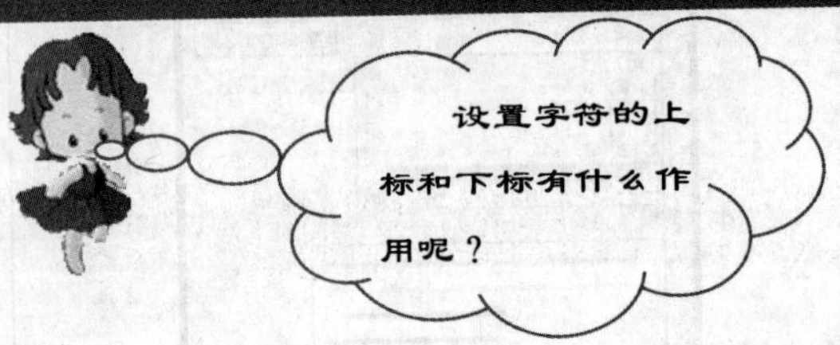
设置字符的上标和下标有什么作用呢？

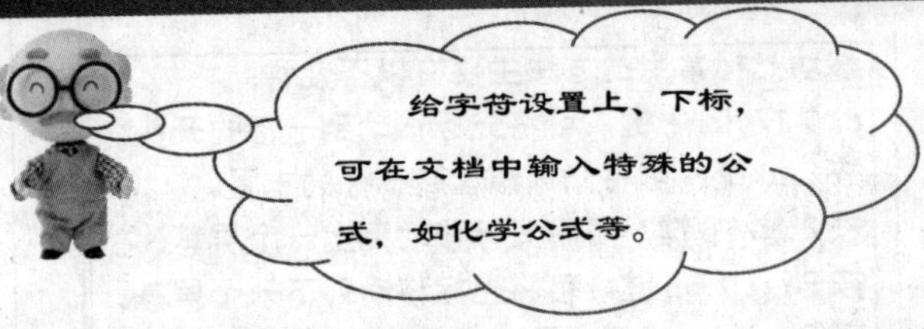
给字符设置上、下标，可在文档中输入特殊的公式，如化学公式等。

在文本中给字符设置上、下标是许多专业文章必不可少的要求。在 Word 2007 中可直接单击“开始”选项卡“字体”选项组中的“上标、下标”按钮为字符设置上、下标。

1 在文本中输入化学公式的雏形“电离：H2SO4=2H++SO42-”。

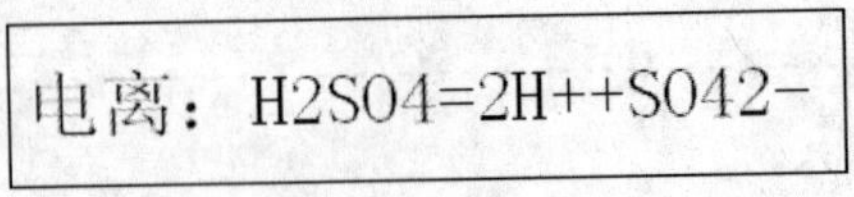
电离：H2SO4=2H++SO42-

2 选定将要设置为下标的字符。

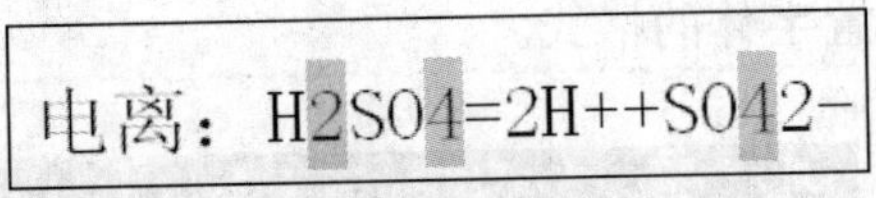
电离：H2SO4=2H++SO42-

3 单击“开始”选项卡“字体”选项组中的“下标”按钮 $\times_2$ 。

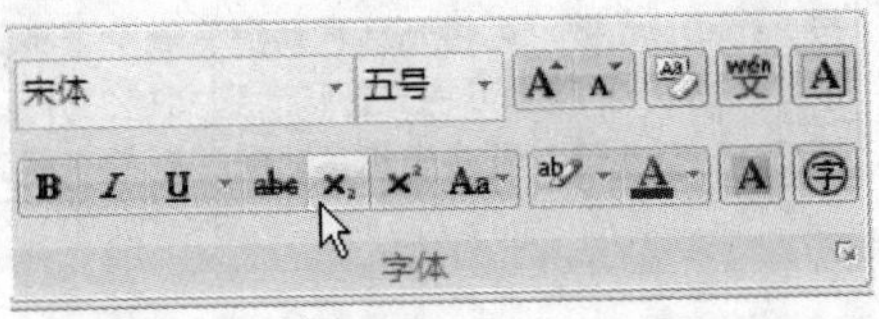
宋体
五号
字体

4 单击“下标”按钮后，效果如下图所示。

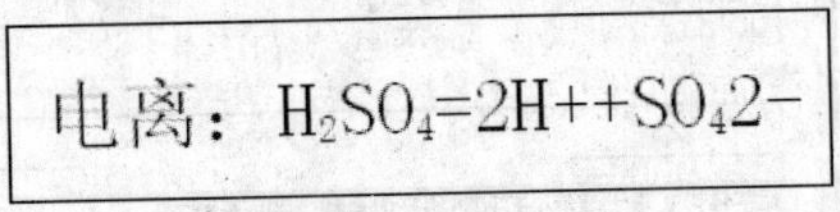
电离：H_2SO_4=2H++$SO_4$2-

5	选择需要设置上标的字符。 电离：H_2SO_4=2H++$SO_4$2-	6	单击“开始”选项卡“字体”选项组中的“上标”按钮 x^2 ，效果如下图所示。 电离：$H_2SO_4=2H^+ + SO_4^{2-}$

提示：

在设置字符上、下标效果时，可使用另一种方法，即：当输入到需要设置上、下标的字符时，单击“字体”选项组中的“上标”或“下标”按钮，然后输入字符。输入完成后再撤销上、下标设置，恢复成原来的输入状态。

3.3.2 加下划线和着重号

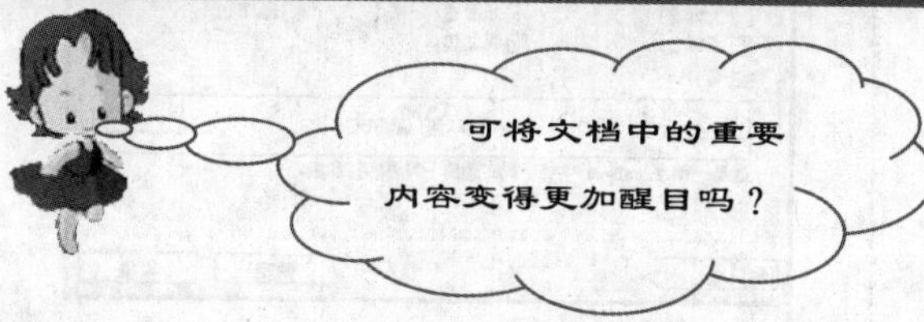

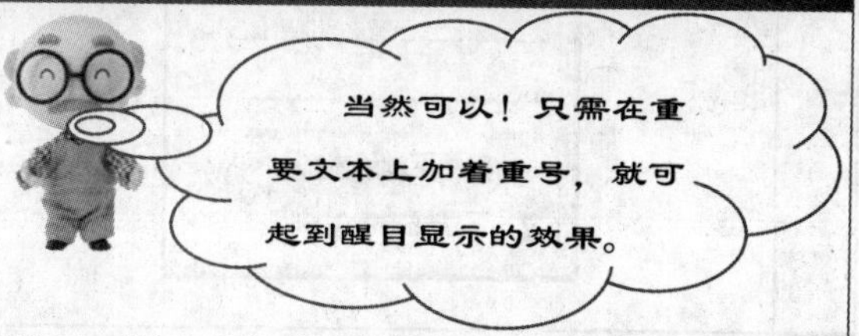

在文本中加下划线和着重号都可使字符以特别的方式显示出来。下面就对这两种操作进行简单的介绍。

• 加下划线

给字符加下划线是指在选定的字符下端印上一条连续的线条（包括空格）。

1	打开文档，选定需要加下划线的字符。 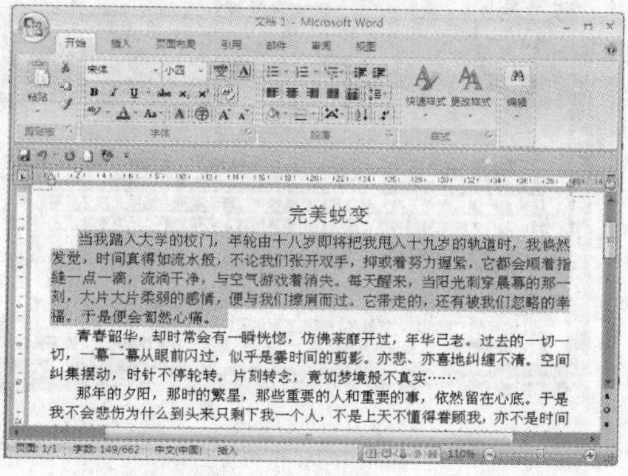	2	单击“文件”选项卡“字体”选项组中的“下划线”按钮“U”。 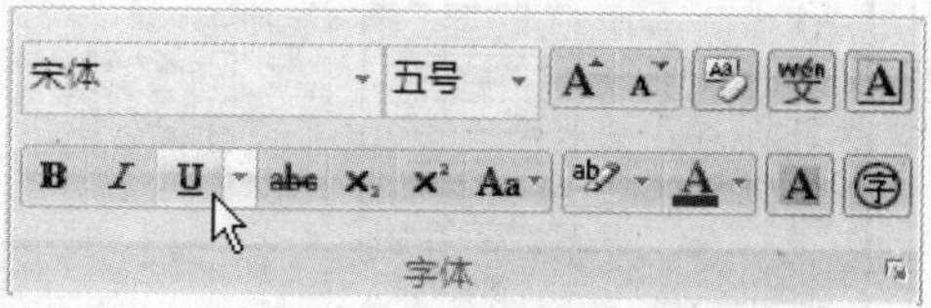

单击“下划线”右侧的下拉按钮，在弹出的线型列表中选择下划线线型，如果不进行此项操作，则以默认的直线为下划线线型。如果列表中的线型都不适合，可单击“其他下划线”选项。

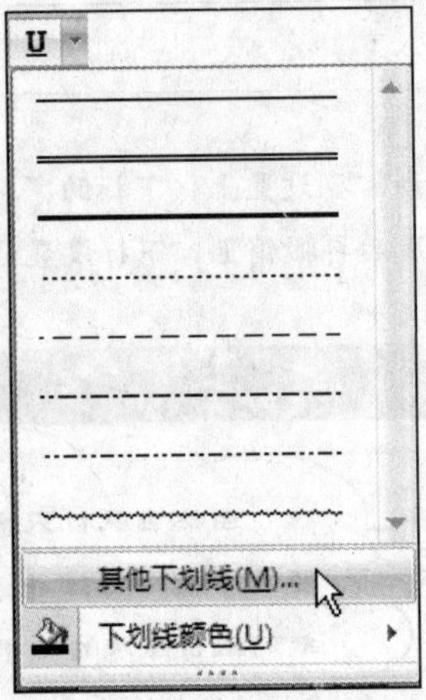

4 单击“其他下划线”选项后，会弹出如下图所示的“字体”对话框。

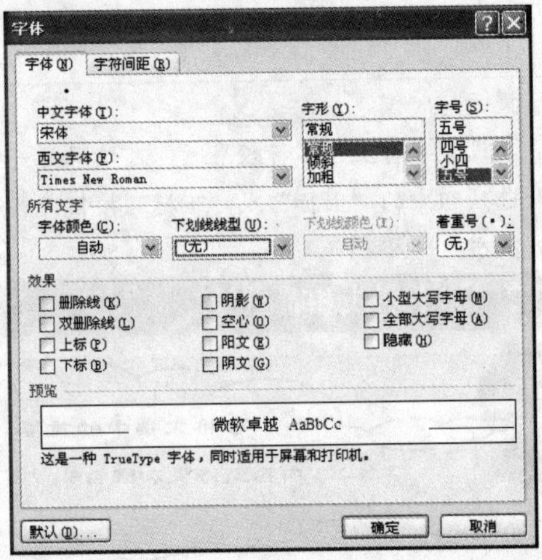

在“字体”对话框中，单击“下划线线型”下拉按钮，在弹出的线形列表中选择所需的线型。

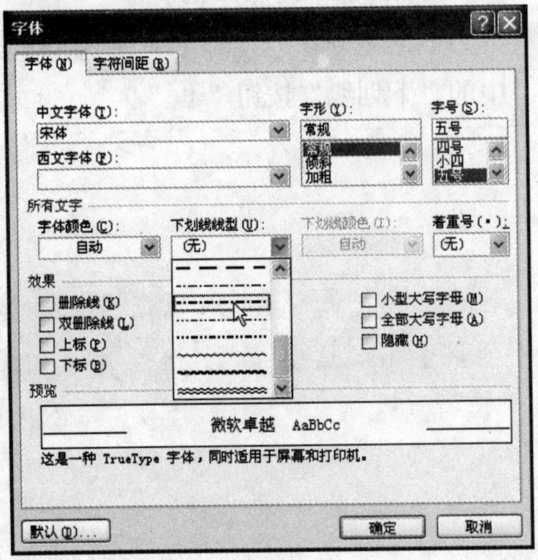

6 单击“确定”按钮后，效果如下图所示。

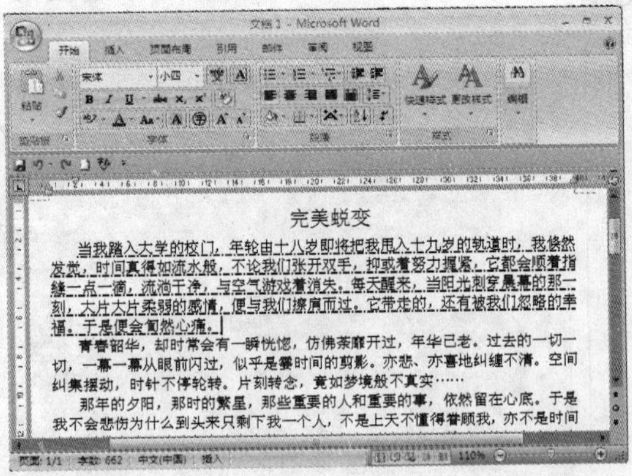

7 单击“下划线”右侧的下拉按钮，在弹出的列表中选择下划线颜色，并在弹出的颜色面板中选择所需的下划线颜色。

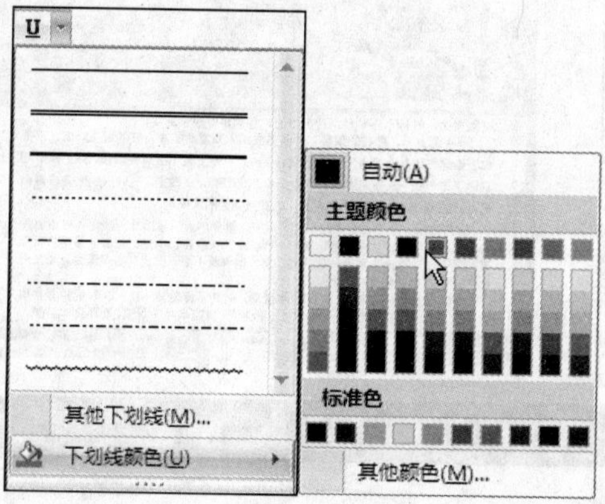

设置下划线颜色后，效果如下图所示。

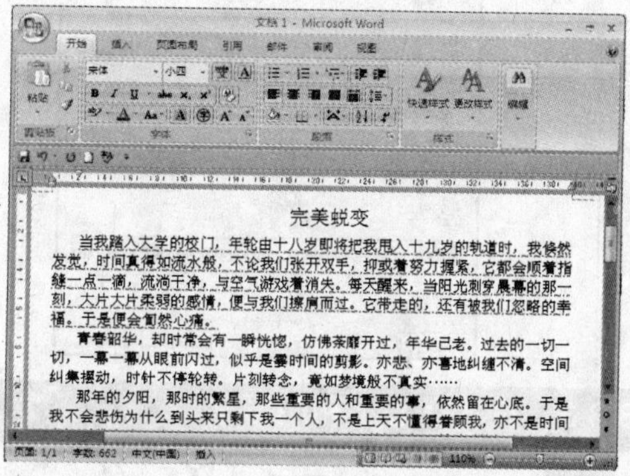

• 加着重号

给字符加着重号，可将文本中比较重要的内容用着重号标示出来。

打开文档，并选定需要加着重号的字符。

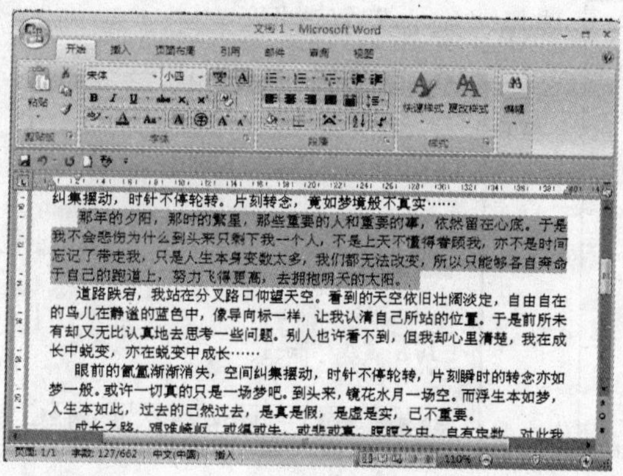

单击“字体”选项组中的 按钮。

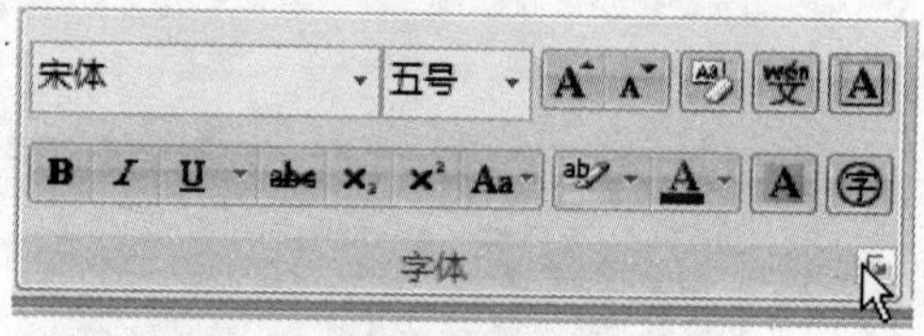

3 在弹出的“字体”对话框中单击“着重号”下拉按钮，在弹出的着重号列表中选择“.”。

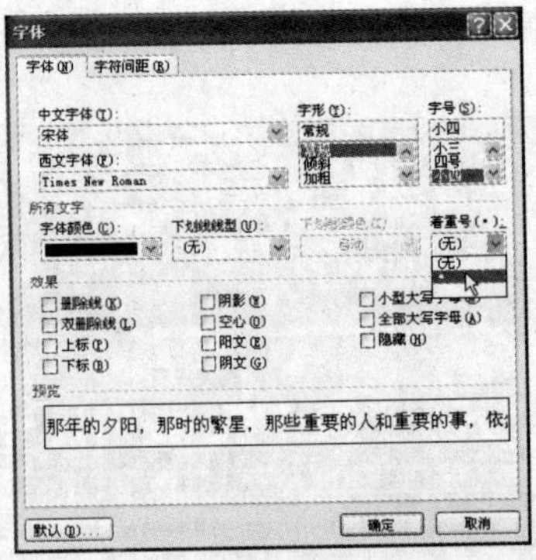

4 单击“确定”按钮后，效果如下图所示。

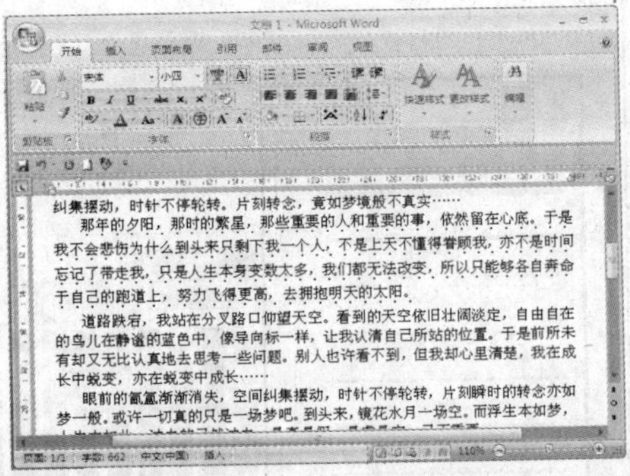

3.3.3 设置空心字和阴影字

怎样设置空心字和阴影字呢？

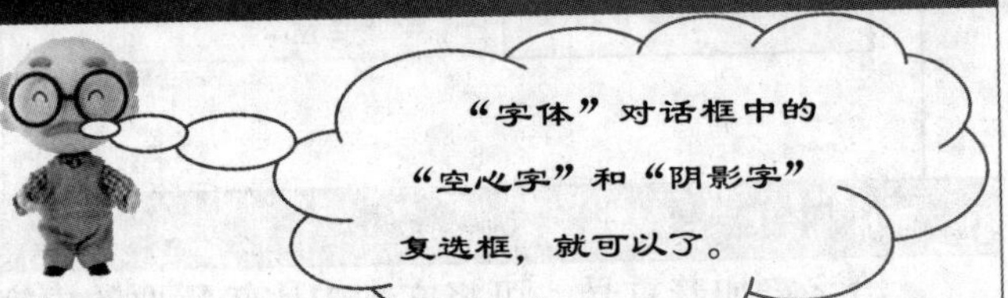
“字体”对话框中的“空心字”和“阴影字”复选框，就可以了。

设置空心字和阴影字是修饰字符的一个重要内容。在日常生活中，经常会在报纸、杂志、书籍和广告上看到有空心字或阴影字效果来加强宣传力度。因此，设置空心字和阴影字是Word 2007中提供的一个重要修饰功能。

1 打开文档，并选择需要设置空心字的字符。

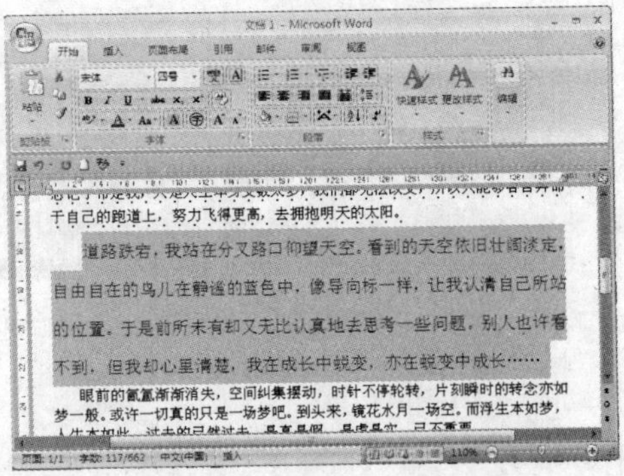

2 打开“字体”对话框，并在对话框中选择“空心”复选框。

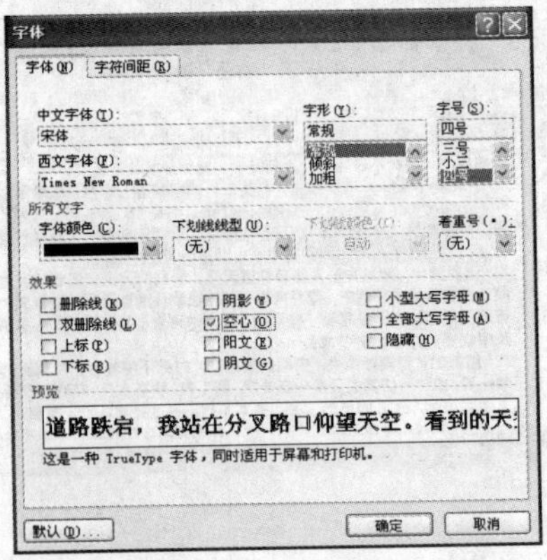

3 在“字体”对话框中选择“阴影”复选框。

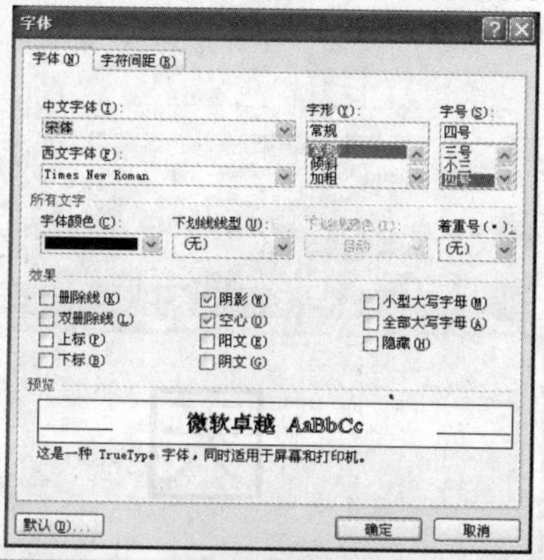

4 单击“确定”按钮后，效果如下图所示。

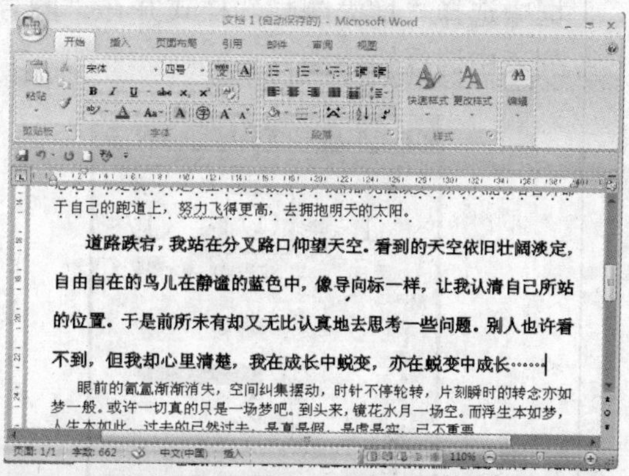

3.3.4 给字符加圈

编辑文本时，在一些特殊场合需要给文字加圈代表某种特殊的含义。

1 选择需要设置带圈的字符。

2 单击“字体”选项组上的“带圈字符”按钮 字 。

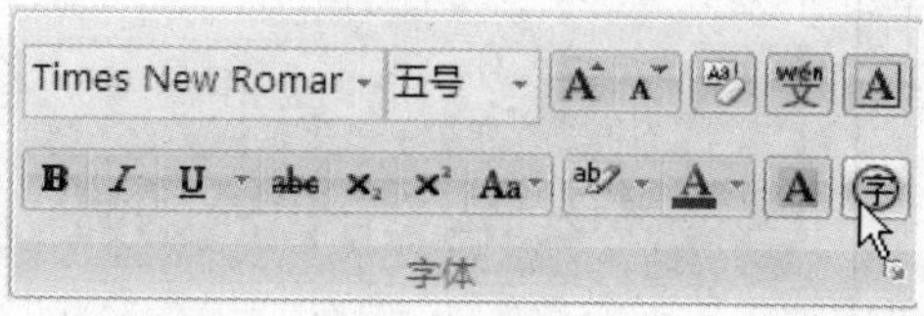

单击“带圈字符”按钮后，会弹出如下图所示的“带圈字符”对话框。在对话框中选择“增大圈号”样式并在“圈号”列表中选择矩形圈号。

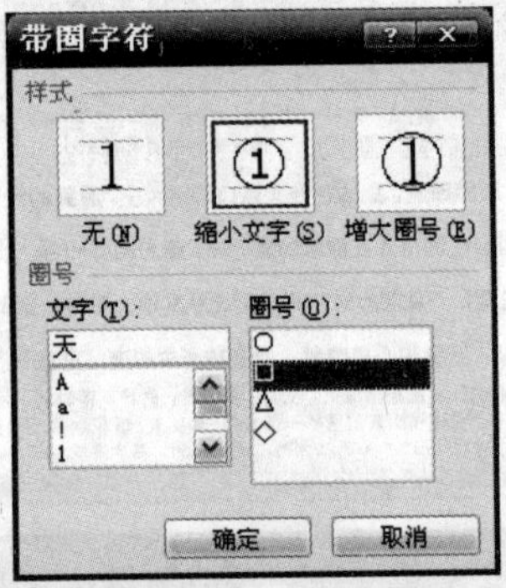

然后单击“确定”按钮，效果如下图所示。

3.3.5 给汉字注音

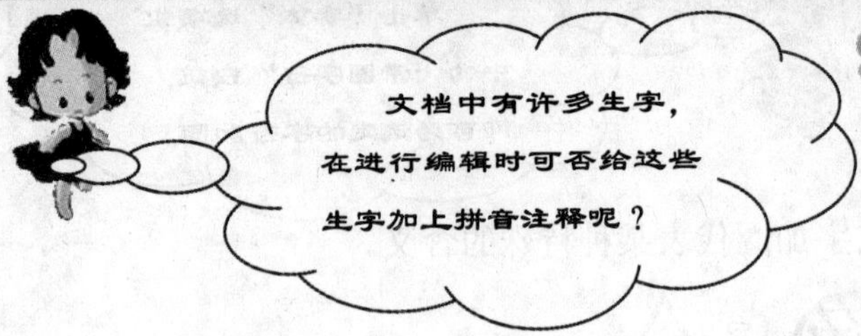

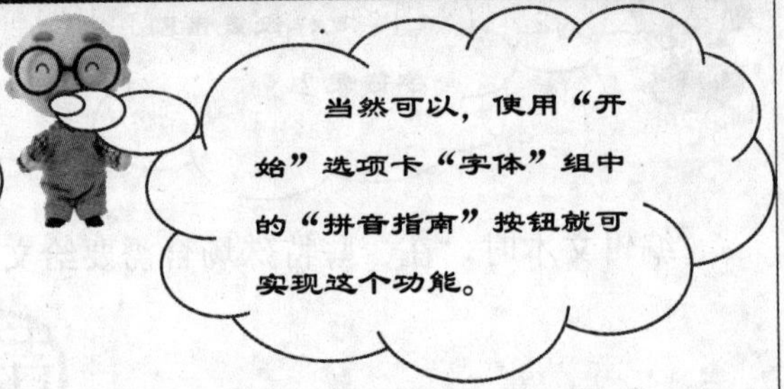

在文档中给汉字注音，可帮助年龄较小的学生认识汉字，便于阅读。

选择如下两句诗词。

燕草如碧丝，秦桑低绿枝。
当君怀归日，是妾断肠时。

单击“开始”选项卡“字体”组中的“拼音指南”按钮 wén 文 ，会弹出如下图所示的“拼音指南对话框”。

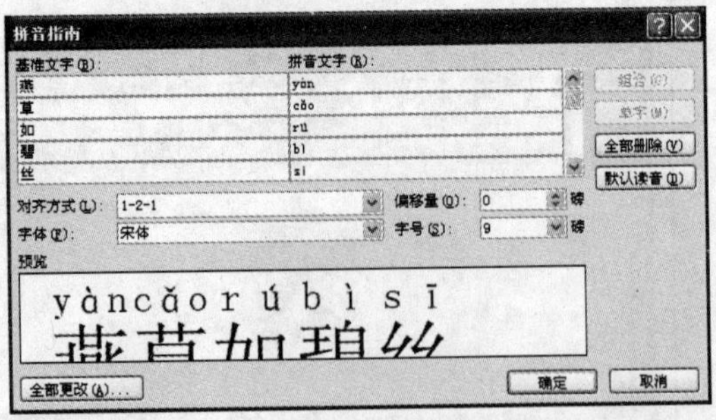

3	单击对话框中“字体”右侧的下拉按钮，在弹出的“字体列表框”中选择“楷体”。	4	单击“确定”按钮后，即可为所选文本加上拼音注释。

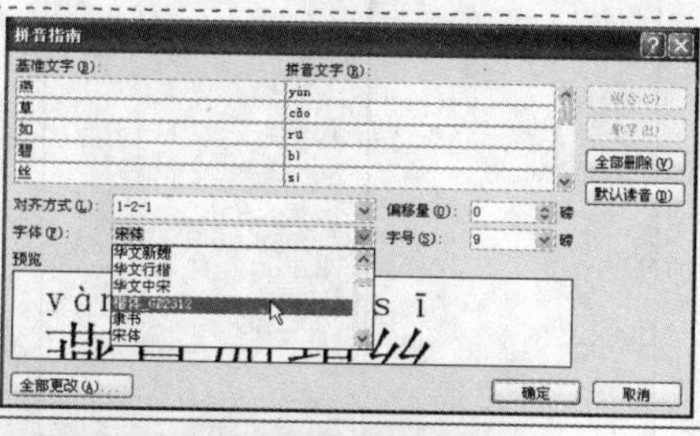

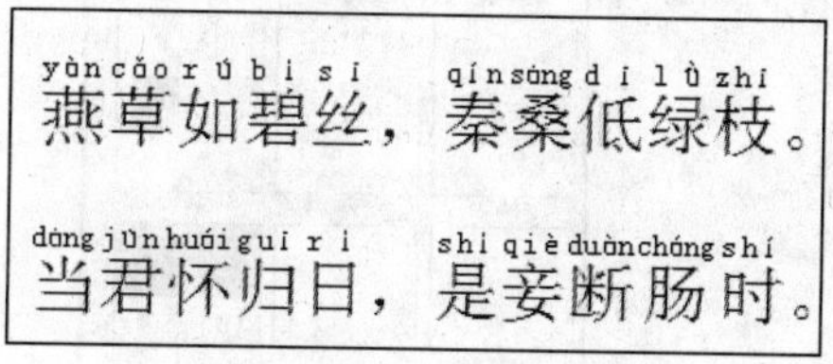
yàncǎorúbìsī　qínsāngdīlǜzhī
燕草如碧丝，秦桑低绿枝。
dāngjūnhuáiguīrì　shìqièduànchángshí
当君怀归日，是妾断肠时。

3.4 文本框

使用文本框编辑的文本可以进行单独的格式化设置，而与整个文档无关。使用文本框可编辑出独具风格的文档效果。

3.4.1 创建文本框

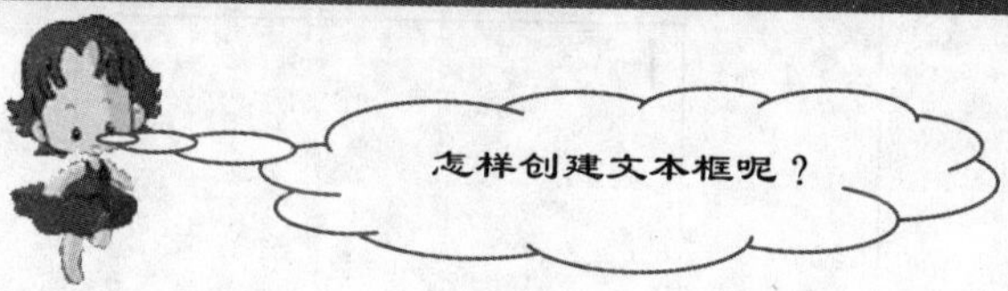
怎样创建文本框呢？

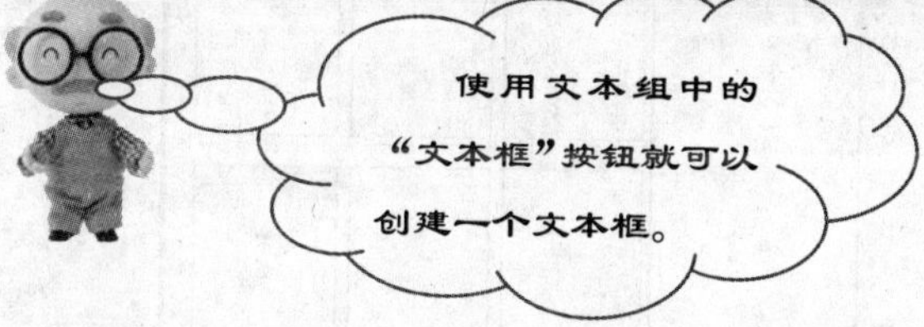
使用文本组中的
“文本框”按钮就可以
创建一个文本框。

创建文本框的方法很简单，直接单击“插入”选项卡“文本”组中的“文本框”按钮即可。在 Word 2007 中提供了许多内置文本框样式，这也是 Word 2007 的一项新增功能。在 Word 2007 中创建文本框的方法有两种，一种是使用内置文本框样式；另一种是绘制文本框，绘制文本框通常用于创建普通文本框。

• 使用文本框面板创建文本框

1	单击“插入”选项卡“文本”组中的“文本框”按钮。	2	此时会弹出如下图所示的文本框面板。

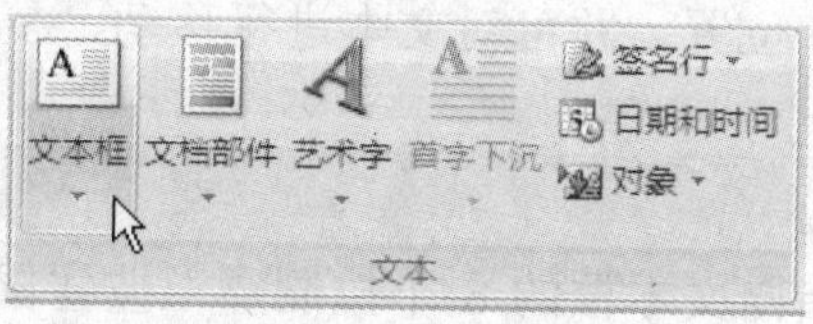
签名行
日期和时间
对象
文本框
文档部件
艺术字
首字下沉
文本

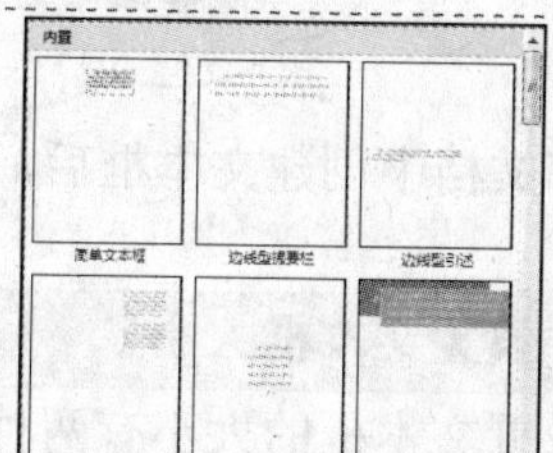

3 拖动文本框面板右边的垂直滚动条，选择所需的文本框样式。

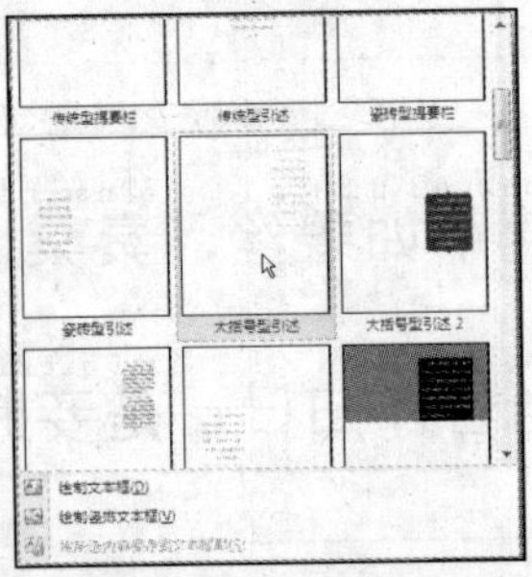

4 创建的文本框如下图所示。

• 绘制文本框

1 打开“文本框”面板，在面板底部选择“绘制文本框”选项。

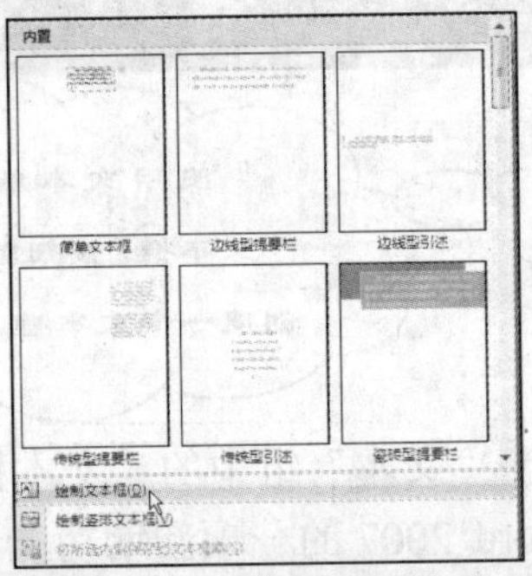

2 将鼠标指向文档，当鼠标变成十字形时，按住左键并拖动，即可绘制一个矩形文本框。

3.4.2 文本框基本操作

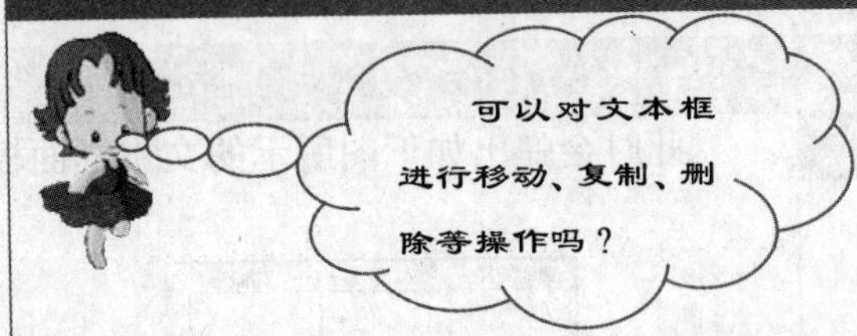
可以对文本框
进行移动、复制、删
除等操作吗？

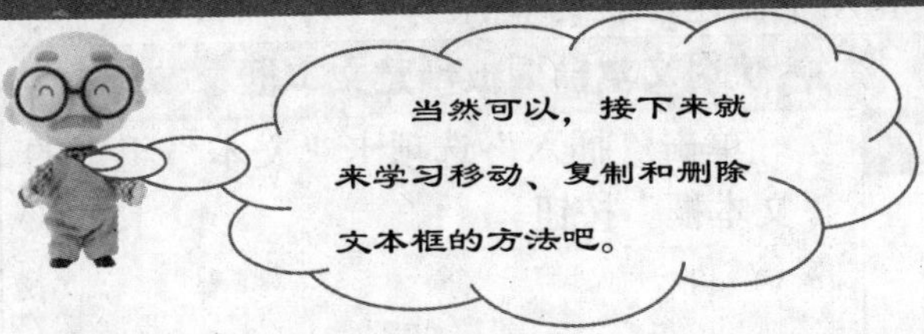
当然可以，接下来就
来学习移动、复制和删除
文本框的方法吧。

在文档中创建文本框后，可更改文本框的大小和位置，并可对文本进行移动、复制和删除操作。

• 设置文本框大小

设置文本框的大小有两种方法，一种是将鼠标指向文本框的 8 个控制点上按住鼠标左键并拖动；另一种方法是使用“设置文本框格式”对话框中的“大小”选项卡设置文本框的高度和宽度。

1 用鼠标指向文本框的任何一个控制点上，单击右键在弹出的快捷菜单中选择“设置文本框格式”命令。

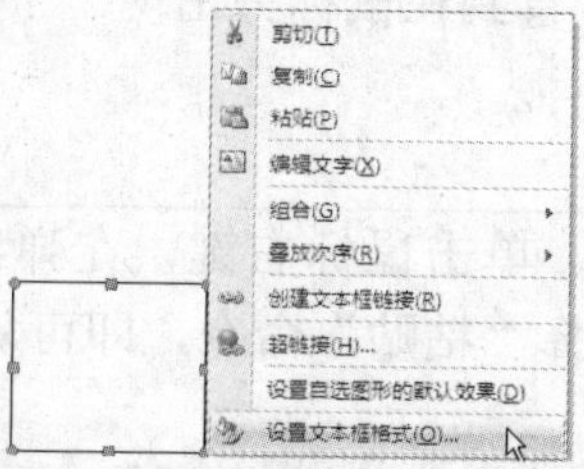

2 此时会弹出“设置文本框格式”对话框，在此对话框中选择“大小”选项卡。

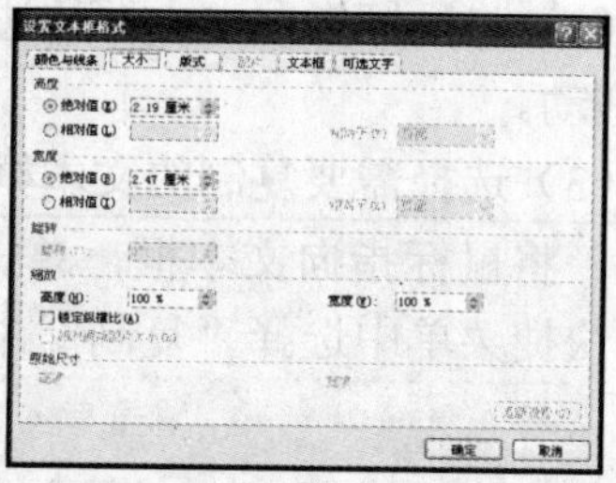

3 单击“高度”选项中的“绝对值”单选按钮，并单击右侧的按钮，使其高度的绝对值为 3 厘米，宽度的设置与高度设置一样。

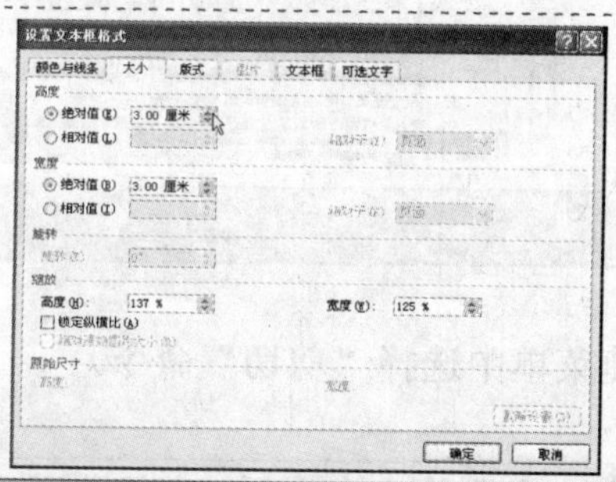

4 单击“确定”按钮后，效果如下图所示。

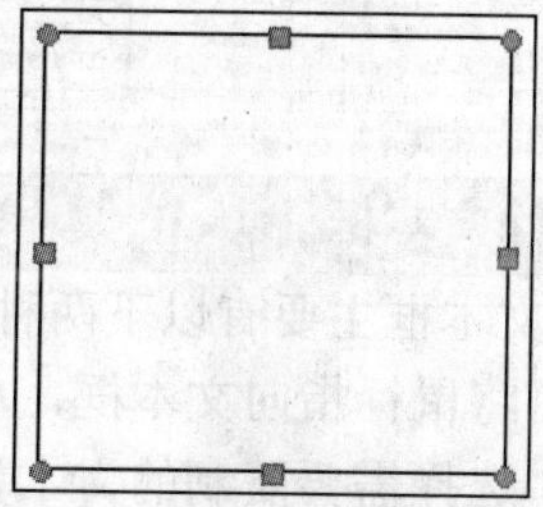

• 移动文本框

1 将鼠标指向文本框的边框上，直到鼠标变成移动形状。

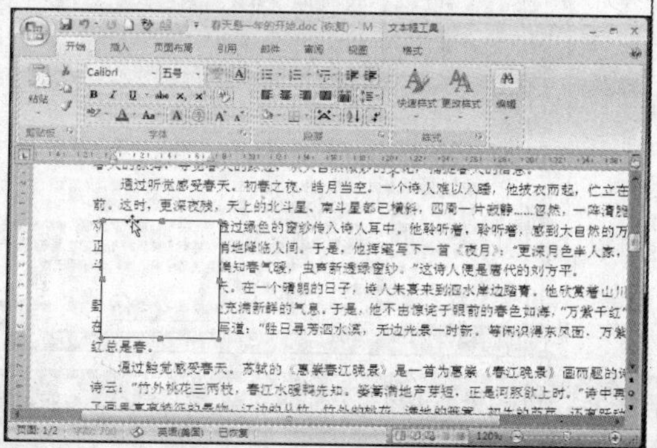

2 按住鼠标左键不放，并拖动到目标位置松开鼠标。

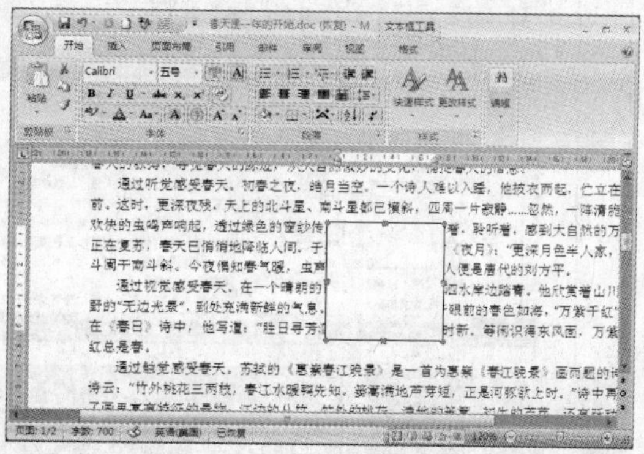

• 复制文本框

复制文本框的方法主要有以下几种：

（1）将鼠标指向文本框，单击右键在弹出的快捷菜单中选择“复制”命令。

（2）将鼠标指向文本框的边框，并按住“Ctrl”键，直到在鼠标旁出现一个加号时按住鼠标左键拖动。

（3）选择需要复制的文本框，按“Ctrl+C”组合键。

1　将鼠标指向文本框，单击右键在弹出的快捷菜单中选择“复制”命令。

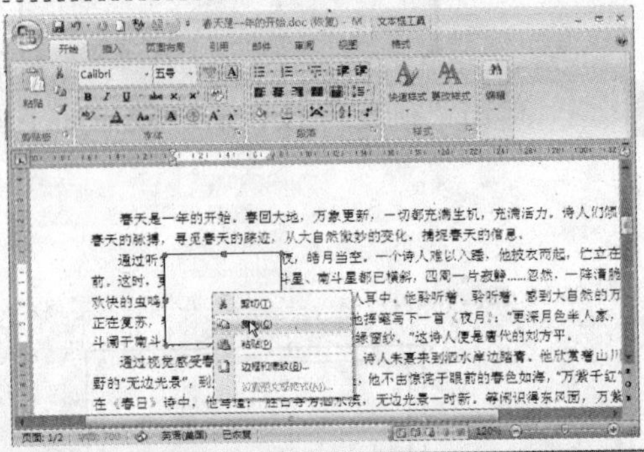

2　单击鼠标右键，在弹出的快捷菜单中选择“粘贴”命令，即可复制文本框。

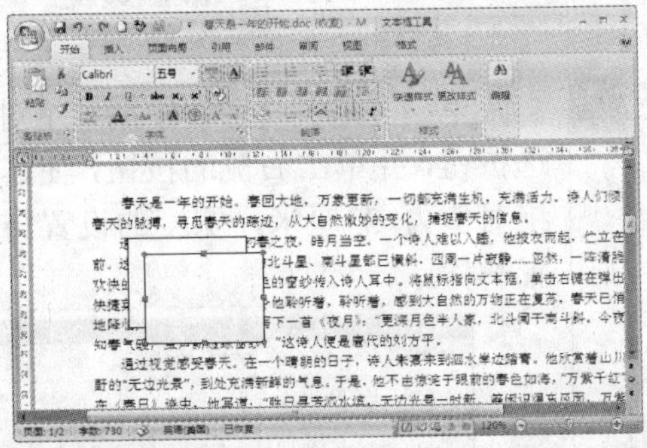

• 删除文本框

删除文本框主要有以下两种方法：

（1）将鼠标指向文本框，单击右键在弹出的快捷菜单中选择“剪切”命令。

（2）选择需要复制的文本框，按“Delete”键。

1　将鼠标指向文本框，单击右键在弹出的快捷菜单中选择“剪切”命令。

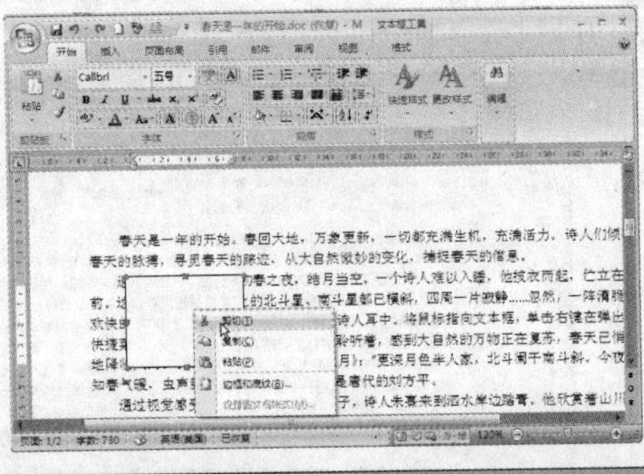

2　删除文本框后，如下图所示。

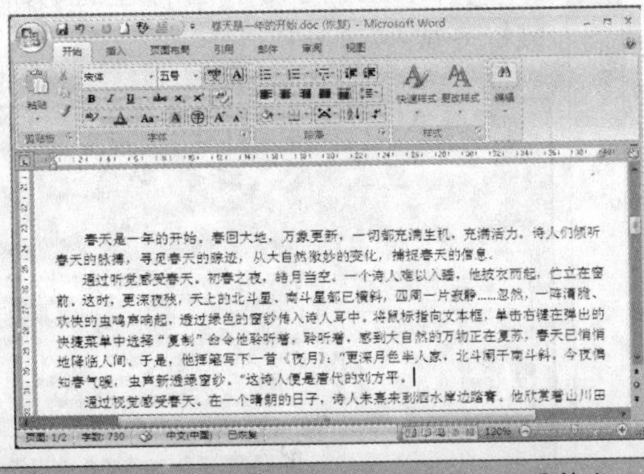

提示：使用“剪切”命令删除文本框并没有真正的删除它，而是将剪切的文本框放在剪贴板上，如果执行“粘贴”命令则会将剪贴板上的文本框粘贴到文档中。

3.4.3 格式化文本框

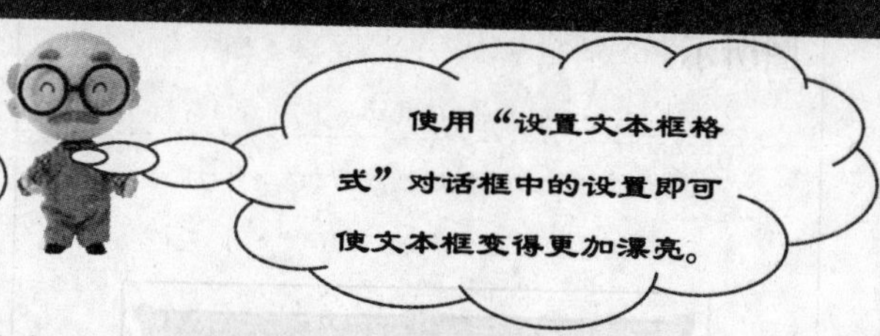

格式化文本框是指设置文本框的颜色和线条、大小、版式、对齐方式、内部边距等。创建文本框后，用鼠标指向文本框中任意控制点上单击右键，在弹出的快捷菜单中选择“设置文本框格式”命令，可弹出“设置文本框格式”对话框。

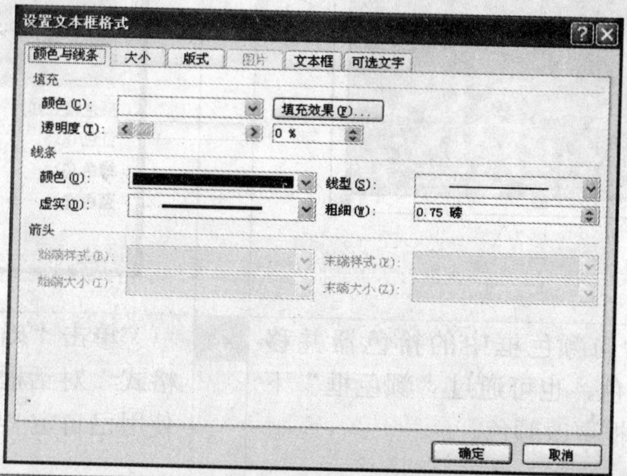

• 填充颜色

1 打开“设置文本框格式”对话框，并选择“颜色与线条”选项卡。

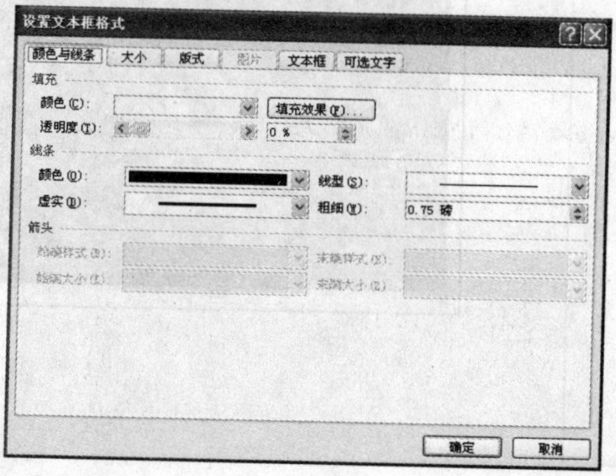

2 在对话框中，单击“填充”选项“颜色”栏右侧的下拉按钮，在弹出颜色面板中选择填充色。

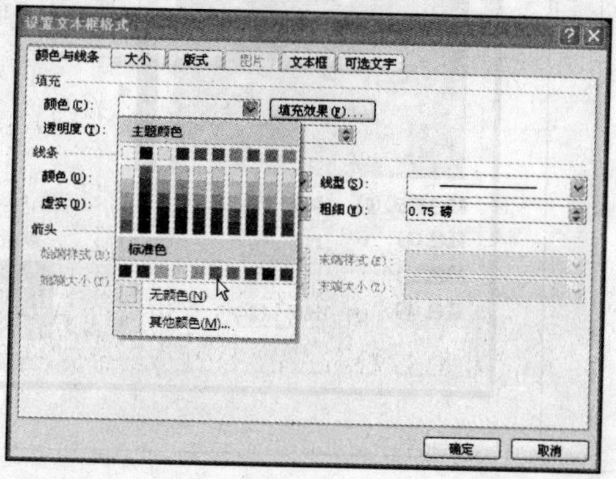

3 单击“确定”按钮后，填充效果如下图所示。

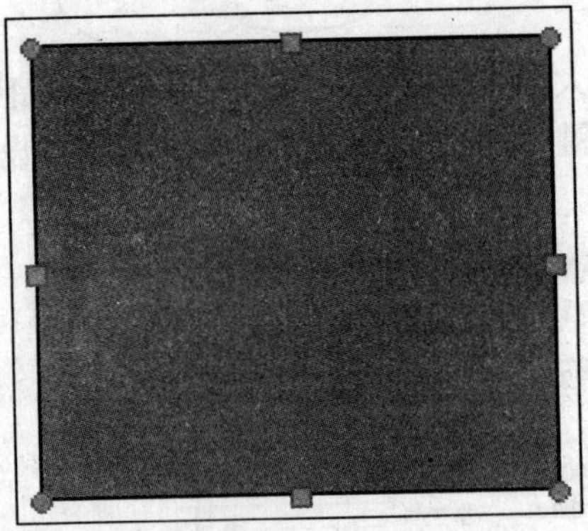

4 若不喜欢面板中的颜色，用户可单击 颜色面板底部的“其他颜色”选项，此时会弹出如下图所示的“颜色”对话框。

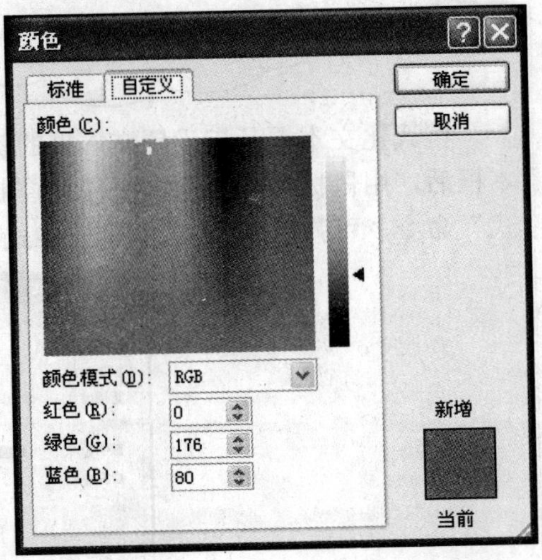

5 用鼠标指向颜色框中的拾色器并移动，可选择颜色，也可通过“颜色框”下面的颜色模式框更改颜色。

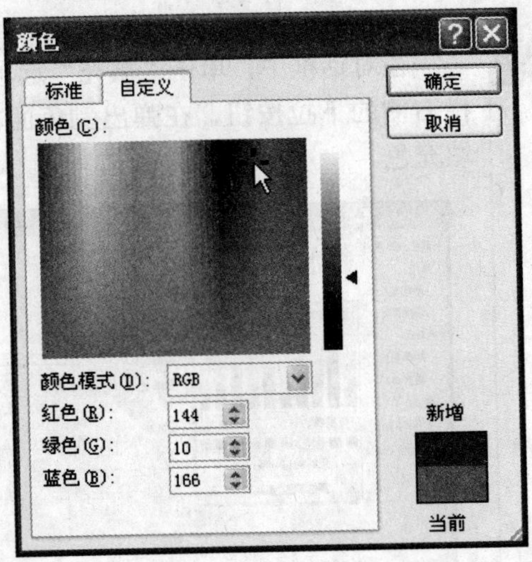

6 单击“确定”按钮，返回“设置文本框格式”对话框，再单击“确定”按钮，即可使用已自定义的颜色填充文本框。

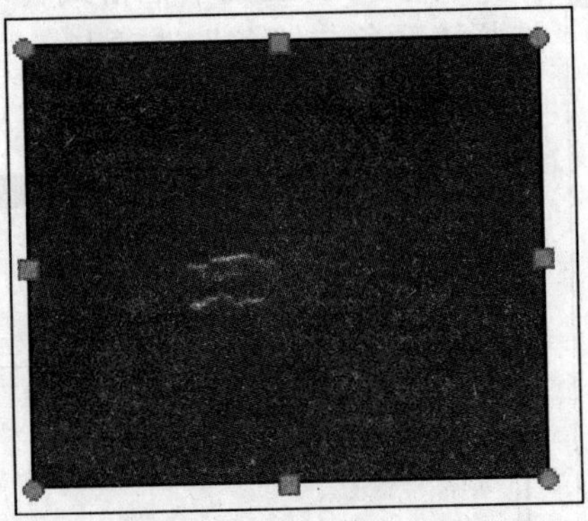

除可给文本框填充单色外，还可填充渐变色。在“设置文本框格式”对话框中单击“填充效果”按钮，会弹出“填充效果”对话框。

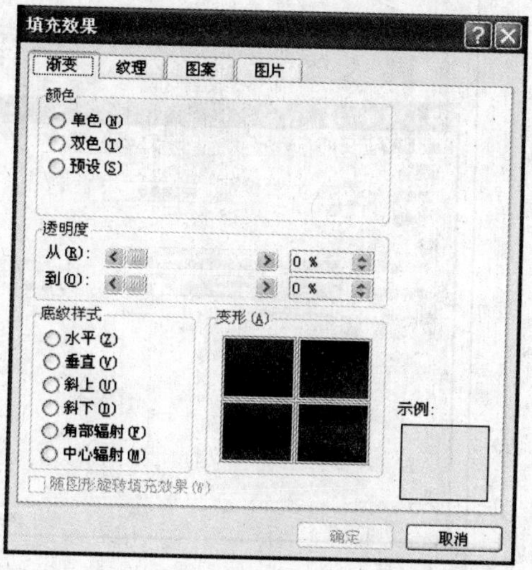

在“颜色”选项中单击“双色”单选按钮，此时会在“颜色”选项框的右侧出现“颜色1”和“颜色2”设置框。单击“颜色1”右侧的按钮，可弹出颜色面板，在此面板中选择“浅黄色”。

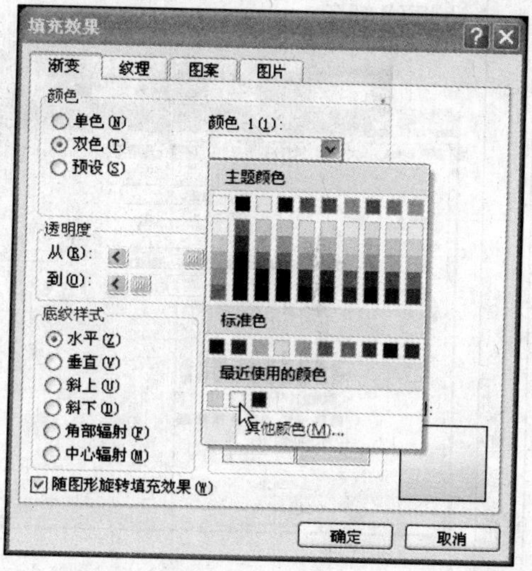

使用同样的方法设置“颜色2”为“粉红色”。

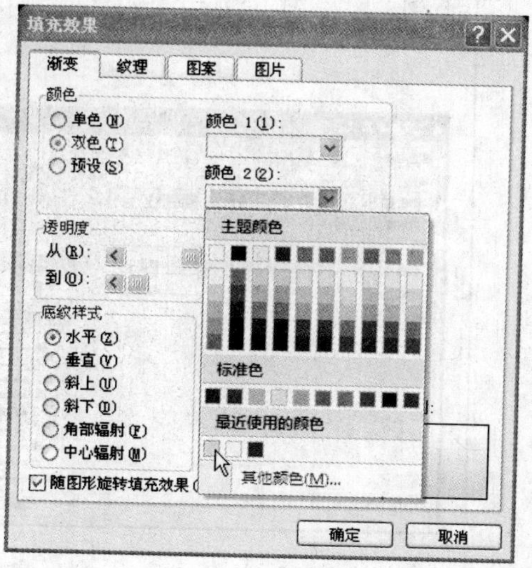

单击“确定”按钮，返回“设置文本框格式”对话框，再单击“确定”按钮。

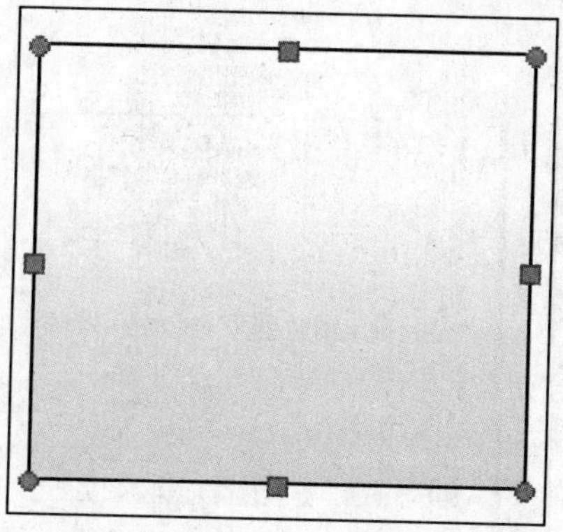

• **设置文本框线条颜色**

1 打开“设置文本框格式”对话框，并选择“颜色与线条”选项卡。在“线条”选项中单击“颜色”栏右侧的下拉按钮，会弹出颜色面板，在此面板中选择文本框边框线颜色。

2 单击“虚实”栏右侧的下拉按钮，在弹出的列表中选择线条虚实。

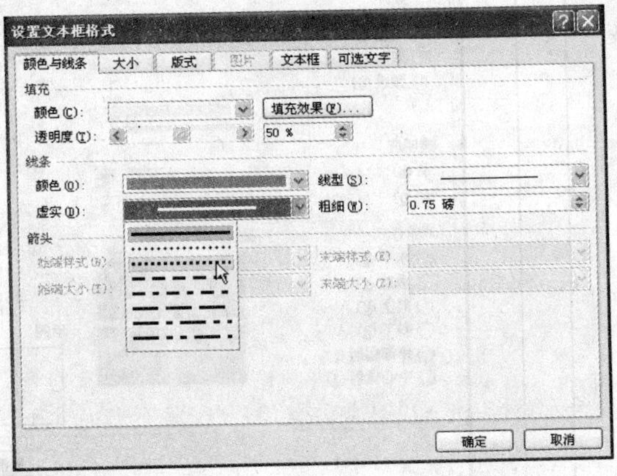

3 单击“确定”按钮，文本框边框效果如下图所示。因为边框线太细所以看不出边框线的虚实效果。

4 单击“线型”栏右侧的下拉按钮，在弹出的线型列表中选择合适的线型。

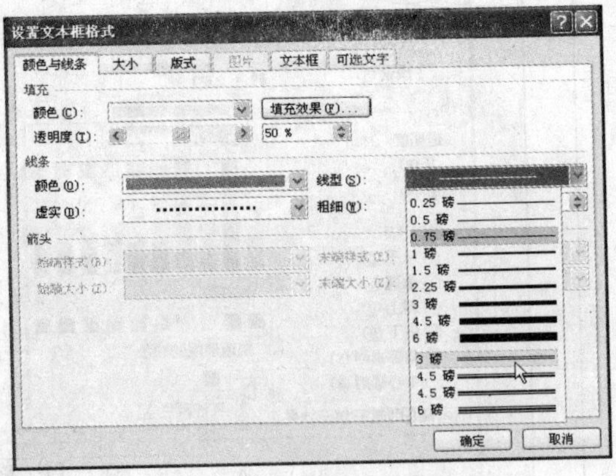

5 单击“粗细”栏右侧的按钮，设置边框线的粗细。

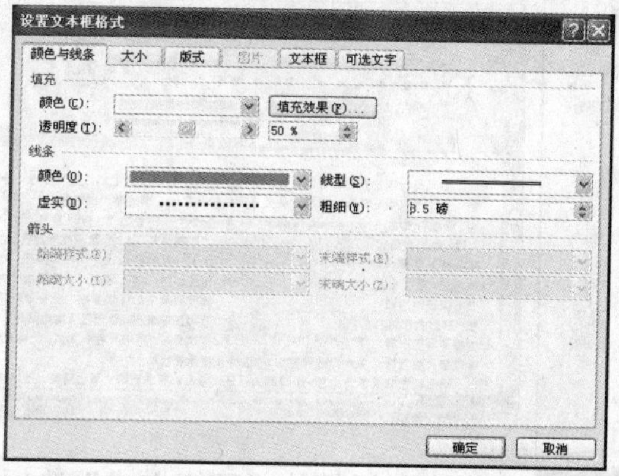

6 单击“确定”按钮，文本框所采用的虚线即可清晰的显示出来，如下图所示。

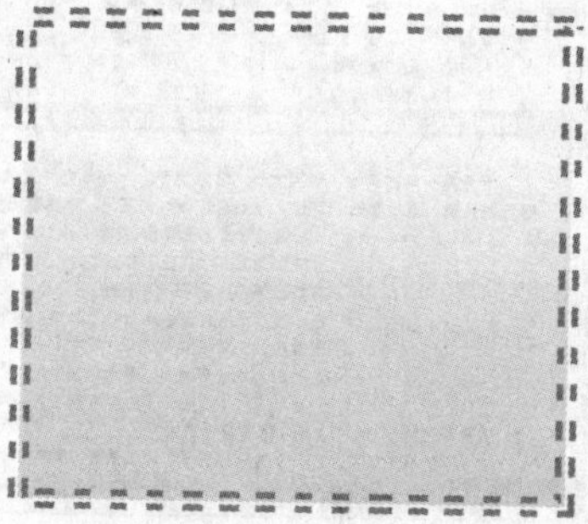

• 设置文本框版式

文本框共有 5 种版式，分别是嵌入型、四周型、紧密型、衬于文字下方和衬于文字上方。使用不同的版式，文本框产生的效果也不相同，如选择嵌入型版式，文本框会以嵌入的方式在显示文档中；选择四周型，文本框可位于文档四周的任何位置；选择紧密型，文本框可与文档中的图片和文本混合编排；选择衬于文字上方或下方；文本框可显示在文本的下方或上方。

1 打开“设置文本框格式”对话框，并选择“版式”选项卡，如下图所示。

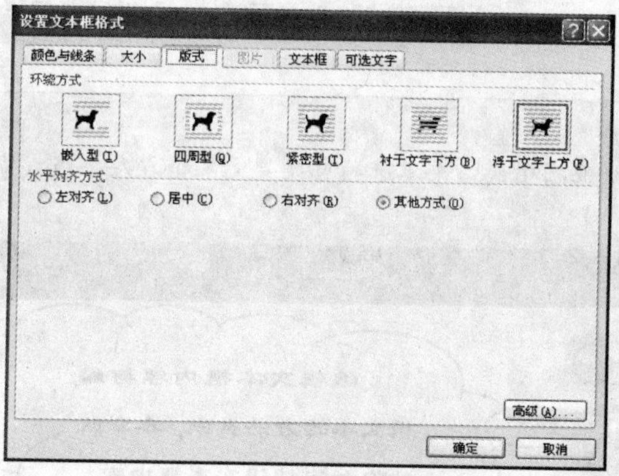

2 在对话框的“环绕方式”选项中选择“嵌入型”，文本框将以嵌入版式显示在文档中。

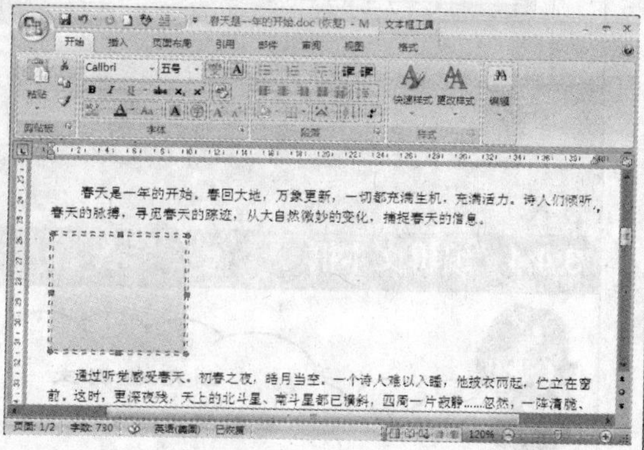

在对话框的“环绕方式”选项中选择“四周型”。

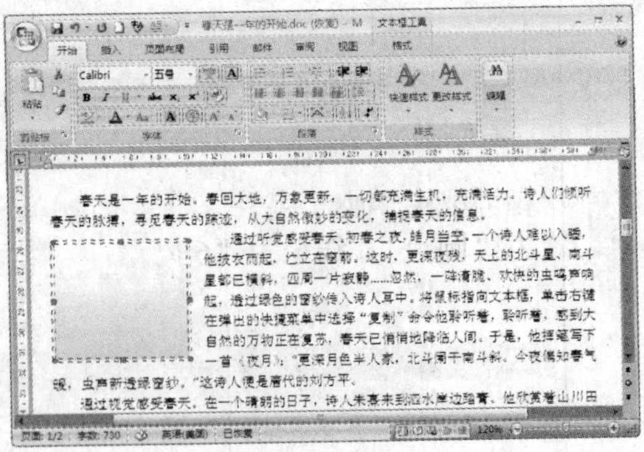

在对话框的“环绕方式”选项中选择“紧密型”。

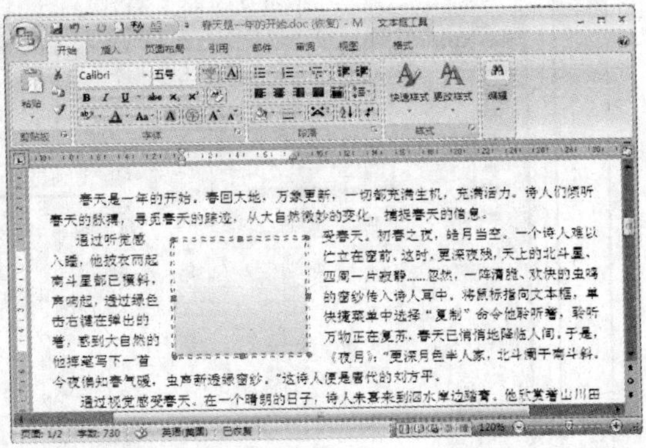

在对话框的“环绕方式”选项中选择“衬于文字下方”。

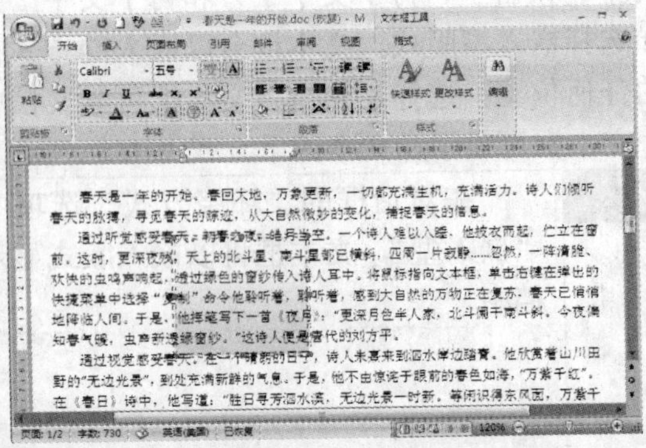

在对话框的“环绕方式”选项中选择“衬于文字上方”。

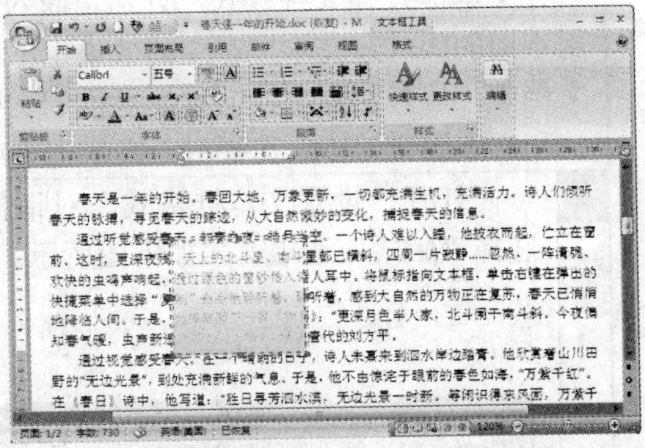

技巧：

在设置文本框版式对话框中，使用“水平对齐方式”选项中的四个单选项可设置文本框在每个版式中的对齐方式。

3.4.4 编辑文本框

如何编辑文本框内容呢？
编辑文本框内容与编辑文本的方法类似，本章就教你如何编辑文本框内容。

编辑文本框的方法与编辑正文的方法类似，既可在文档中插入图片也可设置文本框中文本的格式。

1 创建如下图所示的文本框。

2 打开“设置文本框格式”对话框，单击“颜色”栏右侧的下拉按钮，在弹出的颜色面板中选择“粉红色”为填充色。在“线条”选项中单击“颜色”栏右侧的下拉按钮，在弹出的颜色面板中选择“淡黄色”，虚实线设置为“圆点”，线型为“6 磅”。

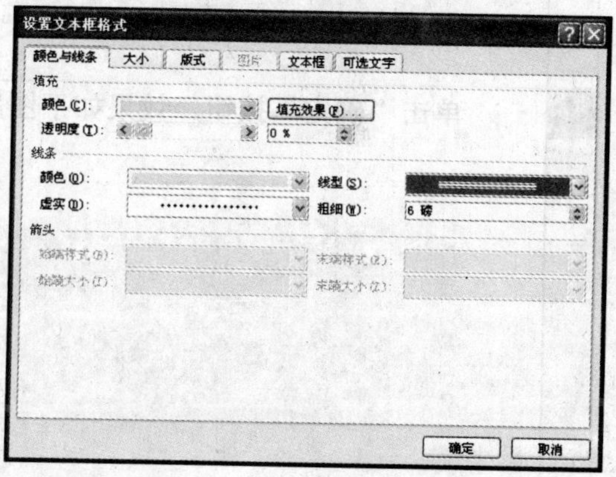

3 单击“确定”按钮，文本框效果如下图所示。

4 选择文本框，用鼠标指向文本框的边框，按住“Ctrl”键，直到鼠标旁边出现加号时按住鼠标左键并拖动，复制文本框。

5 按住鼠标左键拖动文本框的控制点，并分别按键盘上的上、下、左、右四个方向键调整文本的位置。

6 选择需要复制的文本框，打开“设置文本框格式”对话框。

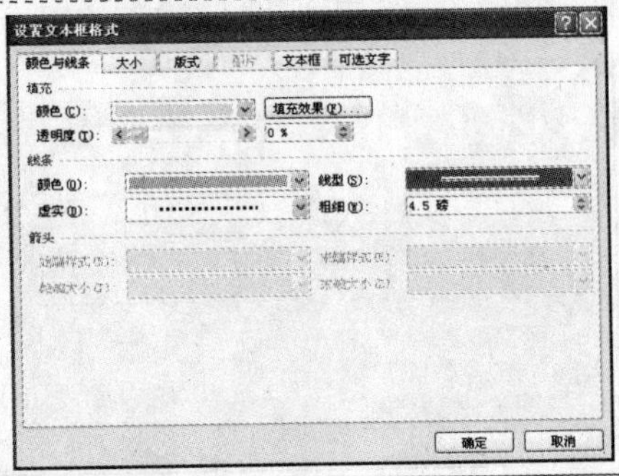

7 单击“确定”按钮，效果如下图所示。

8 单击“插入”选项卡“插图”组中的“图片”按钮。

9 此时会弹出“插入图片”对话框，在此对话框中的“查找范围”栏中查找图片所在的位置。

10 单击“插入”按钮，即可将对话框中选择的图片插入到文本框中，此时可产生对图片进行装表过的效果。

11 绘制如下图所示的文本框。

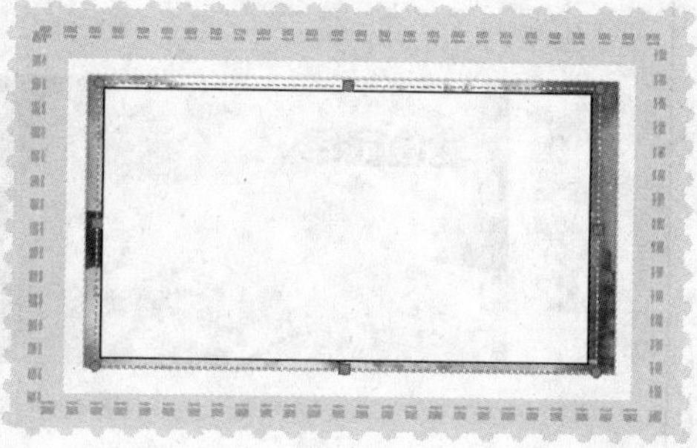

12 在文本框中输入文本“金色童年”，如下图所示。

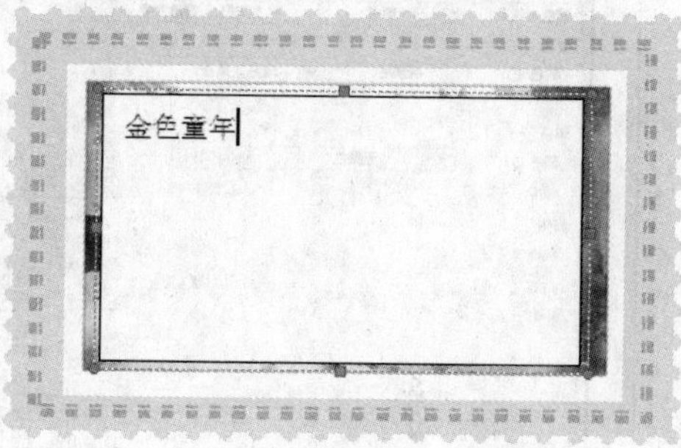

13 选择文本，打开“字体”对话框，其字体设置如下图所示。

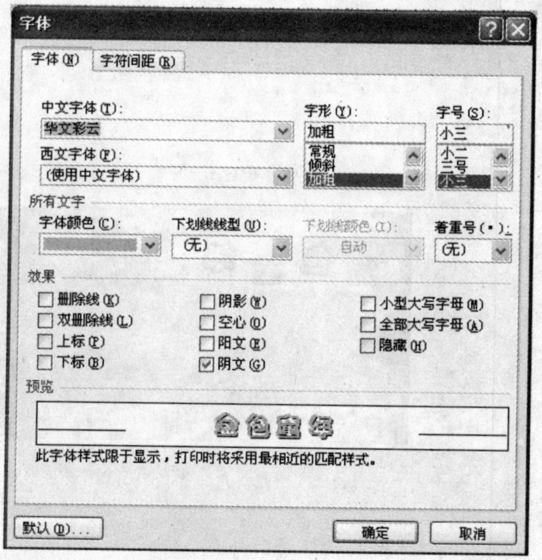

14 单击“确定”按钮，效果如下图所示。

打开“设置文本框格式”对话框，使文本框的填充色和线条颜色都设置为无颜色，如下图所示。

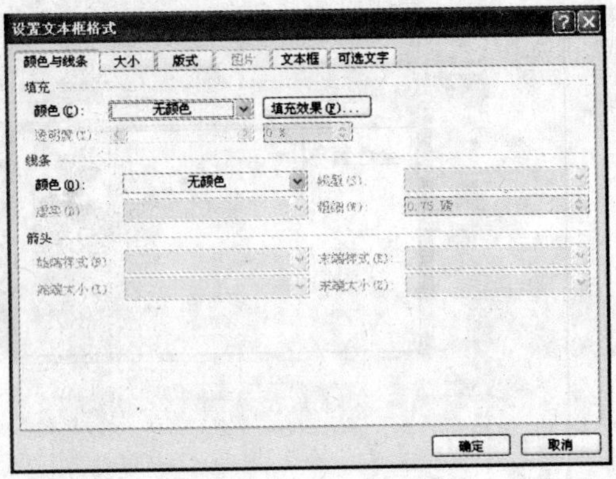

单击“确定”按钮，效果如下图所示。

调整字符间距，使两字符间的距离为1个字符。选择“金”和“童”两个字符，再打开“字体”对话框，选择“字符间距”选项卡，然后单击“位置”栏右侧的下拉按钮，在弹出的位置列表中选择“降低”并将“磅值”设置为3磅。

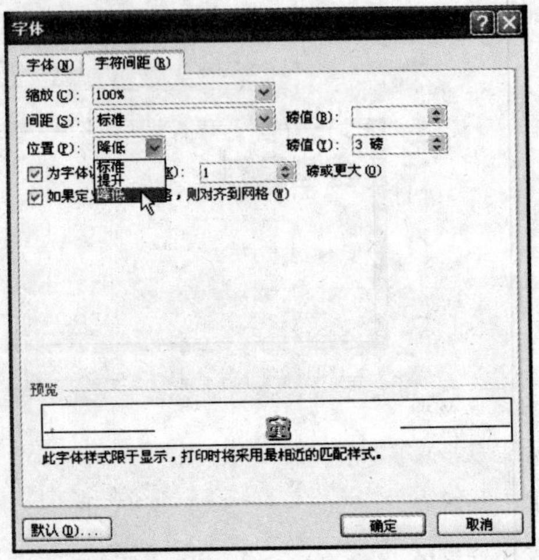

单击“确定”按钮，效果如下图所示。

电脑即学即用

教你学电脑

第4章 表格处理

本章要点：

- 创建表格
- 编辑表格
- 设置表格属性
- 数据处理
- 插入图表

电脑博士， Word 2007 具有制作表格的功能吗？

当然有，本章将教你创建表格和美化表格的方法。包括设置表格中字体的格式，设置单元格格式、添加边框和底纹等操作，通过这些操作可以制作出极具个性化的表格。

4.1 创建表格

创建表格有多种方法，用户可根据需要选择使用哪一种方法创建表格，如创建普通的二维表格，可使用插入表格的方法；创建比较复杂的表格，可使用绘制表格的方法；创建Excel电子表格，可使用插入Excel电子表格的方法；创建带样式的表格，可使用快速创建表格的方法。

4.1.1 插入表格

使用插入表格按钮插入表格，可控制插入表格的列数和行数，如下左图所示。单击“插入”选项卡“表格”组中的“表格”按钮，此时会弹出如下右图所示的“插入表格”面板。用鼠标指向面板中的表格，会自动在文档中创建与当前所选的行数和列数相应的表格。

单击表格面板中的“插入表格”选项，可弹出“插入表格”对话框，如下右图所示。在“插入”表格对话框中可通过“列数”和“行数”设置表格的尺寸并可通过“自动调整”操作选项，调整表格行高和列宽的条件。

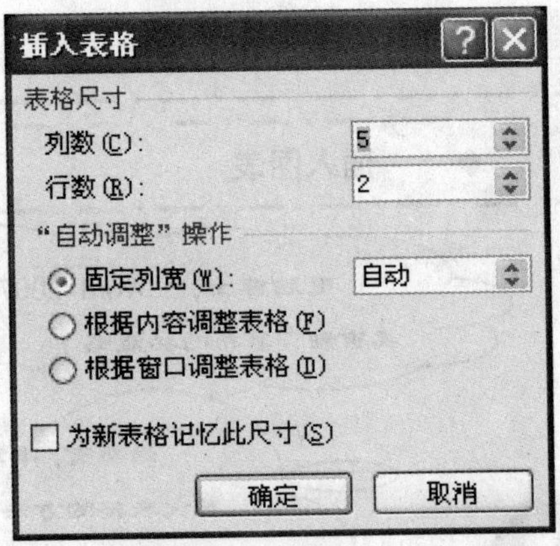

“插入表格”对话框中各选项的含义如下。

“列数”：指定所要创建的表格的列数，在后面的文本框中输入数值或单击“列数”栏右侧的按钮都可更改所要创建的表格的列数。

“行数”：指定所要创建的表格的行数，在后面的文本框中输入数值或单击“行数”栏右侧的按钮都可更改所要创建的表格的行数。

“固定列宽”：可将表格的列宽设置为固定值。

“根据内容调整表格”：可根据表格中的内容调整表格的列宽。如当表格中的内容溢出表格时，会自动调整表格的行高和列宽。

“根据窗口调整表格”：可根据窗口的大小调整表格。

• 使用表格面板创建表格

1 单击“插入”选项卡“表格”组中的“表格”按钮。

2 在弹出的表格面板中选择“插入表格”选项。

3 此时会弹出“插入表格”对话框。单击对话框中“列数”和“行数”栏右侧的按钮可设置表格的“列数”和“行数”，用户也可在这两栏中直接输入数值。

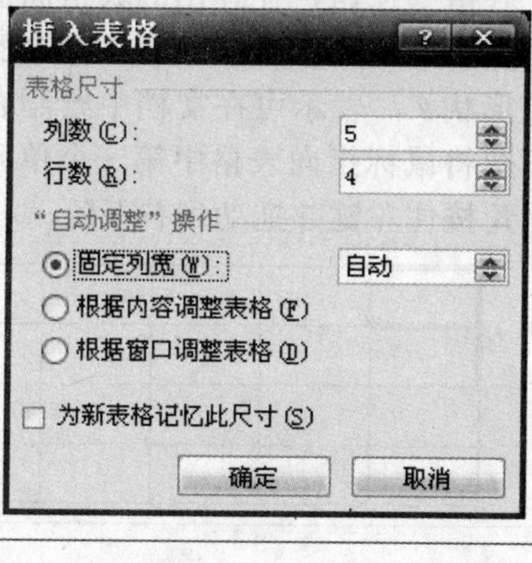

4 单击“确定”按钮，即可创建如下图所示的表格。

• 使用表格面板创建表格

单击“插入”选项卡“表格”组中的“表格”按钮，在弹出的表格面板中将鼠标指向表格方框并拖动，如果要创建 4 行 5 列的表格，则将鼠标指向第 4 行和第 5 列交叉时最后的一个方框，此时会在面板顶部显示“5×4 表格”。

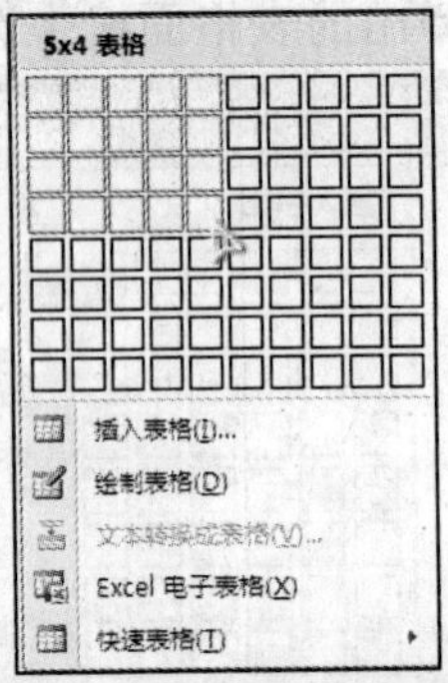

单击第 4 行和第 5 列交叉的最后一个方框，即可在文档中光标所在的位置插入一个 4 行 5 列的表格。

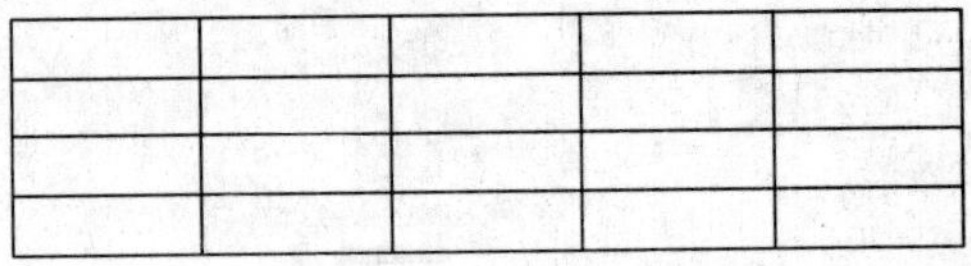

4.1.2 绘制表格

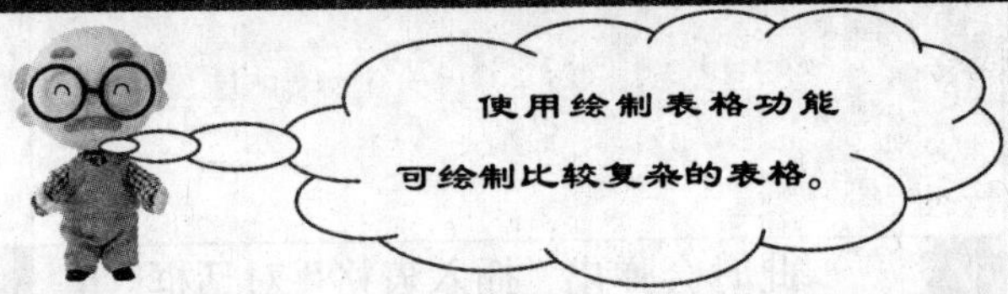

通常，用户将插入的表格叫做二维表格，而绘制的表格叫做自定义表格。绘制表格可在插入表格的基础上进行加工，使其变为复杂、美观且实用的表格。

打开一个二维表格。

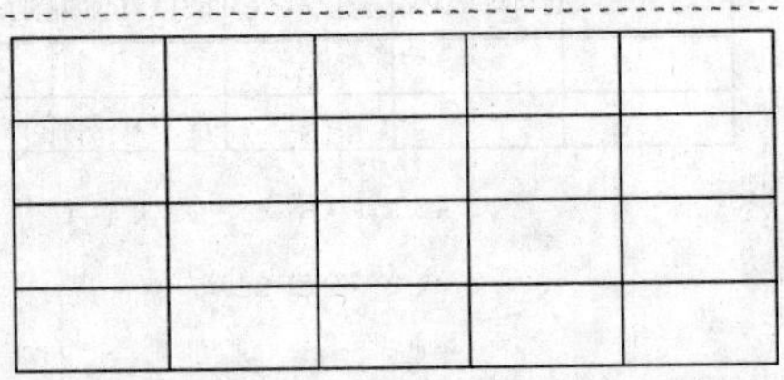

单击“插入”选项卡“表格”组中的“表格”按钮，在弹出的表格面板中选择“绘制表格”选项，此时鼠标会变成绘画笔形状✏，表示可在文档中绘制表格，如下图将鼠标指向表格中第一个单元格的左上角按住左键并拖动到右下角。

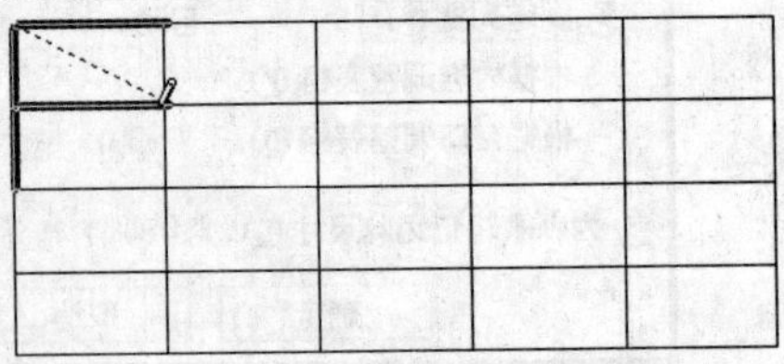

3 松开鼠标后，即可在第一个单元格中绘制一条对角线。

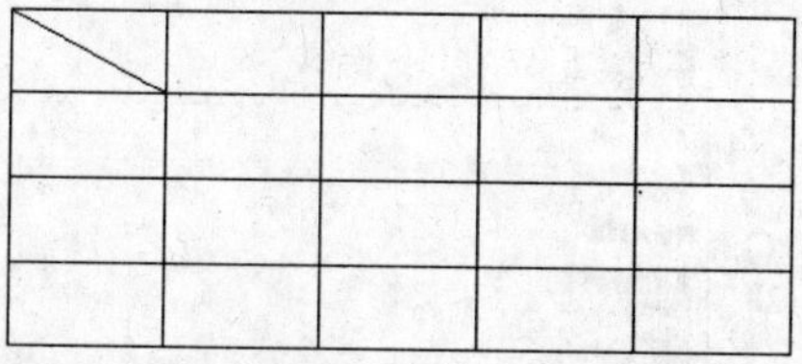

4 使用与步骤 2 同样的方法，可绘制如下图所示的表格。

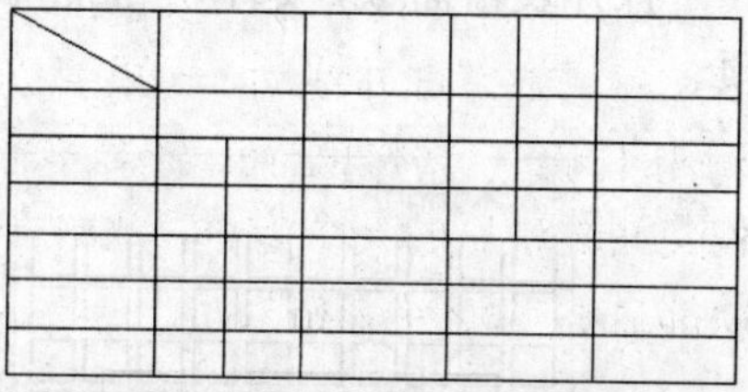

4.1.3 创建 Excel 电子表格

在 Word 2007 中可创建Excel电子表格吗？
当然可以，单击表格面板中的“Excel 电子表格”选项即可创建。

在 Word 2007 中提供了快捷创建 Excel 电子表格的功能，使 Word 与 Excel 进行结合，可为办公室人员带来许多方便。使用 Excel 电子表格功能可以在不启动 Excel 的情况下制作电子表格。

1 打开表格面板，选择“Excel 电子表格”选项。

插入表格
插入表格(I)...
绘制表格(D)
文本转换成表格(V)...
Excel 电子表格(X)
快速表格(T)

2 创建的 Excel 电子表格如下图所示。

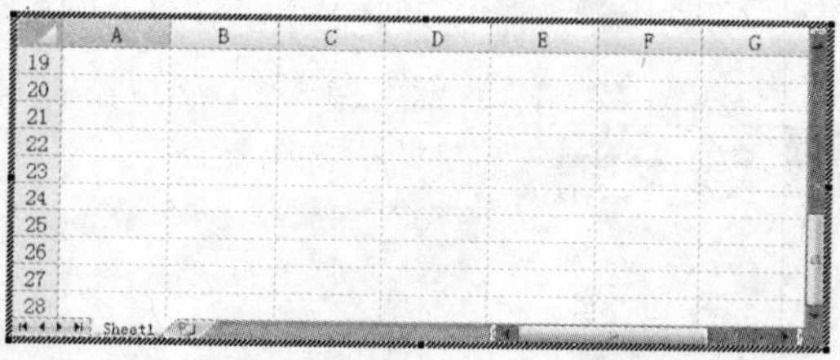
A B C D E F G
19 20 21 22 23 24 25 26 27 28
Sheet1

4.1.4 创建快速表格

在 Word 2007 中可创建带样式的表格吗？
当然可以，使用表格面板中的“快速表格”选项即可创建。

选择创建快速表格，用户可使用系统中已存储好的表格样式创建表格，这种方法使用起来比较方便和快捷。

1 打开表格面板，选择“快速表格”选项。

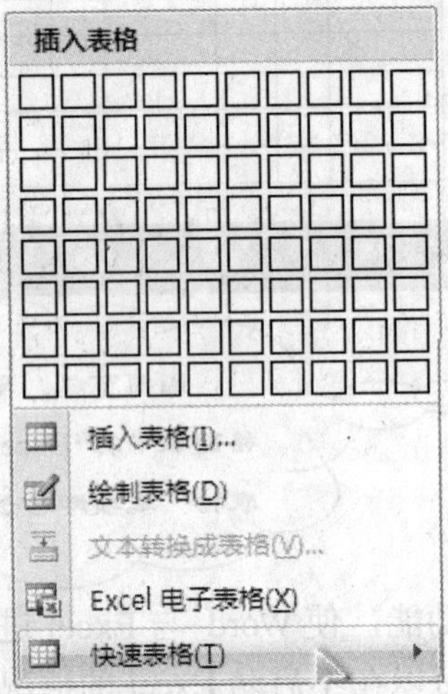

2 此时会弹出表格样式面板。

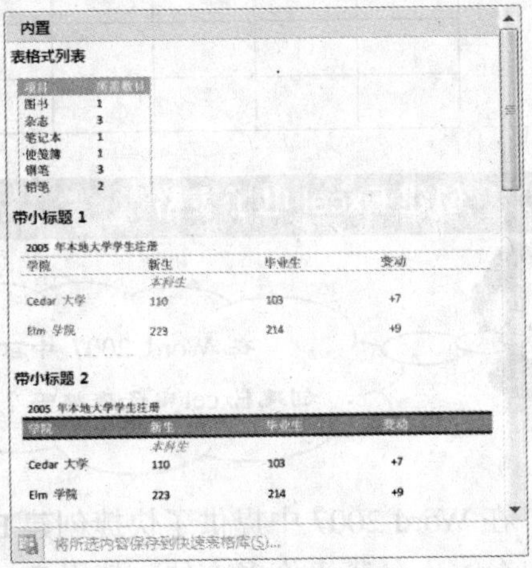

3 拖动面板右侧的垂直滚动条，可查找所有表格样式，单击此面板中的表格样式即可选定该表格。

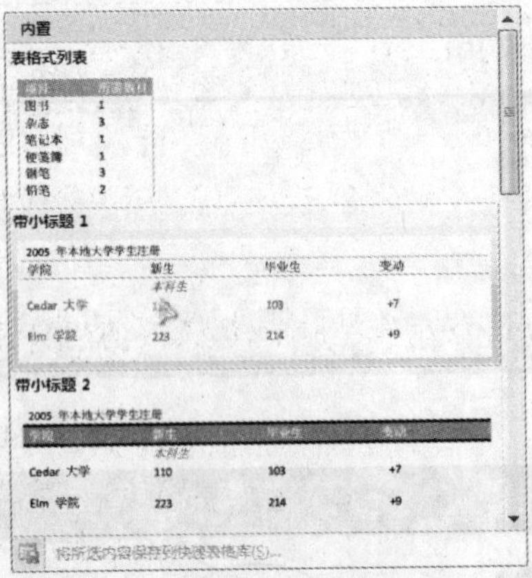

4 在表格样式面板中选择样式后，即可在文档的光标插入点插入表格。

2005 年本地大学学生注册

学院	新生	毕业生	变动
	本科生		
Cedar 大学	110	103	+7
Elm 学院	223	214	+9
Maple 高等专科院校	197	120	+77
Pine 大学	134	121	+13
Oak 研究所	202	210	-8
	研究生		
Cedar 大学	24	20	+4
Elm 学院	43	53	-10
Maple 高等专科院校	3	11	-8
Pine 大学	9	4	+5
Oak 研究所	53	52	+1

4.2 表格的基本操作

表格的基本操作主要有移动、缩放、复制、剪切、粘贴和删除。

4.2.1 移动表格

怎样移动表格呢？
单击表格右上角的按钮即可移动表格。

单击表格右上角的“⊞”按钮，按住鼠标左键并拖动即可移动表格。

1 打开文档，单击表格右上角的“⊞”按钮，当鼠标变成“✥”形状时，按住左键并拖动。

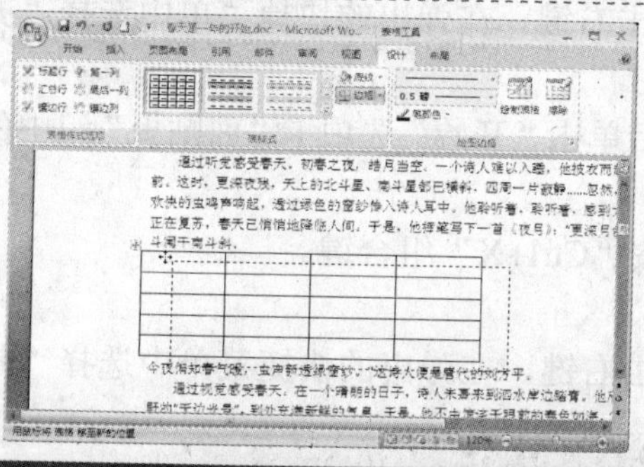

2 移动表格效果。

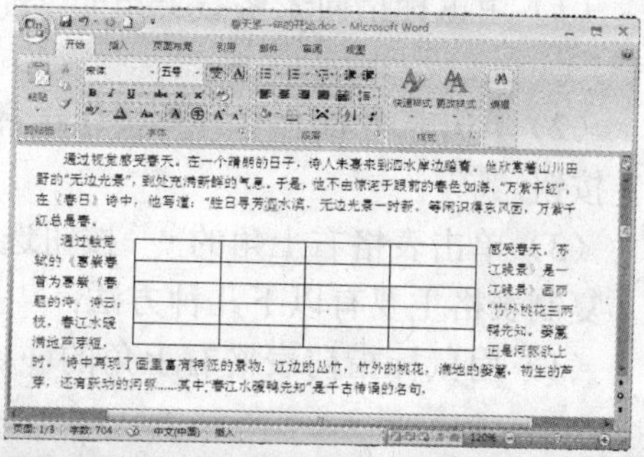

4.2.2 缩放表格

要将表格缩小或放大，应怎样操作呀？
单击表格右下角的小正方形即可缩放表格。

缩放表格的方法很简单，用鼠标指向表格右下角的小正方形，并按住鼠标左键拖动即可。

1 打开文档，用鼠标指向表格右下角的小正方形，并按住鼠标左键拖动。

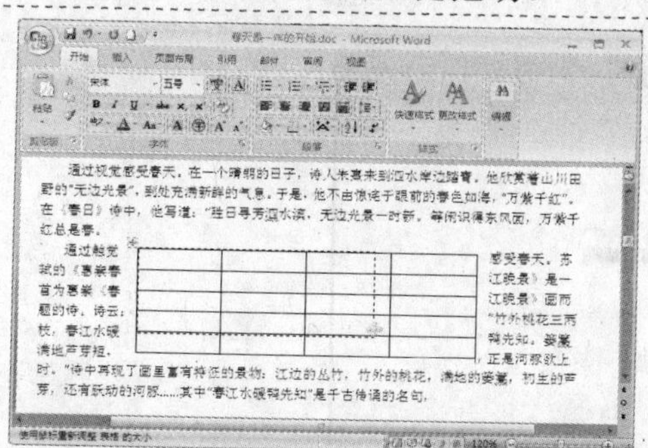

2 缩小后，表格如下图所示。

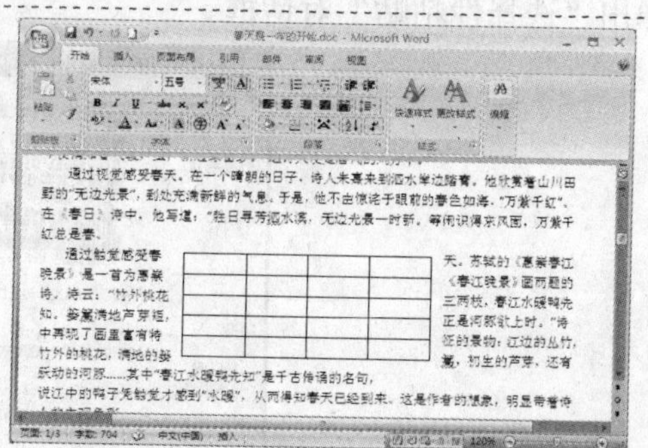

4.2.3 剪切、复制、粘贴表格

使用剪切、复制和粘贴命令，可将文档中的表格复制或移动到此文档的其他位置或另一文档中。

剪切表格主要有以下几种方法：

（1）用鼠标指向表格右上角的 ⊞ 按钮并单击右键，在弹出的快捷菜单中选择“剪切”命令。

（2）单击表格右上角的⊞按钮选择表格，然后单击“开始”选项卡“剪贴板”组中的“剪切”按钮 。

（3）单击表格右上角的⊞ 按钮选择表格，按“Ctrl+X”组合键。

复制表格主要有以下几种方法：

（1）用鼠标指向表格右上角的⊞ 按钮并单击右键，在弹出的快捷菜单中选择“复制”命令。

（2）单击表格右上角的 ⊞ 按钮选择表格，然后单击“开始”选项卡“剪贴板”组中的“复制”按钮 。

（3）单击表格右上角的⊞ 按钮选择表格，按“Ctrl+C”组合键。

粘贴表格主要有以下三种方法：

（1）将光标定位在需要粘贴表格的位置单击右键，在弹出的快捷菜单中选择“粘贴”命令。

（2）将光标定位在需要粘贴表格的位置，单击“开始”选项卡“剪贴板”组中的“粘贴”按钮 ，此时会弹出“粘贴”下拉面板。在粘贴下拉面板中单击“选择性粘贴”选项，会弹出“选择性粘贴”对话框。

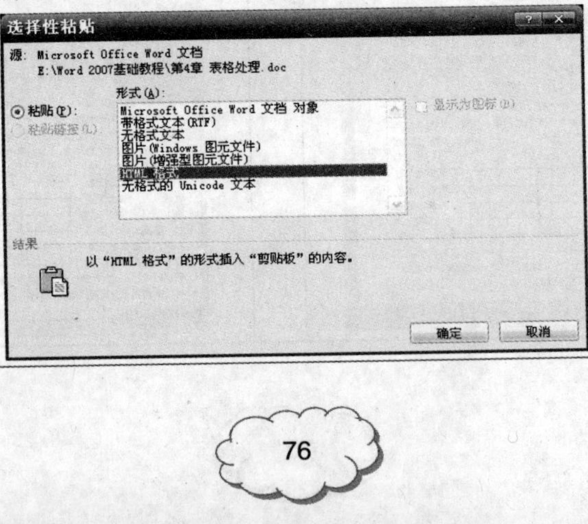

单击对话框中的“粘贴”单选按钮，即可在右侧的“形式”框中选择需要粘贴的形式。

（3）将光标定位在需要粘贴表格的位置，按“Ctrl+V”快捷键。

4.2.4 删除表格

怎样删除表格呢？
只要选择表格然后按“Delete”键即可删除表格。

删除表格主要有以下几种方法：

（1）用鼠标指向表格右上角的⊞按钮并单击右键，在弹出的快捷菜单中选择“剪切”命令。使用此命令不能真正的删除表格，只是将表格放在了剪贴板中。

（2）单击表格右上角的⊞按钮选择表格，按“Delete”键。

4.3 编辑表格

制作一张实用且美观的表格，其编辑操作是很重要的。表格是由多个单元格组成的，因此要执行编辑操作必须先选定表格中的单元格才能进行各种编辑操作。

编辑表格主要包括选择单元格、插入单元格、移动和复制单元格、合并和拆分单元格、设置表格行高和列宽、绘制斜线表头等。

4.3.1 选择单元格区域

怎样才可以选择单元格呢？
可使用键盘和鼠标选择单元格。

单元格是表格中存放数据最基本的单位，而单元格区域是指一些连续或不连续的多个单元格，如一行单元格、一列单元格或几个不连续的单元格。在表格中选定这些单元格后，即可对它进行编辑排版和属性设置。

选择单元格包括选择连续单元格和不连续单元格两种方法。

• 选择连续单元格

选择连续单元格主要包括选择一行、一列、多行和多列等。

1 打开如下图所示的表格（本节都以此表格为例进行讲解）。

1	2	3	4	5	6
7	8	9	10	11	12
13	14	15	16	17	18

2 将鼠标指向第 1 个单元格，单击左键并拖动到第 6 个单元格，即可选择一行连续的单元格。

1	2	3	4	5	6
7	8	9	10	11	12
13	14	15	16	17	18

3 将鼠标指向第 1 个单元格的上方，直到鼠标变成"⬇"形状时，单击鼠标即可选择此列单元格。

1	2	3	4	5	6
7	8	9	10	11	12
13	14	15	16	17	18

4 将鼠标指向表格左侧，直到鼠标变成"⇗"形状时，按住左键向下拖动，即可选择多行多列单元格。

1	2	3	4	5	6
7	8	9	10	11	12
13	14	15	16	17	18

5 将鼠标指向表格中任何一个单元格的左侧边框线上，直到鼠标变成"⬈"形状时，双击可选择此单元格所在的行。

1	2	3	4	5	6
7	8	9	10	11	12
13	14	15	16	17	18

6 将鼠标指向需要选择的区域的第 1 个单元格，然后按住"Shift"键，再单击需要选择的区域的最后一个单元格，即可选择一块连续的区域。

1	2	3	4	5	6
7	8	9	10	11	12
13	14	15	16	17	18

- **选择不连续单元格**

1 打开表格，选择第 1 个单元格。

1	2	3	4	5	6
7	8	9	10	11	12
13	14	15	16	17	18

2 按住"Ctrl"键，再单击下一个单元格即可选择两个不连续的单元格。

1	2	3	4	5	6
7	8	9	10	11	12
13	14	15	16	17	18

4.3.2 复制单元格

怎样复制单元格呢？
选择需要复制的单元格按“Ctrl+C”和“Ctrl+V”快捷键可复制单元格

复制单元格主要有以下几种方法：

（1）选择需要复制的单元格区域，将鼠标指向被选择区域中单击右键在弹出的快捷菜单中选择“复制”命令。

（2）选择需要复制的单元格区域，按“Ctrl+C”组合键。

（3）选择需要复制的单元格区域，并单击“开始”选项卡“剪贴板”组中的“复制”按钮。

1 打开表格，并选择需要复制的单元格区域。

1	2	3	4	5	6
7	8	9	10	11	12
13	14	15	16	17	18

2 单击“开始”选项卡“剪贴板”组中的“复制”按钮。

粘贴
剪贴板

3 将光标定位在将要粘贴单元格的位置，并单击右键，在弹出的快捷菜单中选择“粘贴”命令。

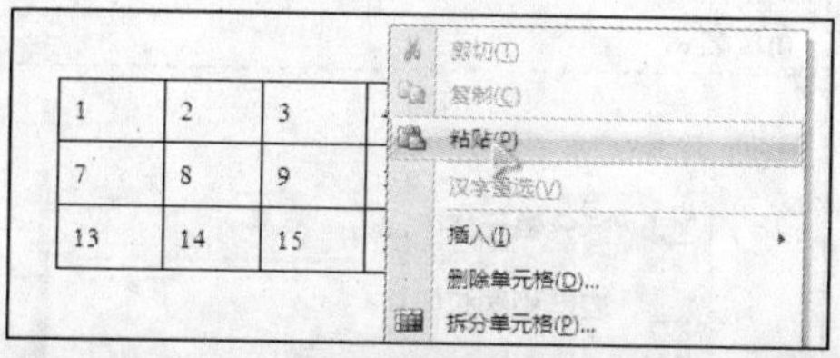

剪切(T)
复制(C)
粘贴(P)
汉字重选(V)
插入(I)
删除单元格(D)...
拆分单元格(P)...

4 复制单元格的效果如下图所示。

1	2	3	4	5	6
7	8	9	1	2	3
13	14	15	7	8	9

4.3.3 合并和拆分单元格

怎样合并和拆分单元格呢？
使用快捷菜单中的合并单元格和拆分单元格命令即可进行合并和拆分单元格操作。

表格的合并与拆分主要指表格中单元格的合并与拆分、表格本身的合并与拆分。对某一单元格进行合并与拆分可设计出较复杂的表格，而对表格本身的合并与拆分可将两个表格合并成一个表格或将一个表格拆分为多个表格。

• 拆分单元格

拆分单元格时可拆分单个单元格或多个单元格，如果要拆分多个单元格则需要在“拆分单元格”对话框中进行设置。选择需要拆分的单元格，然后单击右键在弹出的快捷菜单中选择“拆分单元格”命令，此时会弹出“拆分单元格”对话框。

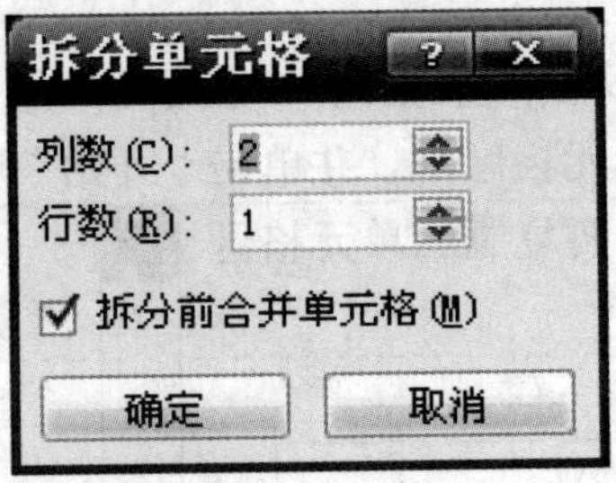

“拆分单元格”对话框中各选项的含义如下。

“列数”：指定单元格需要拆分的列数。

“行数”：指定单元格需要拆分的行数。

“拆分前合并单元格”：如果当前将要拆分的是多个单元格，选择此复选框可将这些单元格进行合并后再拆分。

1 打开表格，选择需要拆分的单元格区域。

1	2	3	4	5	6
7	8	9	1	2	3
13	14	15	7	8	9

2 将鼠标指向被选择的单元格区域中单击右键，在弹出的快捷菜单中选择“拆分单元 格”命令。

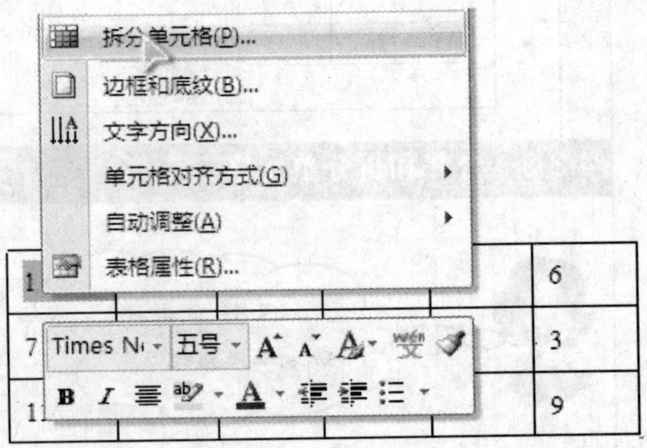

3 此时会弹出“拆分单元格”对话框，单击“行数”和“列数”右侧的按钮设置其行数和列数。

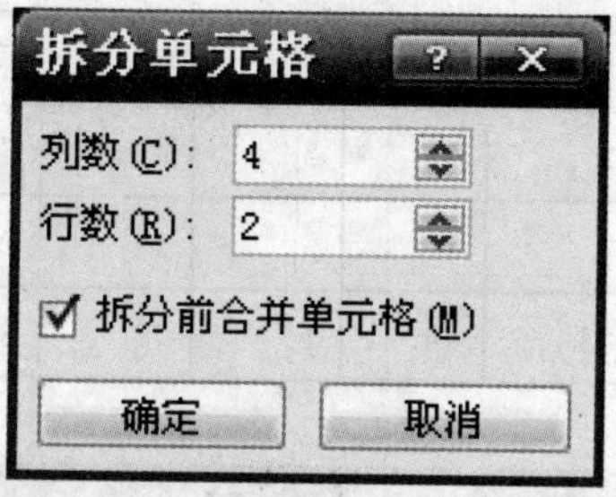

4 单击“确定”按钮后，效果如下图所示。

1	2	3	4	5	6

7	8	9	1	2	3
13	14	15	7	8	9

• 合并单元格

1 打开表格，选择需要合并的单元格。

1	2	3	4	5	6
7	8	9	1	2	3
13	14	15	7	8	9

2 用鼠标指向所选的单元格单击右键，在弹出的快捷菜单中选择“合并单元格”。

1	2	3	4	5	6
7	8 9 1 14 15 7			2	3
13				8	9

• 拆分表格

1 打开表格，将光标定位在需要拆分成第二个表格的第一行中任意一个单元格中。

1	2	3	4	5	6
7	8	9	1	2	3
13	14	15	7	8	9

2 单击“布局”选项卡“合并”组中的“拆分表格”按钮。

1	2	3	4	5	6

7	8	9	1	2	3
13	14	15	7	8	9

• **合并表格**

1　将两个表格放在相邻的位置上，如下图所示（注意两个表格之间不能有任何字符）。

1	2	3	4	5	6

7	8	9	1	2	3
13	14	15	7	8	9

2　按“Delete”键，即可合并单元格。

1	2	3	4	5	6
7	8	9	1	2	3
13	14	15	7	8	9

4.3.4　调整表格

调整表格主要是调整表格的行高和列宽。选择需要进行调整的表格，然后单击右键在弹出的快捷菜单中选择“自动调整”命令下的子命令或在快捷菜单中选择“平均分布各行”和“平均分布各列”命令都可对表格进行调整。

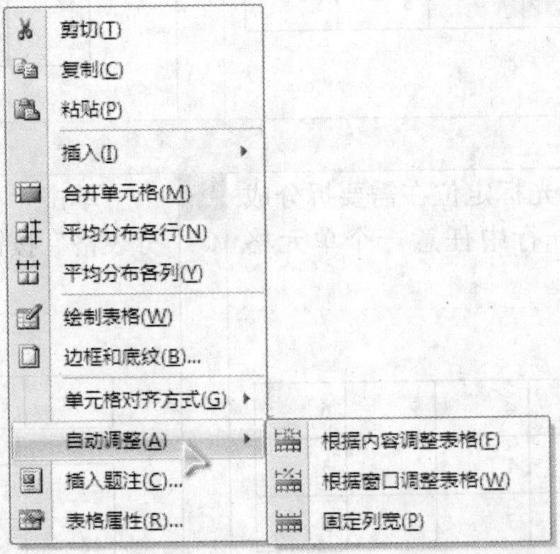

还有一种比较简单的调整表格的方法，即是将鼠标指向表格中的交界线上，当鼠标变成“+||+”或“÷”时按住鼠标左键不放拖动即可。

• 自动调整表格

1　打开如下表格，并将表格全部选定。

1	2	3	4	5	6
7	8	9	1	2	3
13	14	15	7	8	9

2　将鼠标指向表格单击右键，在弹出的快捷菜单中执行“自动调整”/“根据内容调整表格”命令。

1	2	3	4	5	6
7	8	9	1	2	3
13	14	15	7	8	9

• 平均分布各行/各列

1　打开如下表格。

1	2	3	4	5	6
7	8	9	1	2	3
13	14	15	7	8	9

2　将表格全部选定，并用鼠标指向表格单击右键，在弹出的快捷菜单中选择“平均分布各列”命令。

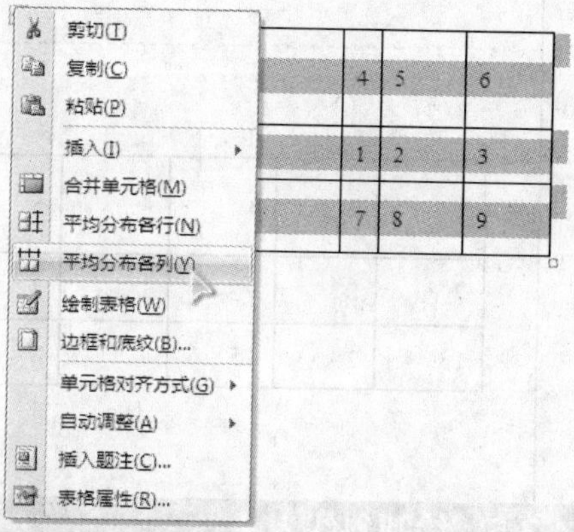

3　执行“平均分布列”命令后，表格效果如下图所示。

1	2	3	4	5	6
7	8	9	1	2	3
13	14	15	7	8	9

4　如果在快捷菜单中选择“平均分布各行”命令。

1	2	3	4	5	6
7	8	9	1	2	3
13	14	15	7	8	9

- **手动调整行宽和列高**

1 打开如下图所示的表格。

1	2	3	4	5	6
7	8	9	1	2	3
13	14	15	7	8	9

2 将鼠标指向任何一个行单元格的边框线，待鼠标变成“÷”形状时，向上或向下拖动鼠标此时会出现一条虚线。

1	2	3	4	5	6
7	8	9	1	2	3
13	14	15	7	8	9

3 松开鼠标，此时被拖出的虚线变成了实线，效果如下图所示。

1	2	3	4	5	6
7	8	9	1	2	3
13	14	15	7	8	9

4 使用同样的方法，将鼠标指向任何一列单元格的边框线上，当鼠标变成“+||+”形状时，向左或向右拖动，效果如下图所示。

1	2	3	4	5	6
7	8	9	1	2	3
13	14	15	7	8	9

4.3.5 绘制斜线表头

怎样绘制斜线表头呢？
单击“布局”选项卡“表”组中的“绘制斜线表头”按钮即可。

在制作表格时，通常需要在表格的最上角第一个单元格中输入指向行和列的表头，以便于工作对数据进行分类。使用 Word 2007 中提供的绘制斜线表头功能可方便、快捷的解决这一问题。

1 打开表格，并将光标定位在表格中左上角第一个单元格。

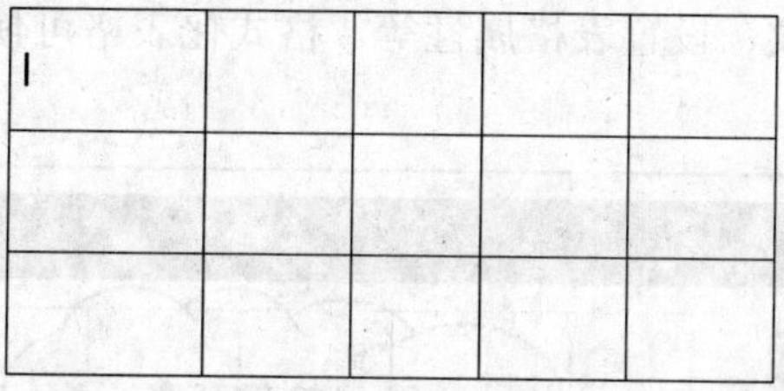

2 单击“布局”选项卡“表”组中“绘制斜线表头”按钮。

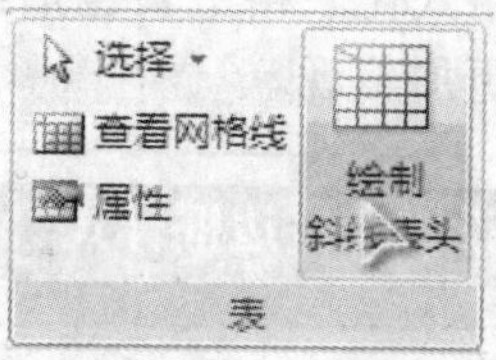

3 此时会弹出如下图所示的“绘制斜线表头”对话框。

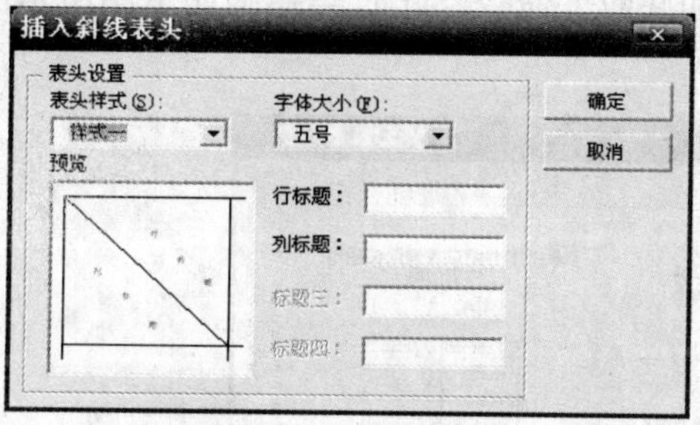

4 在此对话框中，单击“表头样式”列表右侧的下拉按钮，此时会弹出“表头样式”列表，单击列表中的样式即可在下面的“预览”框中预览表头样式。

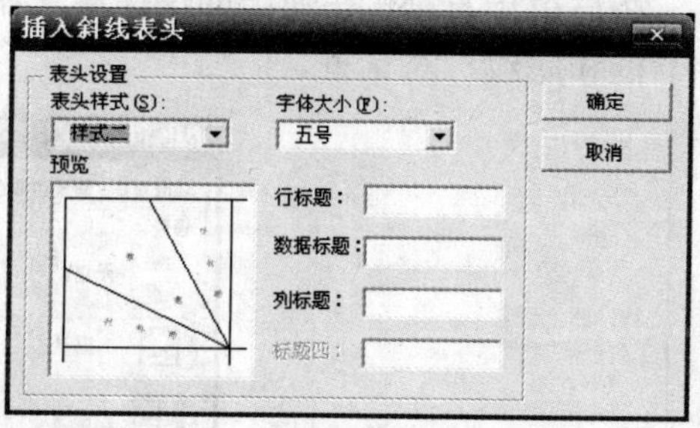

5 选择“样式一”表头，单击“字体大小”列表框右侧的下拉按钮，会弹出字体大小列表框。字体大小用于设置标题字的大小。分别在“行标题”和“列标题”文本框中输入标题。

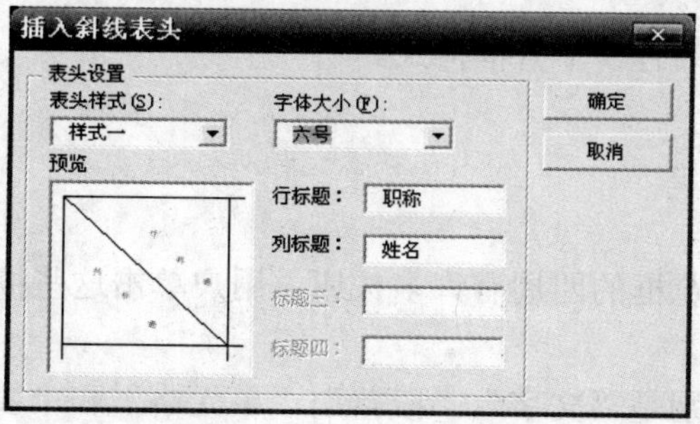

6 单击“确定”按钮后，表头样式如下图所示。

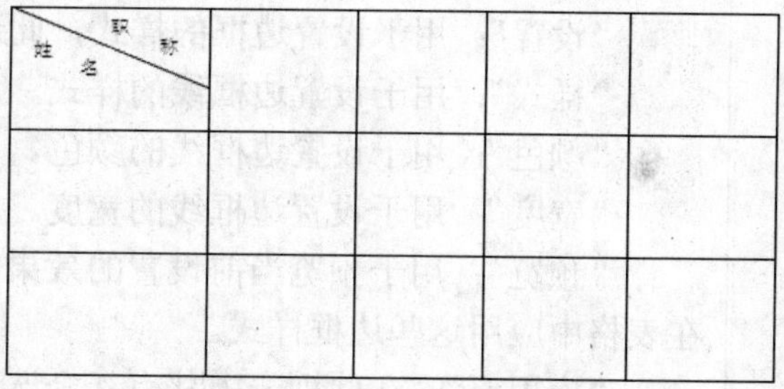

4.4 格式化表格

格式化表格主要包括给表格设置边框、底纹、设置表格属性等。格式化表格可使表格变得更加美观。

4.4.1 设置表格边框样式

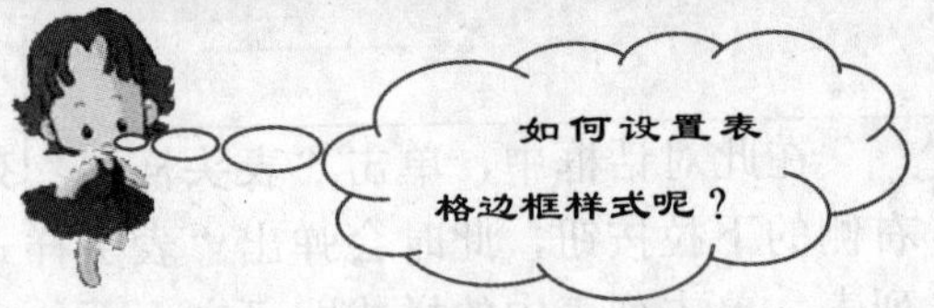

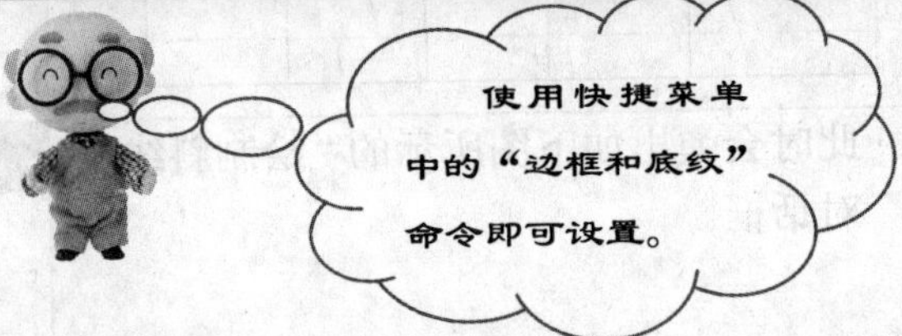

设置表格边框可使表格变得更加突出。在设置表格边框时，必须先选择此表格或单元格，然后单击右键，在弹出的快捷菜单中选择“边框和底纹”命令，此时会弹出如下图所示的“边框和底纹”对话框。

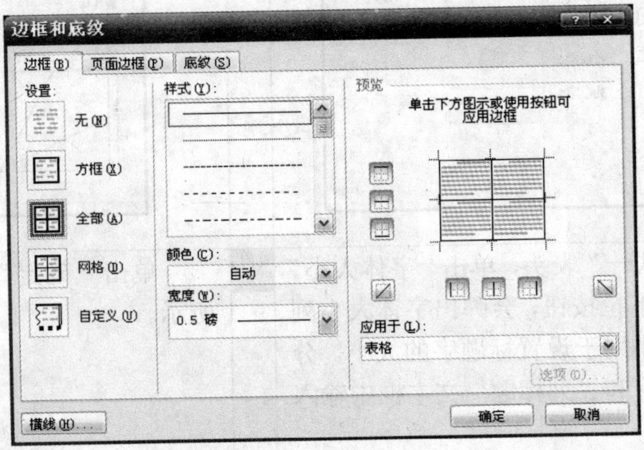

“边框和底纹”对话框中各选项的含义如下。

“设置”：用于设置边框的样式，此选项中共有 5 个方框样式。

“样式”：用于设置边框线的样式。

“颜色”：用于设置边框线的颜色。

“宽度”：用于设置边框线的宽度。

“预览”：用于预览当前设置的效果，在预览框的四周有许多按钮，用户单击这些按钮可在表格中应用这些边框样式。

“应用于”：在此列表中共有 4 个选项，分别是“文字”、“段落”、“单元格”和“表格”，单击此栏右侧的下拉按钮即可在此列表中选择边框的应用范围。

1 打开表格，并选定整个表格。

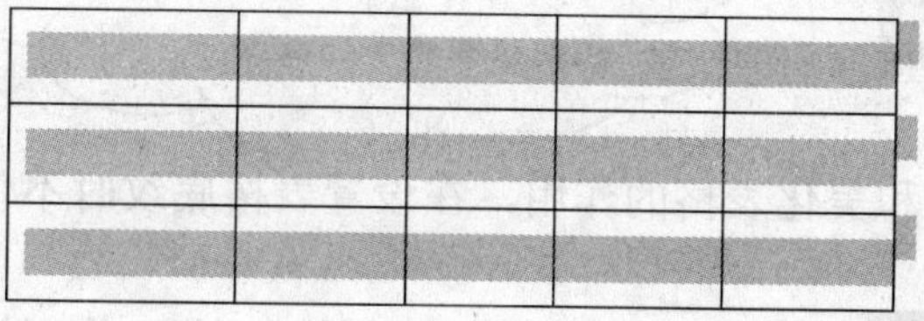

2 打开“边框和底纹”对话框，并在对话框的“设置”选项中单击“方框”选项。

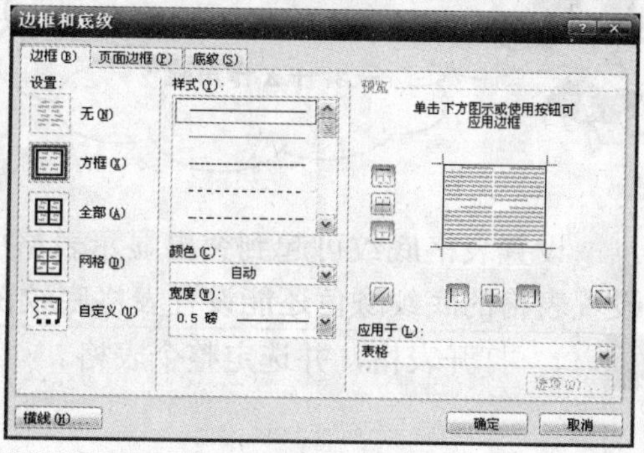

3 拖动“样式”栏右侧的垂直滚动条可查找边框线样式，用鼠标单击这些线条样式即可进行选择。

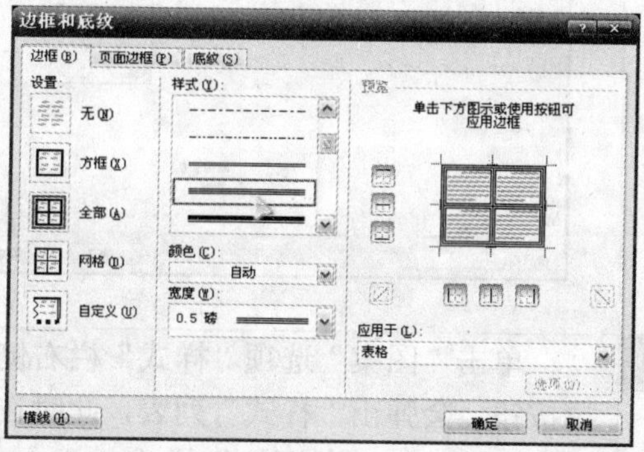

4 单击“颜色”栏右侧的下拉按钮，在弹出的颜色下拉面板中选择所需的颜色。

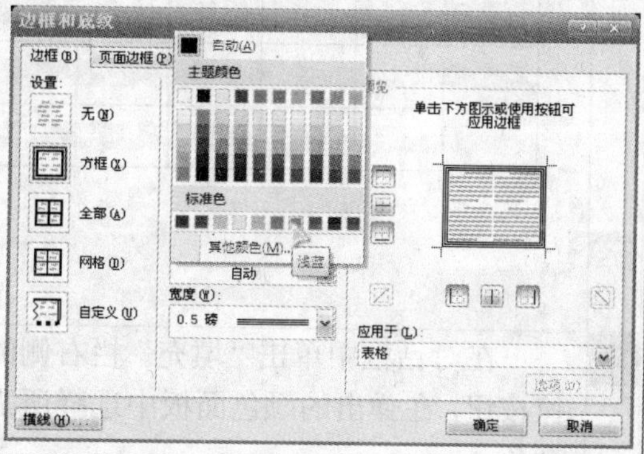

5 单击“宽度”栏右侧的下拉按钮在弹出的宽度列表中选择宽度为 0.75 磅。

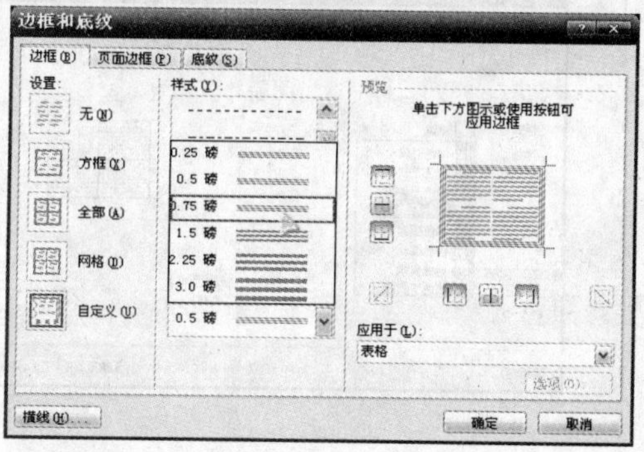

6 单击“确定”按钮后，表格边框效果如下图所示。

4.4.2 设置表格底纹

设置表格底纹可起到突出显示表格中内容和美化表格的作用，在设置表格底纹时不仅能设置表格的底纹颜色还能设置表格底纹图案。

1 打开表格，并选定整个表格。

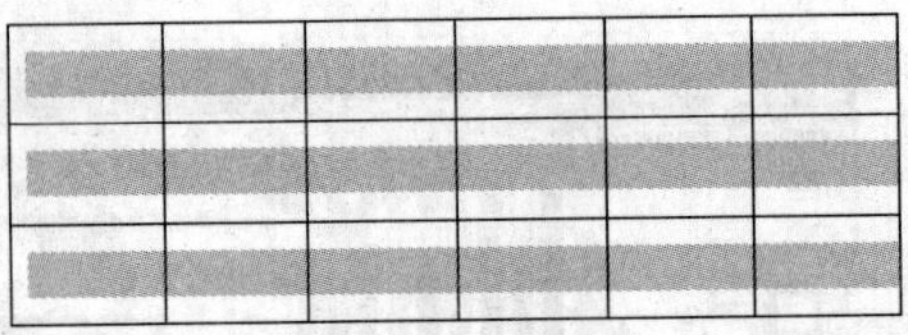

2 打开“边框和底纹”对话框，在对话框中选择“底纹”选项卡。

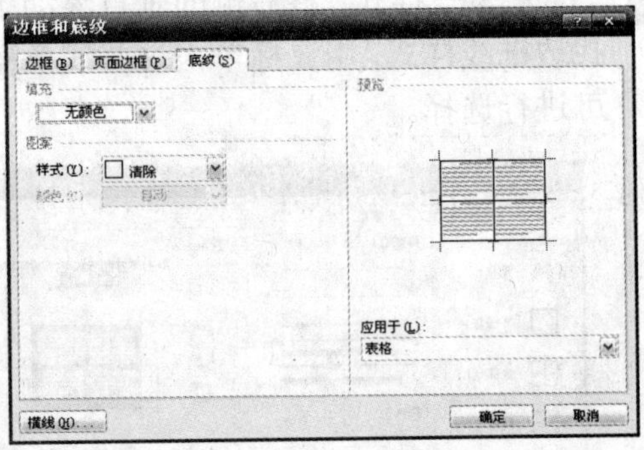

3 在对话框中单击“填充”栏右侧的下拉按钮，在弹出的颜色面板中选择所需的颜色。

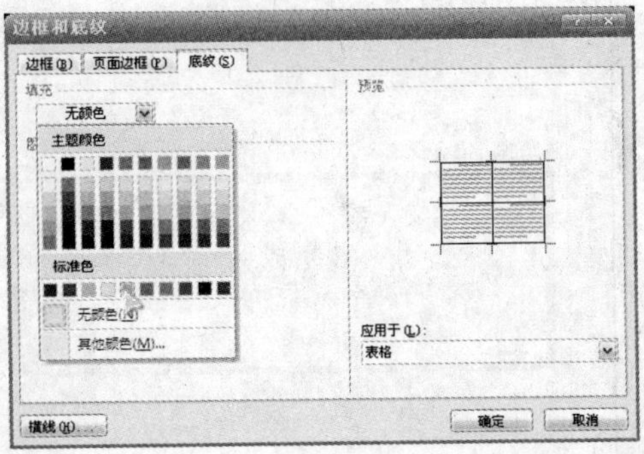

4 单击“图案”选项“样式”栏右侧的下拉按钮，会弹出“样式”列表，此时在样式列表中选择“深色网格”样式。

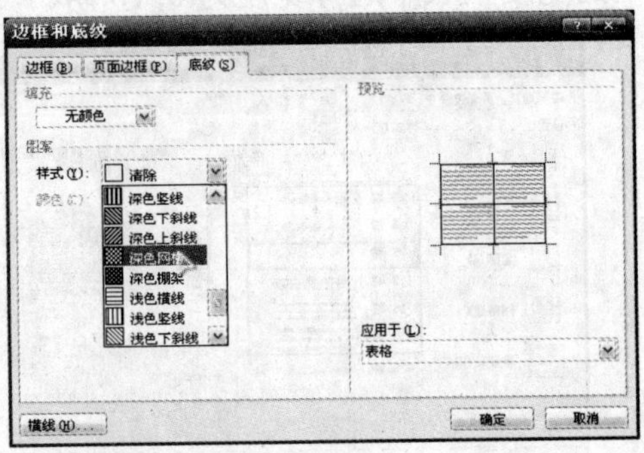

5 单击“颜色”栏右侧的下拉按钮，在弹出的颜色面板中选择所需的图案颜色 。

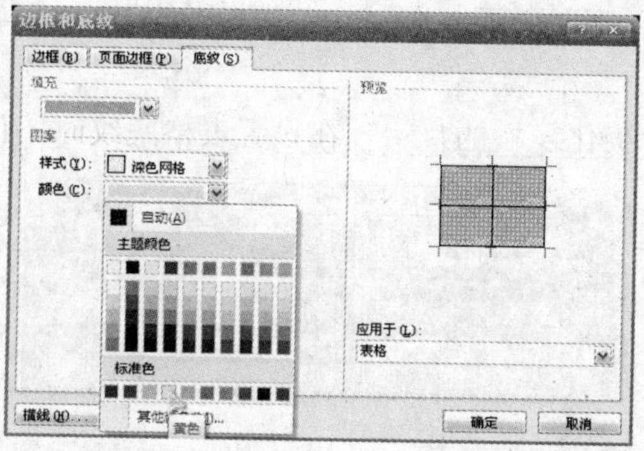

6 单击“确定”按钮后，表格的底纹效果如下图所示。

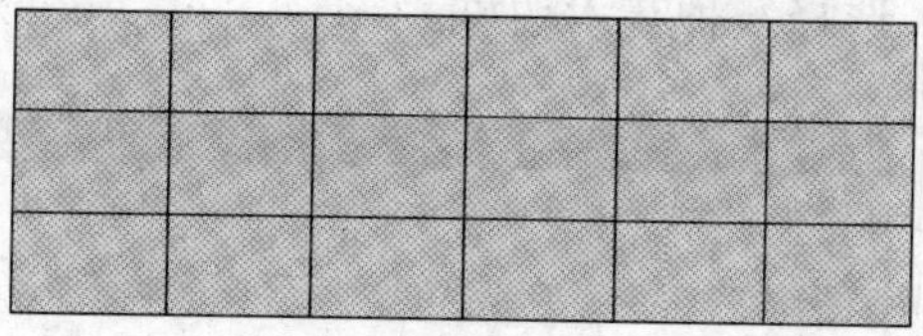

4.4.3 设置页面边框

在“边框和底纹”对话框中选择“页面边框”选项卡，对话框将变成如下图所示。

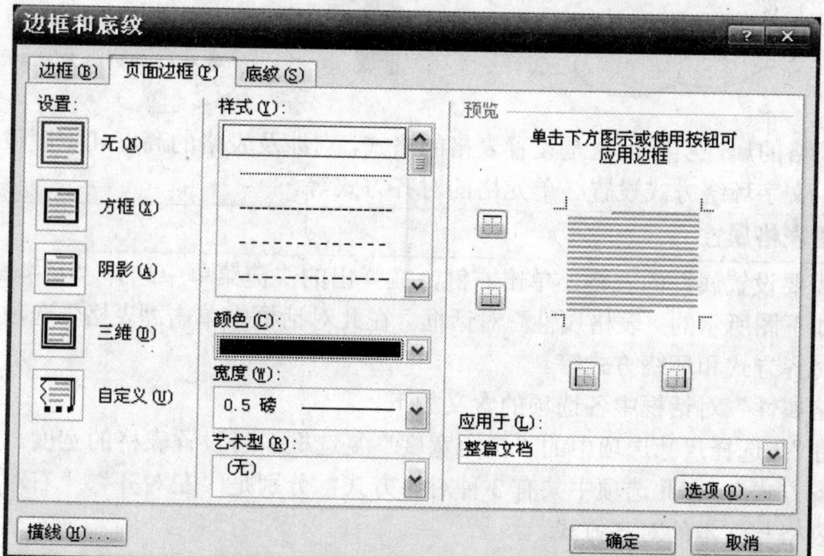

页面边框与边框的设置类似，但在页面边框中多了一项“艺术型”列表框，单击此栏右侧的下拉按钮，会弹出“艺术型”列表框，单击此列表框中的艺术型边框即可为页面设置特殊边框。

1 打开“边框和底纹”对话框中选择“页面边框”选项卡。单击“艺术型”栏右侧的下拉按钮，在弹出的艺术型列表中选择一种艺术边框。

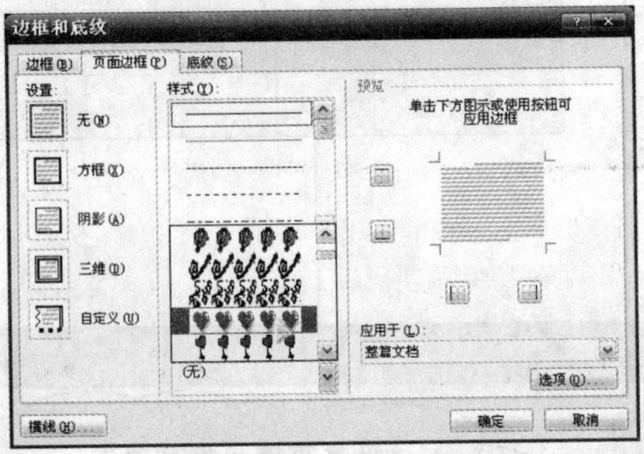

2 单击“确定”按钮后，页面边框效果如下图所示。

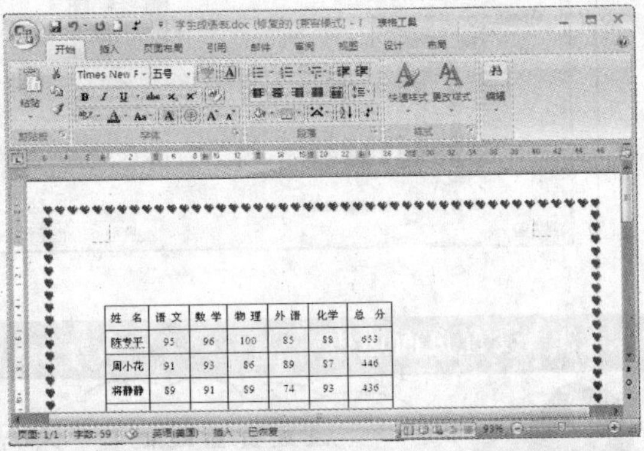

4.4.4 设置表格底纹属性

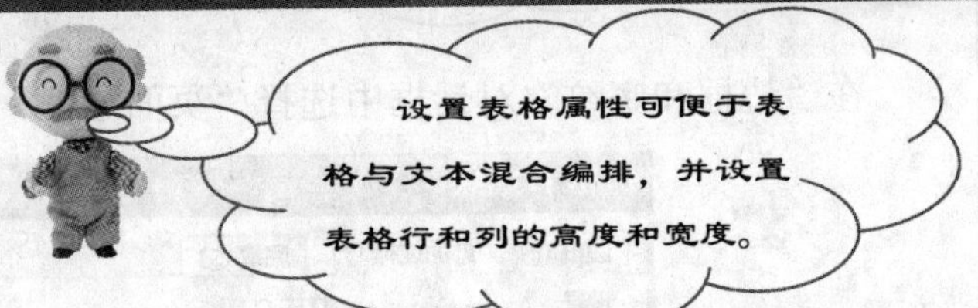

设置表格的属性实际上就是设置表格的格式，它涉及表格的高度和宽度设置、表格的对齐方式设置、文字环绕方式设置、单元格的对齐方式等。

• 设置表格属性

选择需要设置属性的表格，单击右键，在弹出的快捷菜单中选择“表格属性”命令，此时会弹出如下图所示的“表格属性”对话框。在此对话框中单击“表格”选项卡，可设置表格的尺寸、对齐方式和环绕方式等。

“表格属性”对话框中各选项的含义如下。

“尺寸”：选择尺寸选项中的“指定宽度”复选框，可设置表格的宽度。

“对齐方式”：在此选项中共有 3 种对齐方式，分别是“左对齐”、“右对齐”和“居中”，用于指定表格与文本的对齐方式。

“文字环绕”：单击此选项中的“环绕”，可将表格与文本进行混合编排。

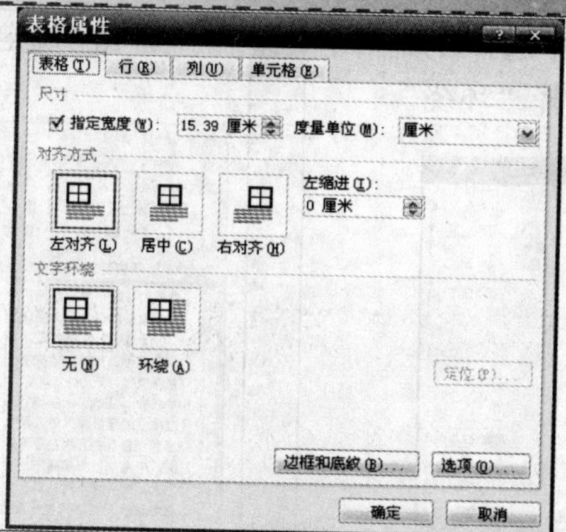

1 打开文档，如下图所示。

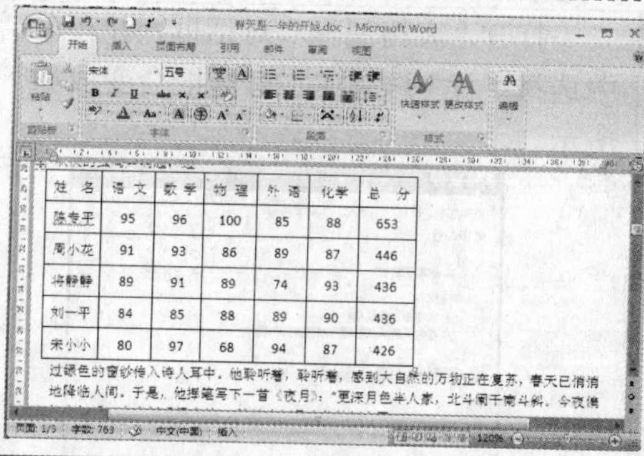

2 选择表格单击右键，在弹出的快捷菜单中选择“表格属性”命令。

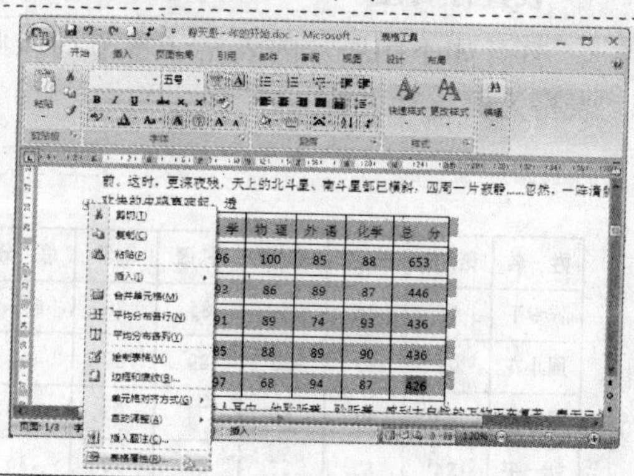

3 此时会弹出“表格属性”对话框，在对话框中选择“指定宽度”复选框，并单击右侧的按钮设置表格的宽度值。

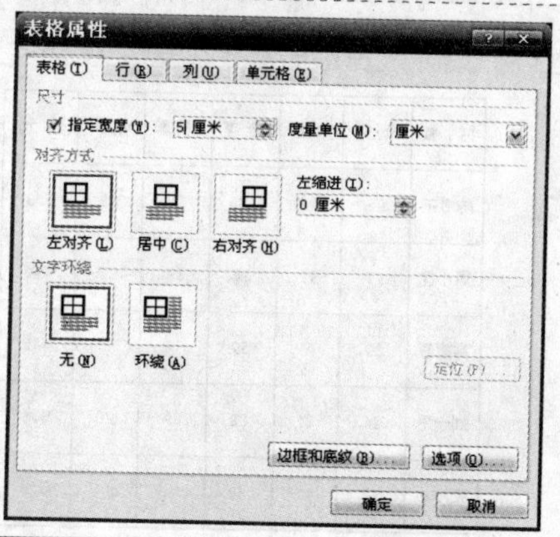

4 单击“确定”按钮后，表格效果如下图所示。

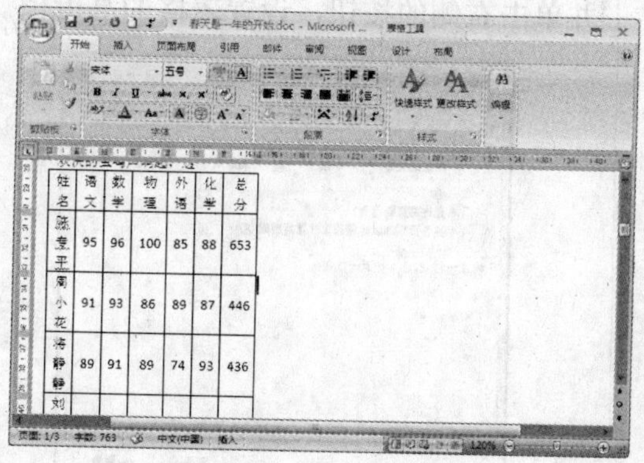

5 在“对齐方式”选项中选择“居中”；在“文字环绕”选项中选择“环绕”。

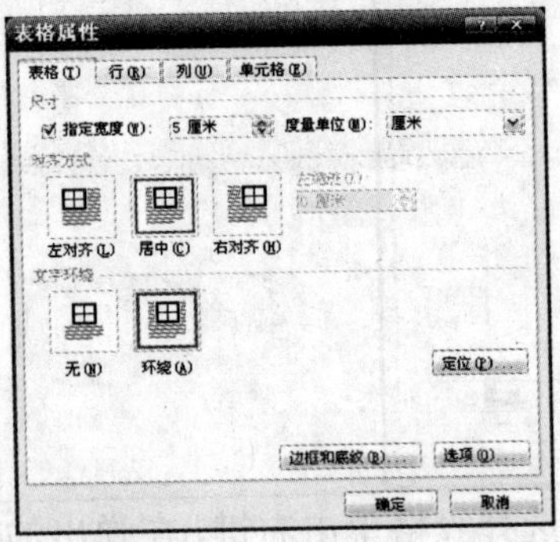

6 单击“确定”按钮后，效果如下图所示。

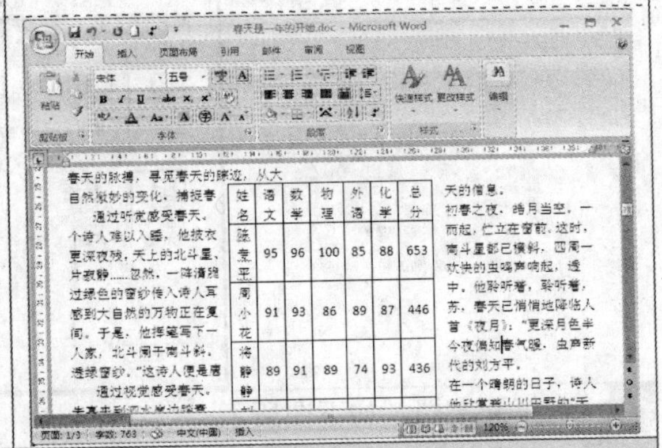

• **设置行属性**

1 打开如下图所示的表格（本节均以此表格为例进行讲解）。

姓　名	语 文	数 学	物 理	外 语	化学	总　分
陈专平	95	96	100	85	88	653
周小花	91	93	86	89	87	446
将静静	89	91	89	74	93	436
刘一平	84	85	88	89	90	436
宋小小	80	97	68	94	87	426

2 打开“表格属性”对话框，并在对话框中选择“行”选项卡，对话框会变成如下图所示。

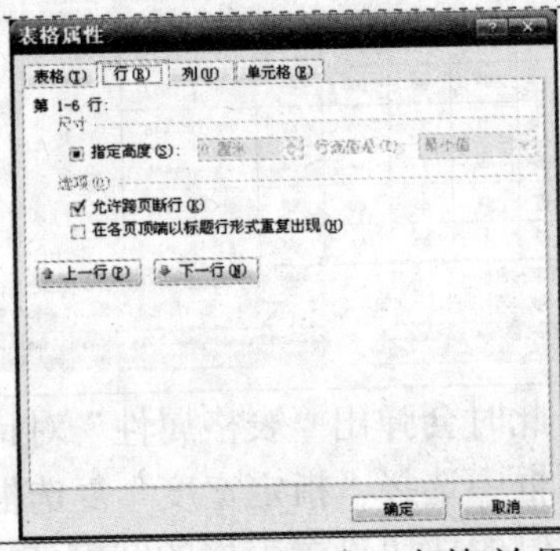

3 在对话框中选择“指定高度”复选框，并单击右侧的按钮，设置表格的高度值。

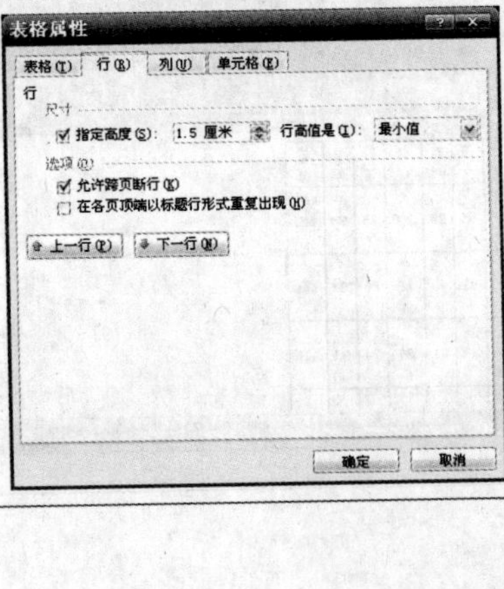

4 单击“确定”按钮后，表格效果如下图所示。

姓 名	语 文	数 学	物 理	外 语	化学	总 分
陈专平	95	96	100	85	88	653
周小花	91	93	86	89	87	446
将静静	89	91	89	74	93	436
刘一平	84	85	88	89	90	436
宋小小	80	97	68	94	87	426

• 设置列属性

打开表格，然后打开“表格属性”对话框，然后选择“列”选项卡，对话框会变成如下图所示。

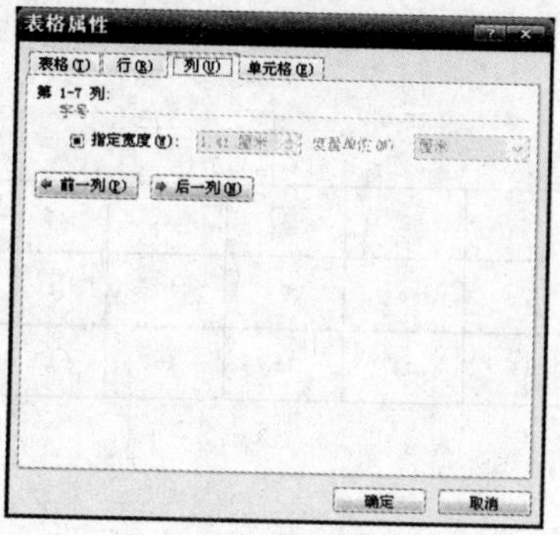

在对话框中选择“指定宽度”复选框，并单击右侧的按钮，设置表格的宽度值。

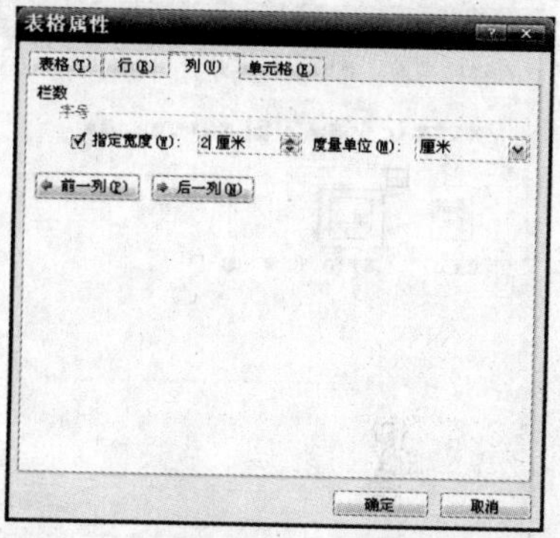

单击“确定”按钮后，表格效果如下图所示。

姓 名	语 文	数 学	物 理	外 语	化学	总 分
陈专平	95	96	100	85	88	653
周小花	91	93	86	89	87	446
将静静	89	91	89	74	93	436
刘一平	84	85	88	89	90	436
宋小小	80	97	68	94	87	426

提示：

在“表格属性”对话框中，单击“前一列”和“后一列”按钮可选定表格中当前列的前一列或后一列。

• 设置单元格属性

打开如下图所示的表格。

1	2	3	4	5	6
7	8	9	10	11	12
13	14	15	16	17	18

打开“表格属性”对话框，并在对话框中选择“行”选项卡，对话框会变成如下图所示。

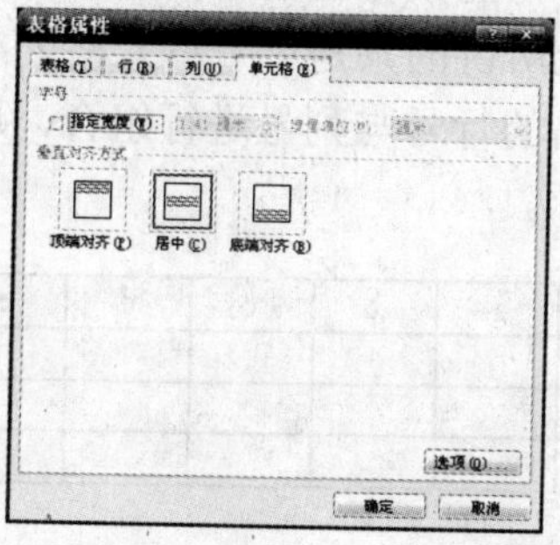

3 在对话框中选择“指定宽度”复选框，并单击右侧的按钮，可设置单元格的宽度值，然后在“垂直对齐方式”选项中选择“居中”。

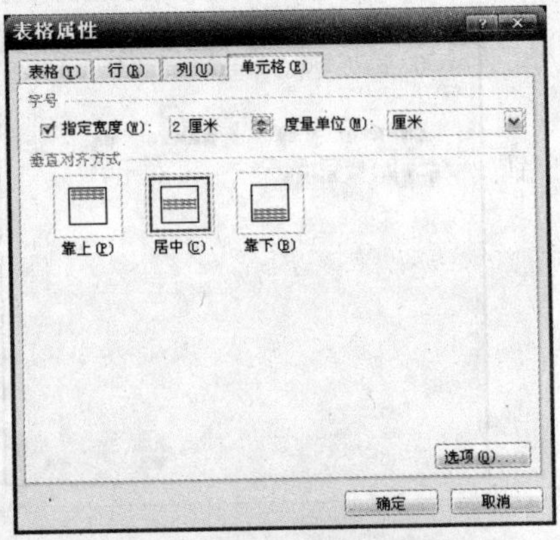

4 单击“确定”按钮后，表格效果如下图所示。

1	2	3	4	5	6
7	8	9	10	11	12
13	14	15	16	17	18

4.5 数据处理

格式化表格主要包括给表格设置边框、底纹和设置表格属性等。格式化表格可使表格变得更加美观。

4.5.1 单元格编号方法

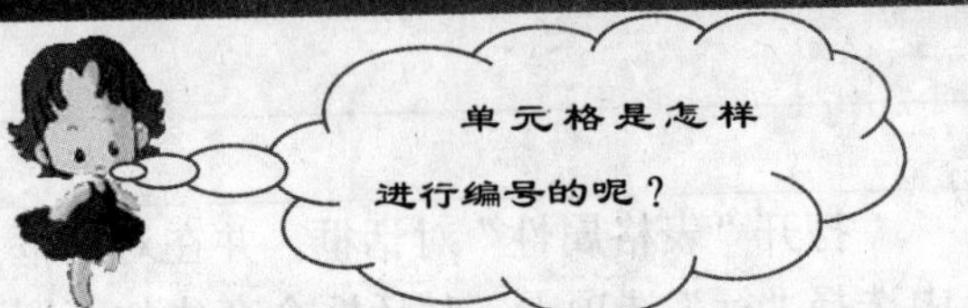

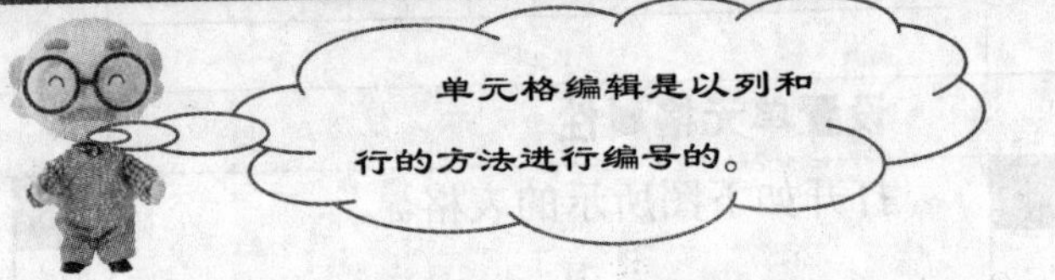

单元格的编号是以行号和列号进行编号的。表格中的行号自动以英文字母 a，b，c，d，…，进行编号，而列号自动以阿拉伯数字 1，2，3，n-1，n 进行编号，如下左图所示。

以上所讲的只是单个单元格的编号，如果是一组单元格又将怎样进行编号呢？Word 2007 将单元格的行号与列号进行组合，即可表示一组单元格编号，如 a2 表示第 a 列第 2 行，如下右图所示。

	a	b	c	d	e	f
1						
2						
3						

	a	b	c	d	e	f
1		b1				
2				d2		
3			c3			

4.5.2 数据计算

使用 Word 2007 提供的函数功能可对表格中的数据进行简单的运算，如求和、求平均值和求绝对值等。

单击“布局”选项卡“数据”组中的“公式”按钮，会弹出 “公式”对话框。

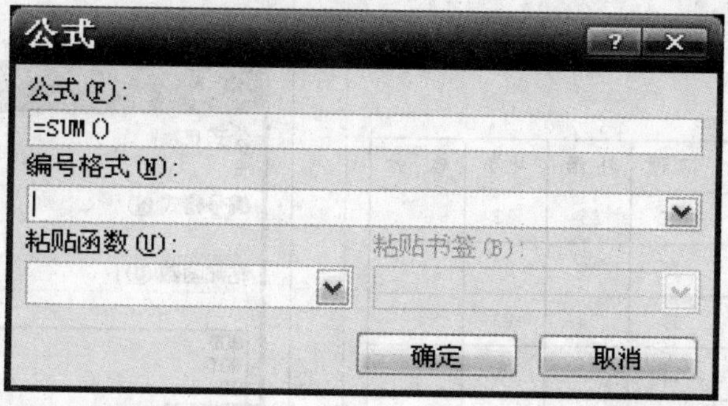

“公式”对话框中各选项的含义如下：

“公式”：用于显示当前所使用的计算公式和将要计算数据的范围，如当前公式为：“=SUM（ABOVE）”表示对当前单元格上方的所有数据进行求和。

“编号格式”：单击右侧的下拉按钮，用户即可根据需要选择相应的编号格式。

“粘贴函数”：单击右侧的下拉按钮，在弹出的函数列表中可选择所需的函数，如求和或求最大值等。

在计算数据时，常用的函数如下表所示。

常用函数表

函 数	含 义	函 数	含 义
ABS ()	求绝对值	FALSE ()	求 反
AVERAVE ()	求平均值	MAX ()	求最大值
INT ()	求 整	MIN ()	求最小值
SUM ()	求 和	PRODUCT ()	求 积
AND ()	求 与	SIGN ()	取符号
OR ()	求 或	ROUND ()	四舍五入
NOR ()	求异或		

在进行数据计算时，通常会在函数后的括号中出现“LEFT”、“RIGHT”和“ABOVE”三个函数，它们分别表示左边、右边和上边，如有公式“=SUM（LEFT）”，则表示对当前单元格左边的所有数据进行求和。

打开“学生成绩表格”，如下图所示（本节均以此表格为例进行讲解）。

姓 名	语 文	数 学	物 理	外 语	化学	总 分
陈专平	95	96	100	85	88	
周小花	91	93	86	89	87	
将静静	89	91	89	74	93	
刘一平	84	85	88	89	90	
宋小小	80	97	68	94	87	

将光标定位在“总分”字段的下一单元格中。单击“布局”选项卡“数据”组中的“公式”按钮，打开“公式”对话框，并在对话框中的“粘贴函数”列表中选择“SUM”函数。

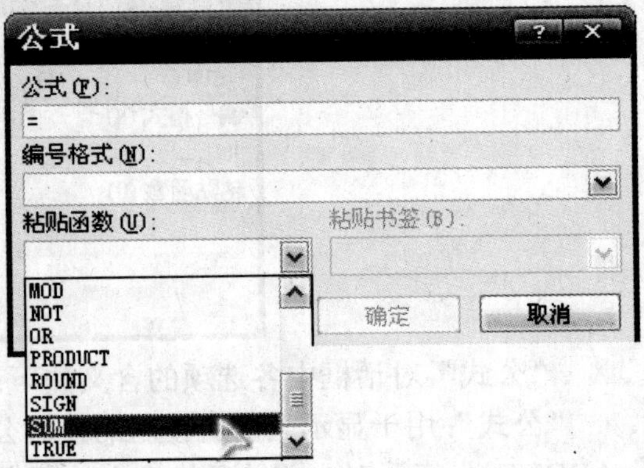

选择“SUM”函数后，在“公式”文本框中会出现如下公式。

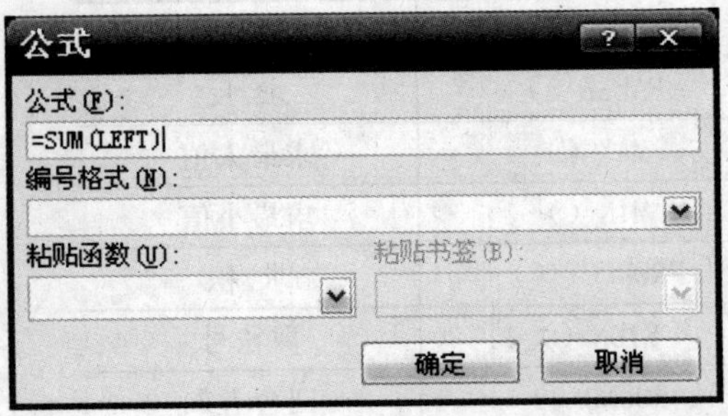

单击“确定”按钮后，即可在当前单元格中计算出所有科目的总成绩。

姓 名	语 文	数 学	物 理	外 语	化学	总 分
陈专平	95	96	100	85	88	464
周小花	91	93	86	89	87	
将静静	89	91	89	74	93	
刘一平	84	85	88	89	90	
宋小小	80	97	68	94	87	

4.5.3 数据排序

对表格中的数据进行排序，可使数据按某个字段进行排序，便于在表格中查找相关内容。在对表格进行排序时，若使用字母作为关键字，则按字母“A～Z”的顺序进行排序；若以数值作为关键字，则按数值从大到小或从小到大进行排序。

单击“布局”选项卡“数据”组中的“排序”按钮，会弹出“排序”对话框。

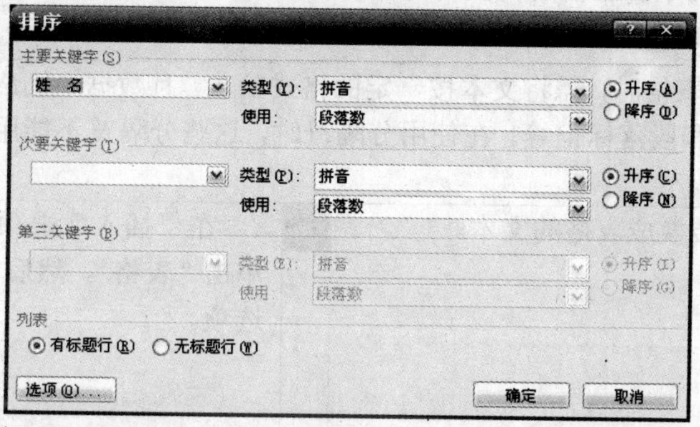

从对话框中可以看出，Word 2007 为用户提供了三级排序，分别是：主要关键字、次要关键字和第三关键字，且这些关键字可分别按“升序”或“降序”的方式进行排序。

1 打开学生成绩表格，将光标定位在表格中的任意单元格中。打开“排序”对话框，并在对话中单击“主要关键字”栏右侧的下拉按钮，在弹出的主要关键字列表中选择“数学”。

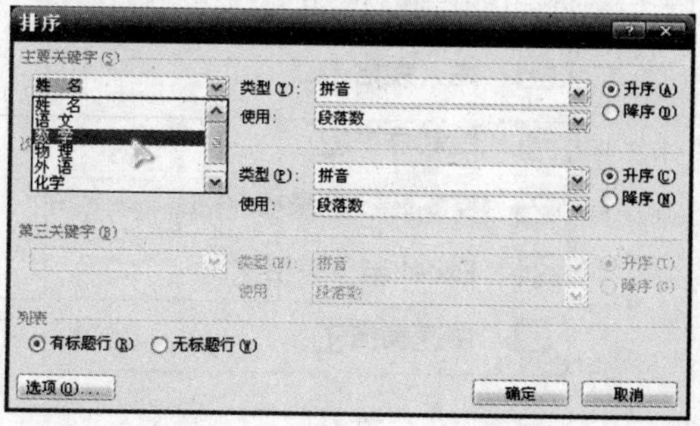

2 单击“确定”按钮，效果如下图所示。

姓 名	语 文	数 学	物 理	外 语	化学	总 分
刘一平	84	85	88	89	90	
将静静	89	91	89	74	93	
周小花	91	93	86	89	87	
陈专平	95	96	100	85	88	
宋小小	80	97	68	94	87	

4.5.4 表格和文本的转换

进行表格和文本的
转换有什么作用呢？
使表格和文本进行
转换可使文本和表格中
的内容相互共享。

在编辑文档时，会遇到对某一内容可能用文本或表格来表示的情况，对于这一情况可使用 Word 2007 提供的文本和表格的转换功能进行解决。

• 文本转换成表格

将文本转换成表格时，需将文本按一定的格式输入，且数据之间应有特殊的分隔符，如逗号、空格、制表符和段落标记等。在使用分隔符时，这些分隔符不能用全角字符，都应转换成半角状态才能使用。

1 选择需要转换成表格的文本。

张老师 0818-8659231 刘老师 0818-5467892
李老师 0818-4562317 罗老师 0818-5632144
倪老师 0818-4552618 宋老师 0818-5263314

2 在“插入”选项卡上的“表格”组中，单击“表格”，然后单击“文本转换成表格”选项。

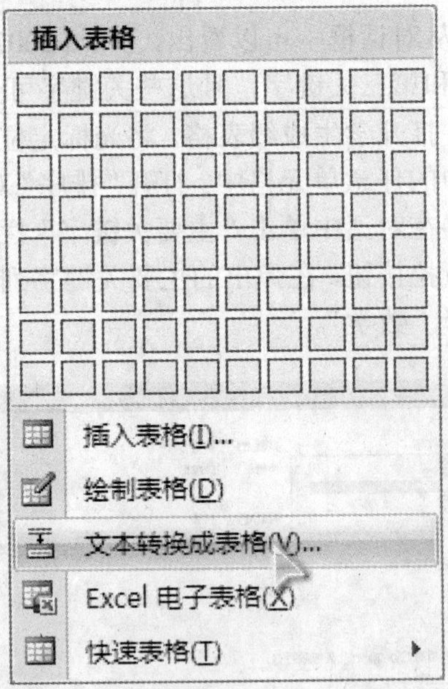
插入表格
插入表格(I)...
绘制表格(D)
文本转换成表格(V)...
Excel 电子表格(X)
快速表格(T)

3 此时会弹出如下图所示的“将文字转换成表格”对话框。

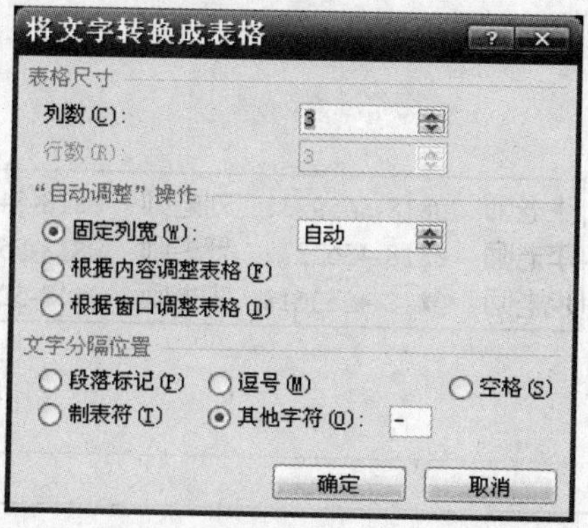

4 在对话框中单击“表格尺寸”选项中“列数”栏右侧的按钮，将列数设置为 4 列。

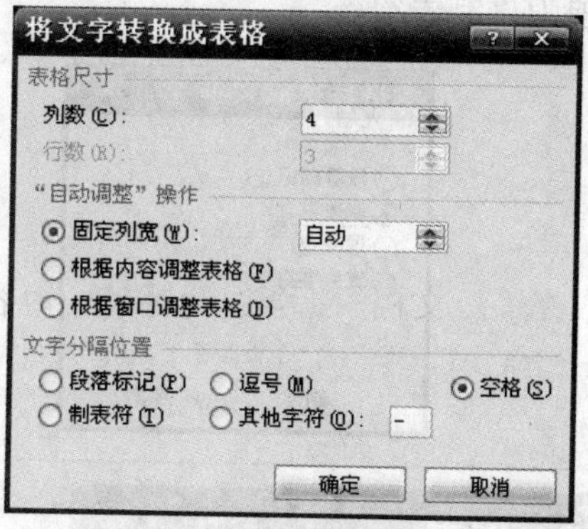

5 在对话框中的“自动调整”操作选项中，选择“根据内容调整表格”单选按钮，在“文字分隔位置”选项中单击“空格”单选按钮。

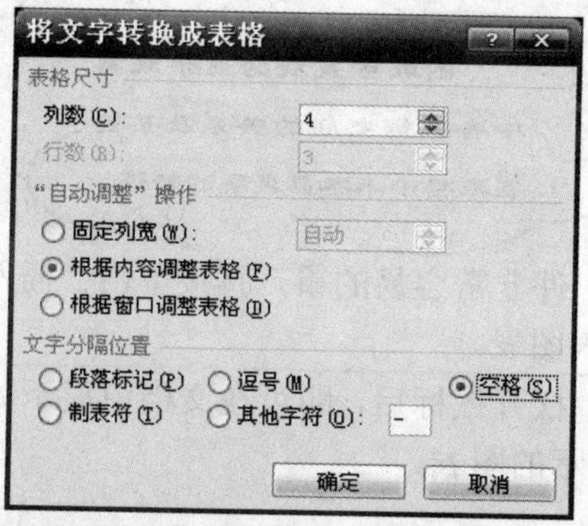

6 单击“确定”按钮后，即可将选定的文本转换为表格的形式。

张老师	0818-8659231	刘老师	0818-5467892
李老师	0818-4562317	罗老师	0818-5632144
倪老师	0818-4552618	宋老师	0818-5263314

• 文本转换成表格

1 选择需要转换成文本的表格。

张老师	0818-8659231	刘老师	0818-5467892
李老师	0818-4562317	罗老师	0818-5632144
倪老师	0818-4552618	宋老师	0818-5263314

2 单击“布局”选项卡“数据”组中的“转换为文本按钮”。

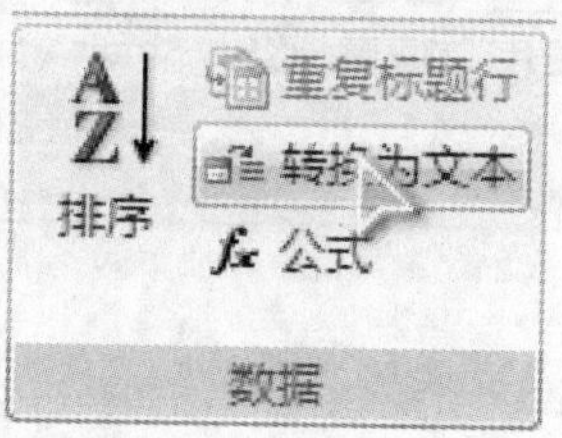

此时会弹出“表格转换成文本”对话框，在此对话框中选择“文字分隔符”选项为“制表符”。

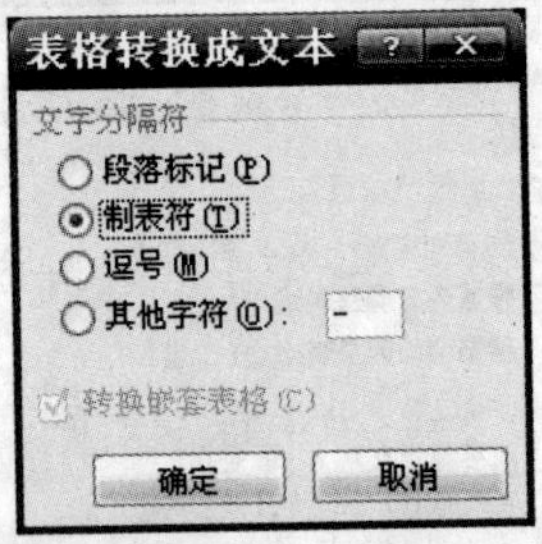

单击“确定”按钮，被选择的表格即可转换为文本。

张老师	0818-8659231	刘老师	0818-5467892
李老师	0818-4562317	罗老师	0818-5632144
倪老师	0818-4552618	宋老师	0818-5263314

4.6 图表

使用图表可使用户找出表格中数据的某些规律，以满足在决策方面的某些需要。

4.6.1 插入图表

在 Word 2007 中将编辑好的表格制作成图表是一件非常容易的事，直接单击“插入”选项卡“插图”组中的“图表”按钮即可在文档中插入图表。

打开“学生成绩”表格并选定，然后单击“插入”选项卡“插图”组中的“图表”按钮。

松开鼠标后，即可在文档中显示如下图所示的图表。

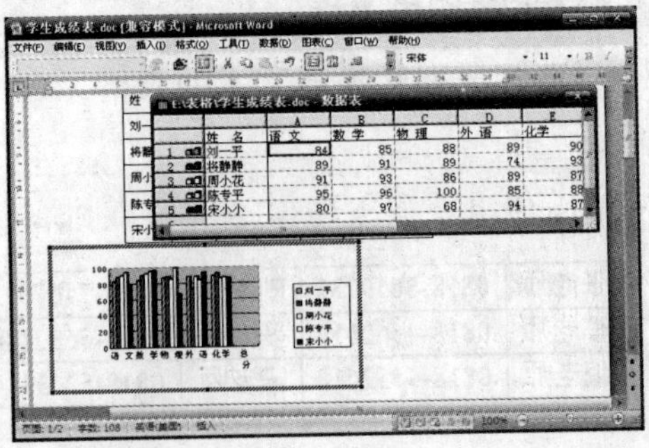

4.6.2 更改图表类型

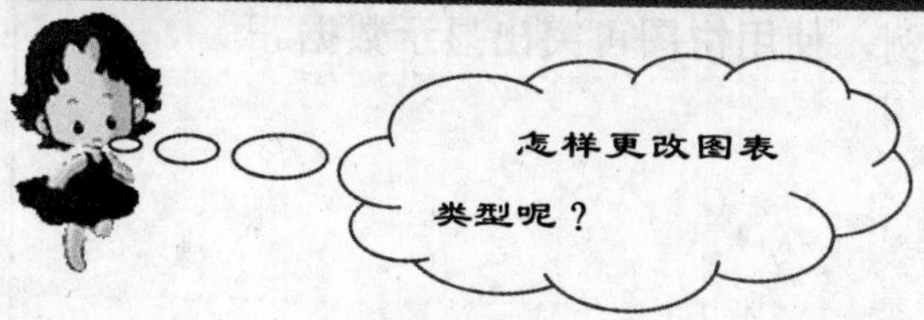

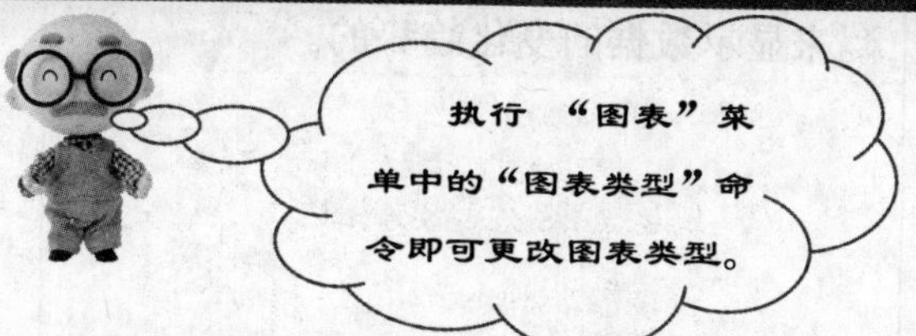

在 Word 2007 中共有 14 种图表类型，用户可根据需要在这些类型中选择最合适的图表类型，以最直观的方式展现数据表中的数据。

单击“图表”菜单中的“图表类型”命令，如下左图所示，会弹出如下右图所示的“图表类型”对话框。在此对话框中即可选择所需的图表类型。

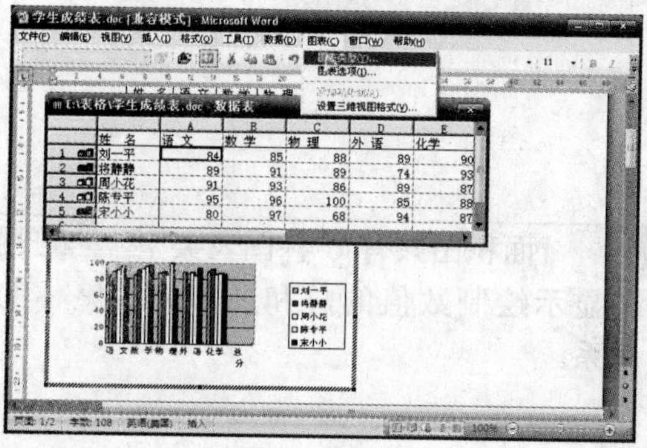

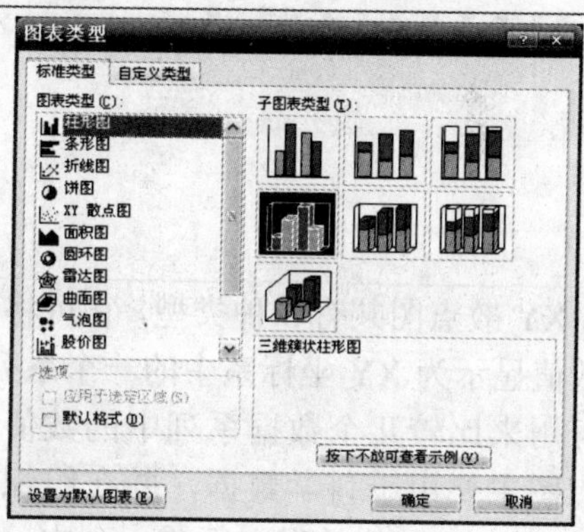

下面分别以“学生成绩的数据”表格为例，讲解各图表类型的特点。

1

柱形图表共有 7 种类型，使用这些柱形图表可显示一段时期内数据的变化或描述各项之间的比较，如使用柱形图中的堆积图可显示各项与整体之间的关系，三维柱形图具有透视效果等。

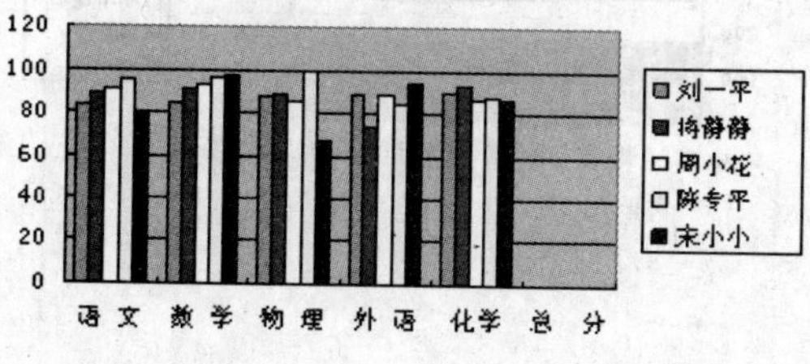

2

条形图表共有 6 种类型，用于描述各个项之间的差别情况，它可突出显示数值的比较。

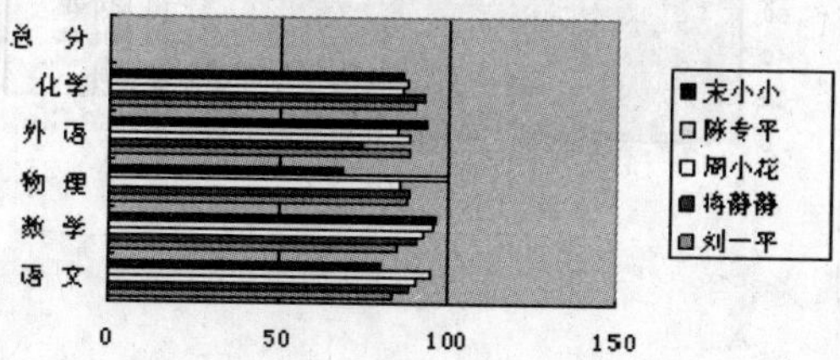

3 折线图表共有 7 种类型，是以等间隔来显示数据的变化趋势的。

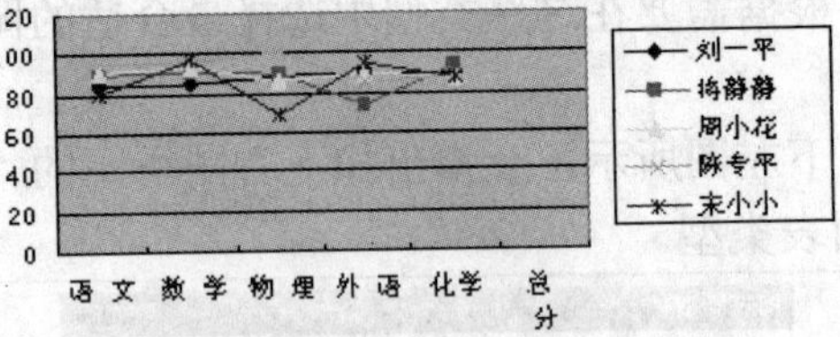

饼图显示的是该项数据占总和的比例，使用饼图可突出显示数据。

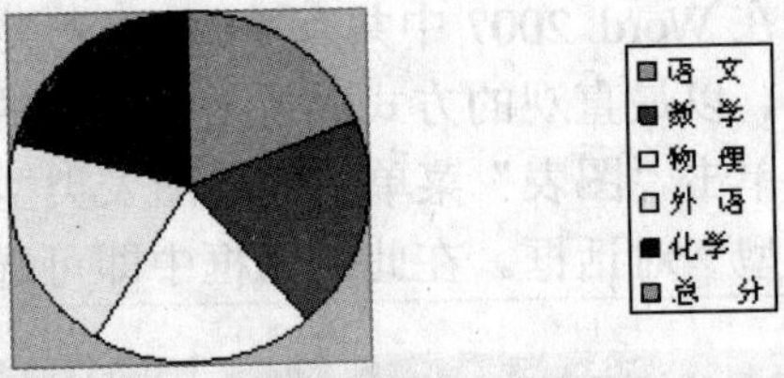

XY 散点图共有 5 种类型，它可将两组数值显示为 XY 坐标系中的一个系列，也可用来比较几个数据系列中的数值。散点图主要用于科学数据，并在组织数据时，将 X 的值放在一行或一列中，然后在相邻的行或列中输入相关的 Y 值。

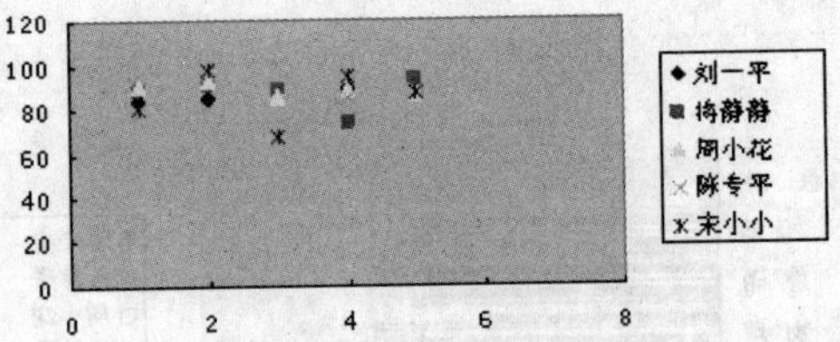

6 面积图共有 6 种图表类型，它可用于显示绘制数值的总和及部分和整体的关系。

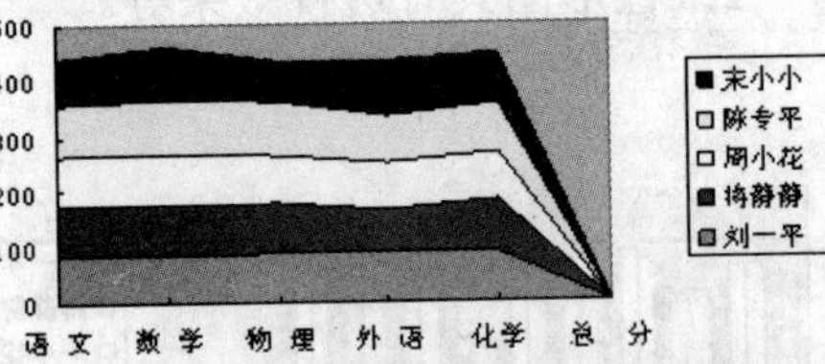

7 圆环图共有 2 种类型，可用来显示部分与整体的关系，它与饼图有点相似，但在圆环图中每一个环可对应一个数据系列。

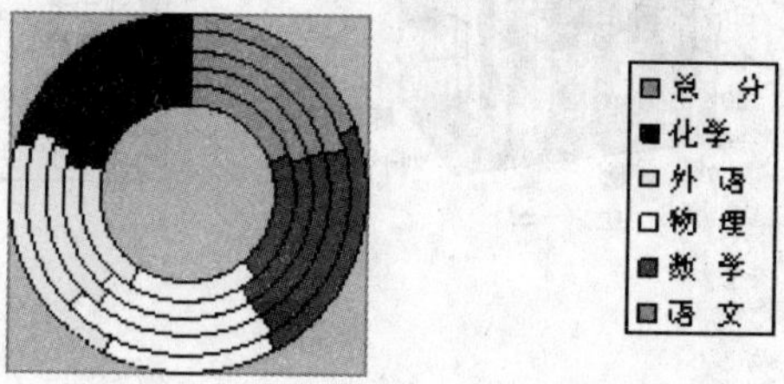

雷达图共有 3 种类型，它可用于比较若干数据系列的总和值，在雷达图中，每个分类都拥有自己的数值坐标轴，这些坐标轴由中心点向外辐射并用折线将同一系列中的值连接起来。

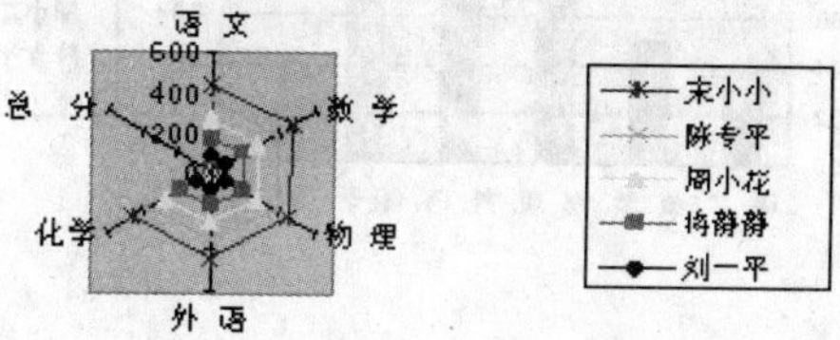

9 曲面图中共有 4 种类型，可用来查找两个数据之间最适合的一组组合，它类似于拓扑图形，曲面图中的颜色和图案，用来指示出在同一取值范围内的区域。

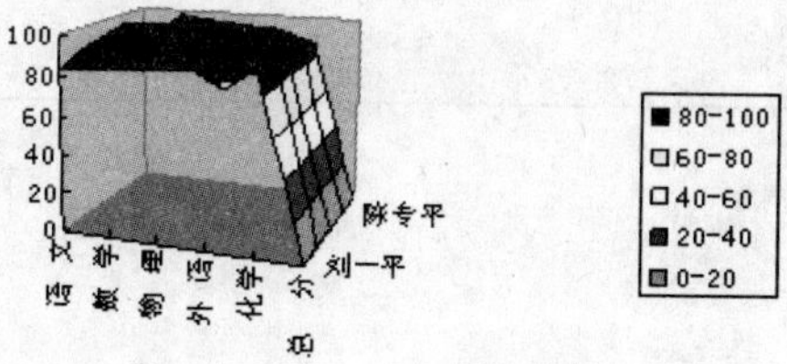

气泡图共有 4 种类型，它类似于前面讲过的 XY 散点图，在图表中数据标记的大小标示出数据组中第三个变量的值。在组织数据时，应将 X 值放于一行或一列中，然后在相邻的行或列中输入相关的 Y 值和气泡大小。

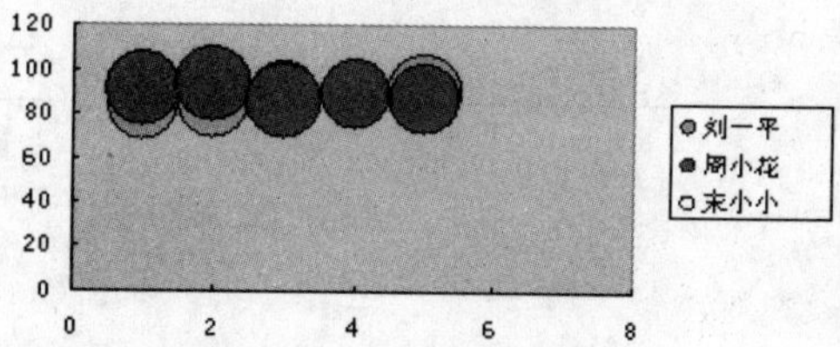

11 股价图共有 4 种类型，主要用于显示股票价格走势，也可用于科学数据。

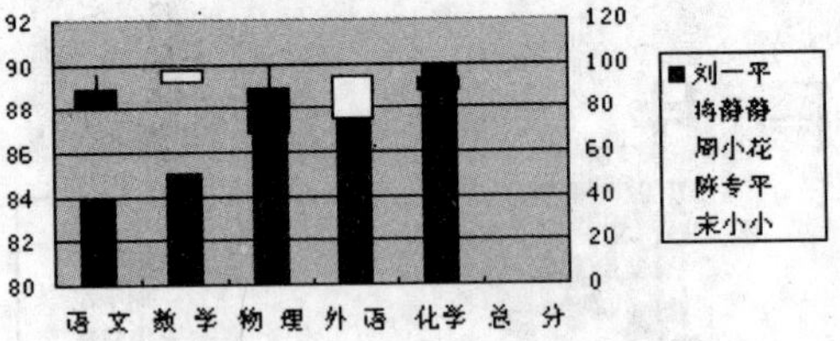

12 圆柱图共有 6 种类型，使用它可创建三维立体图柱形图表。

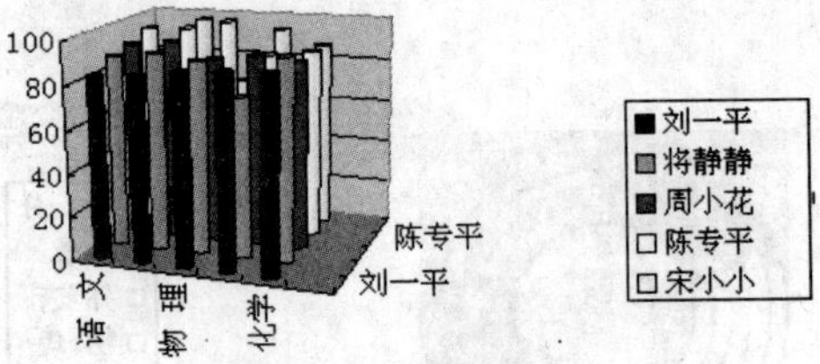

13 圆锥图共有 6 种类型，使用它可创建三维立体圆锥图表。

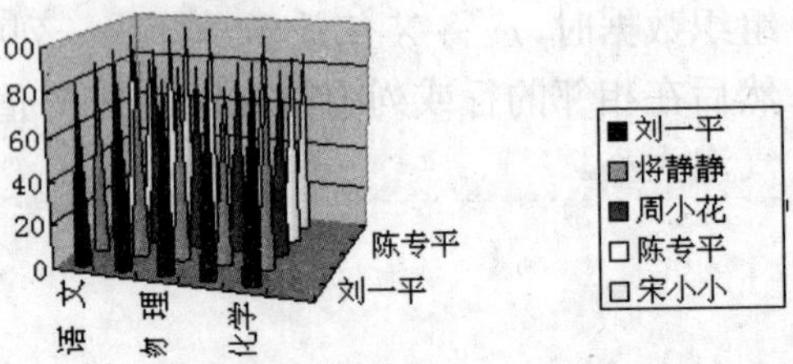

14 棱锥图共有 6 种类型，使用它可创建三维立体棱锥图表。

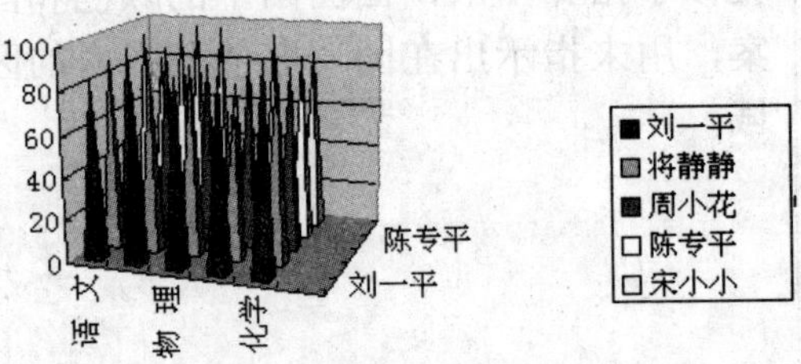

电脑即学即用

教你学电脑

第5章 插入图片

本章要点：

- ◆ 绘制图形
- ◆ 美化图形
- ◆ 插入图片
- ◆ 插入艺术字
- ◆ 对象操作

电脑博士，使用 Word 2007 可制作广告宣传画及杂志封面吗？

当然可以，使用 Word 2007 提供的插入图形形状功能、插入图片功能、艺术字功能等，再结合前面章节学过的格式化字体内容，就能制作出非常漂亮的广告宣传画啦。

5.1 编辑图形

编辑图形是编辑文档的一个重要内容，在 Word 2007 中编辑图形可起到图文并茂的效果。在 Word 2007 中可设置图形的各种属性，如设置图形的版式、大小、填充颜色、设置线条颜色等。

5.1.1 绘制图形

怎样才能在文档中绘制图形呢？
单击“插入”选项卡“插图”组中的“形状”按钮，在弹出的下拉面板中选择所需的形状，即可在文档中绘制图形。

在“插入”选项卡的“插图”组中单击“形状”按钮，此时会弹出一个下拉面板，如下图（左侧）所示。

在“形状”下拉面板中共有 6 种形状类型，分别是线条、基本形状、箭头总汇、流程图、标注和星与旗帜。

线条：在线条组中列出了所有的线条形状，如直线、曲线、折线等。

基本形状：在此组中列出了所有的基本形状，如笑脸、月亮、太阳、心形等。

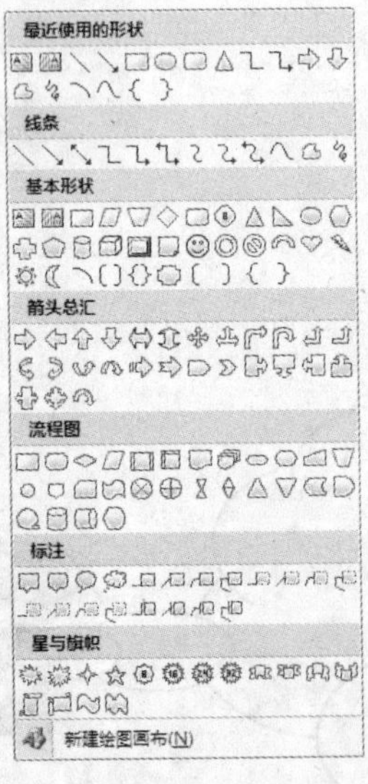
最近使用的形状
线条
基本形状
箭头总汇
流程图
标注
星与旗帜
新建绘图画布(N)

“形状”下拉面板

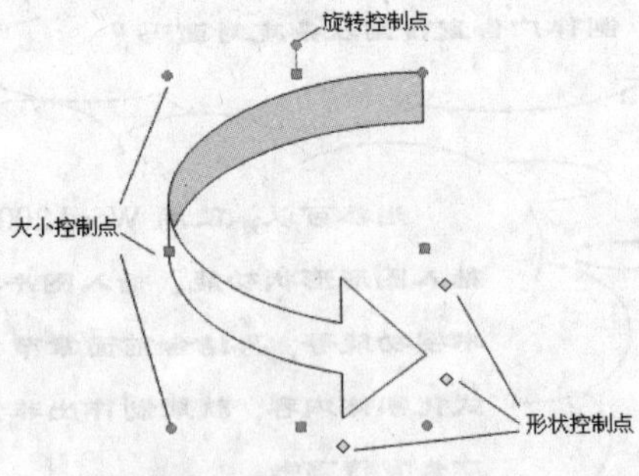
旋转控制点
大小控制点
形状控制点

图形控制点

箭头总汇：在此组中列出了所有的箭头形状，如双箭头、单箭头等。

流程图：在此组中列出了所有制作流程图的形状，如矩形、菱形、椭圆形等。

标注：在此组中列出了所有的标注形状，如圆角矩形标注、云形标注等。

星与旗帜：在此组中列了多种星形与旗帜形状，如五角星、八角星、波形、横卷形、24角星等。

用鼠标单击这些图形，然后指向文档中，当鼠标变成十字形时，按住左键并拖动，即可绘制图形。绘制图形后，会在图形周围出现 8 个控制点，使用这 8 个控制点可更改图形的大小、形状及旋转度，如上图（右侧）所示。

1 在“插入”选项卡的“插图”组中单击“形状”按钮。

2 在弹出的“形状”面板中，单击“基本形状”组中的“笑脸”形状。

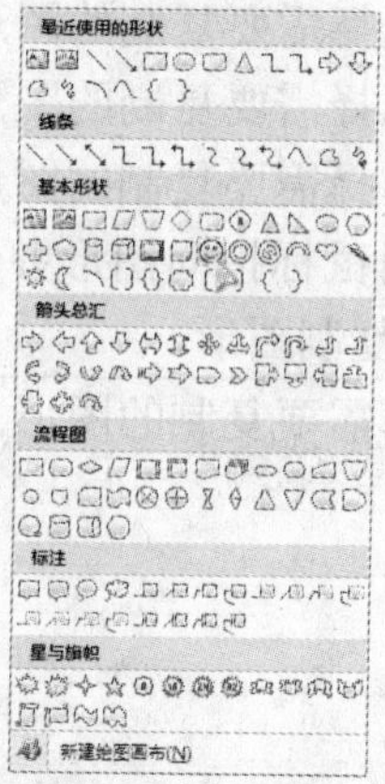

3 用鼠标指向文档中，当鼠标变成十字形状时，按住鼠标左键并拖动。

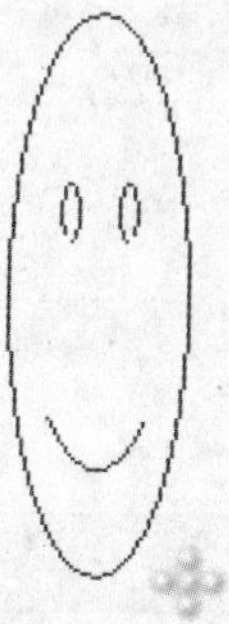

4 拖动到合适的大小时松开鼠标。

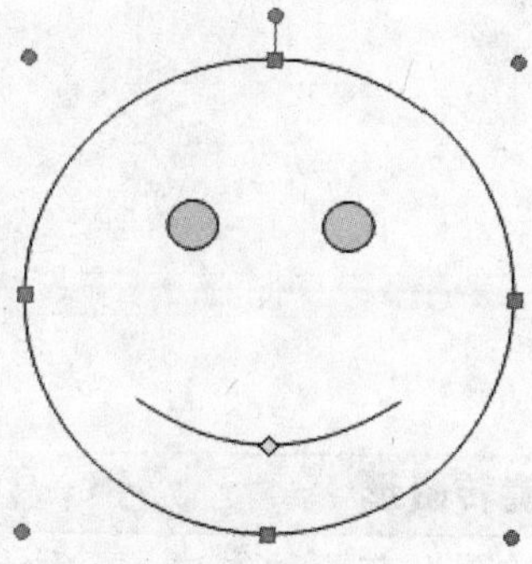

5.1.2 图形的基本操作

图形的基本操
作主要有哪些呢？

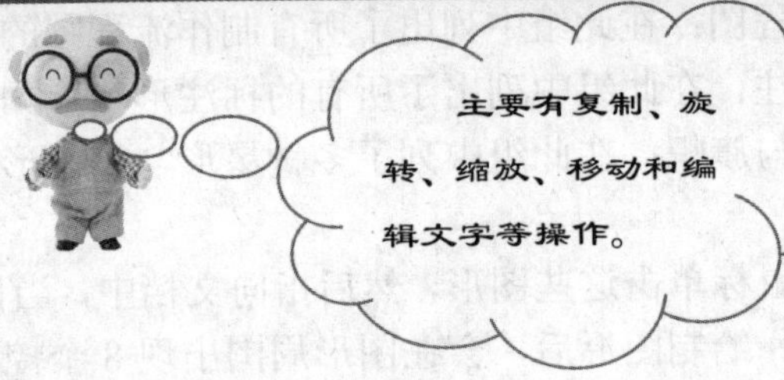
主要有复制、旋
转、缩放、移动和编
辑文字等操作。

图形的基本操作主要有复制、旋转、缩放、移动、编辑文字等。

• 复制图形

复制图形主要有以下 4 种方法：

（1）选择需要复制的图形，单击右键，在弹出的快捷菜单中选择“复制”命令。

（2）选择需要复制的图形，按“Ctrl+C”快捷键。

（3）选择需要复制的图形，单击“开始”选项卡“剪贴板”组中的“复制”按钮。

（4）用鼠标指向图形并按住“Ctrl”键，当鼠标旁出现一个十字形号时按住鼠标左键并拖动，即可复制图形

选择需要复制的图形。

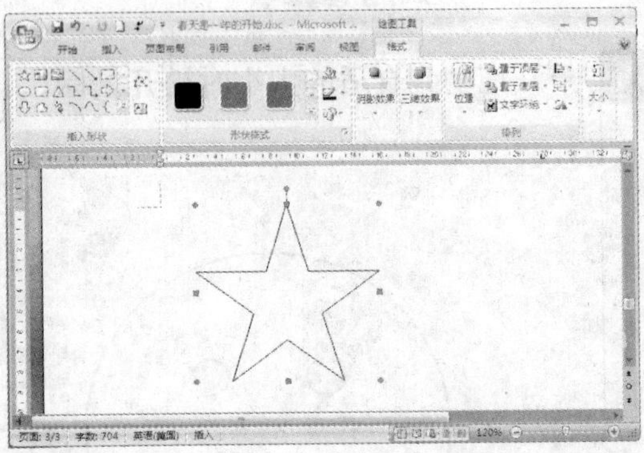

2 用鼠标指向图形并按住“Ctrl”键，直到光标旁出现一个十字形号，此时按住鼠标左键并拖动。

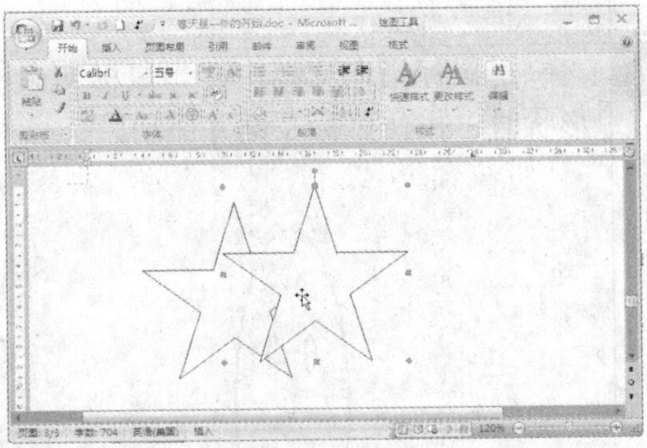

• 旋转图形

旋转图形有两种方法：一种是使用功能区中的“旋转”按钮，另一种是使用图形上的旋转控制点。

1 选择需要旋转的图形。

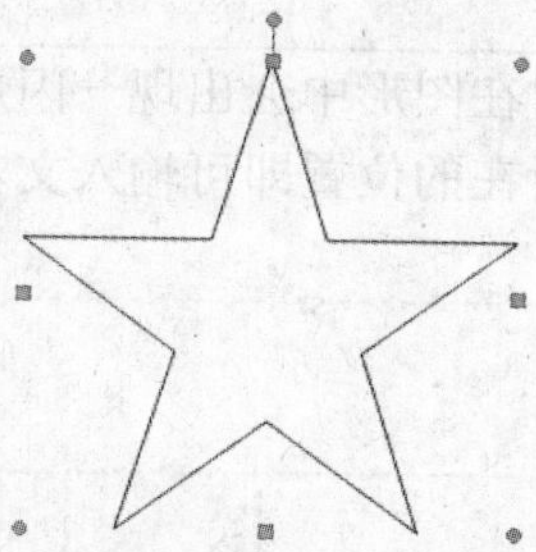

2 单击“格式”选项卡“排列”组中的“旋转”按钮。

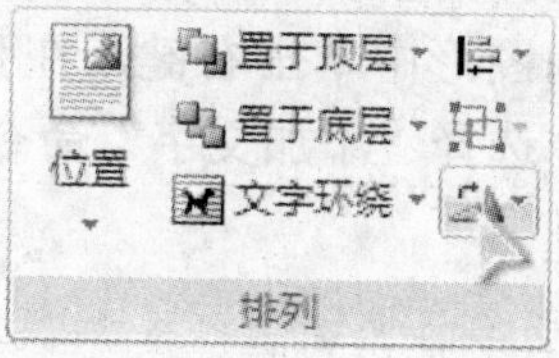

3 在弹出的旋转下拉菜单中选择旋转选项。

4 旋转效果如下图所示。

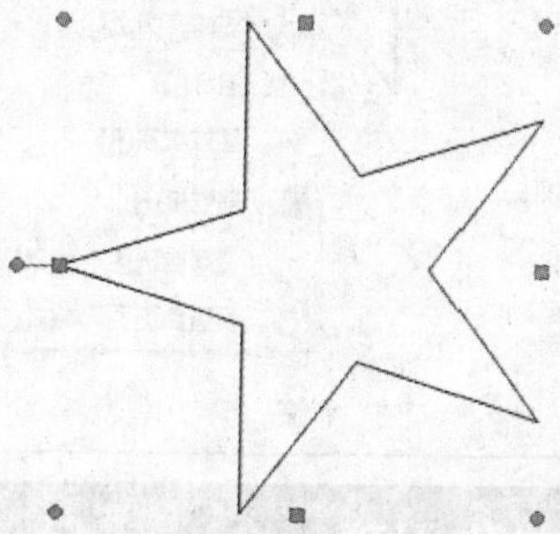

• 移动图形

1 选择需要移动的图形，并将鼠标指向图形中，直到鼠标变成“✥”形状。

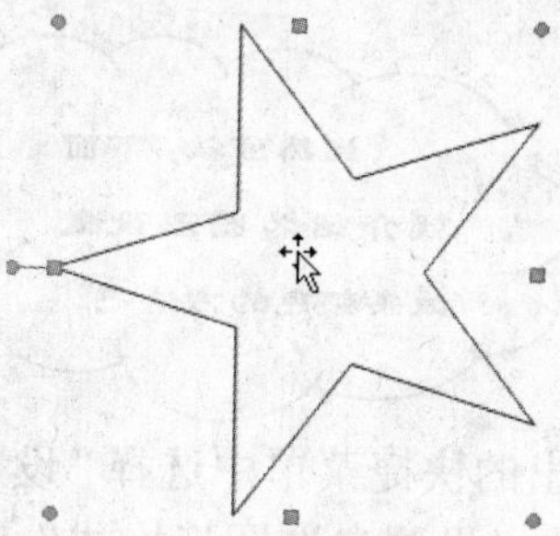

2 按住鼠标左键并拖动，即可移动图形。

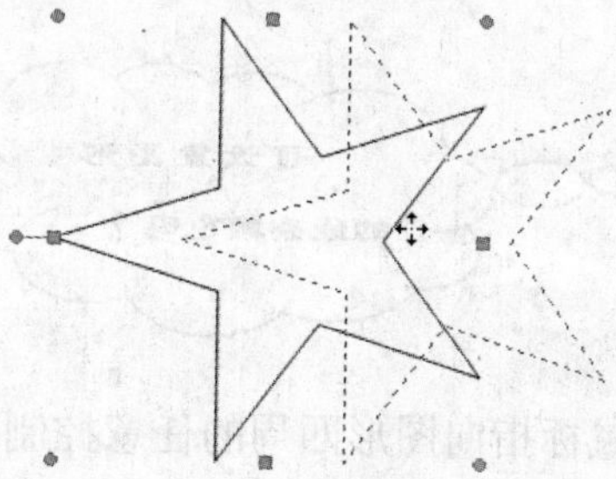

• 编辑文字

在 Word 2007 中，可在绘制的图形中编辑文本，并可对这些文本设置格式，其设置格式的方法与前面讲过的设置文本格式方法相同。

1 选择需要编辑文本的图形，并将鼠标指向图形中单击右键，在弹出的快捷菜单中选择“添加文字”命令。

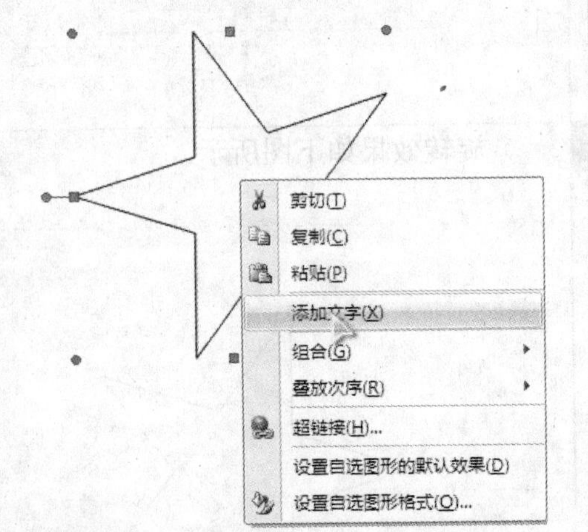

2 此时在图形中会出现一闪烁的光标，在此光标所在的位置即可输入文本。

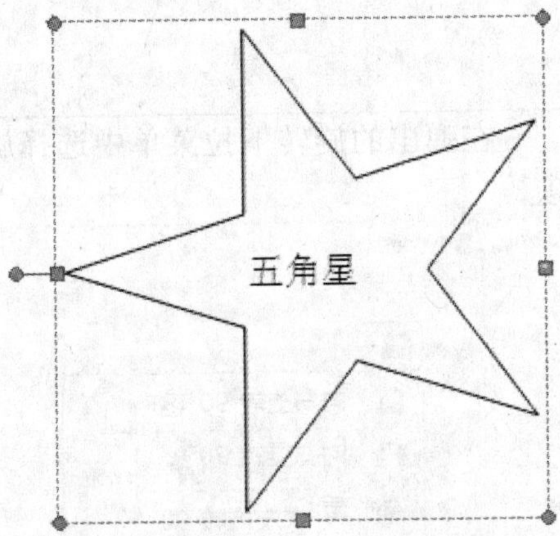

5.2 美化图形

美化图形可给图形填充颜色、设置线条颜色、设置版式、设置阴影和三维效果等，使图形与文本完美结合，起到美化文档的作用。

5.2.1 设置图形线条颜色

用鼠标指向图形四周的任意控制点上单击右键，在弹出的快捷菜单中选择“设置自选图形格式”命令（如下左图所示），此时会弹出如下右图所示的“设置自选图形格式”对话框。

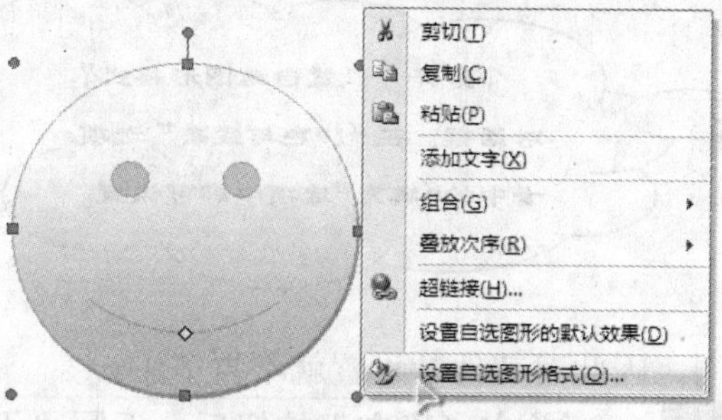

选择“设置自选图形格式”命令

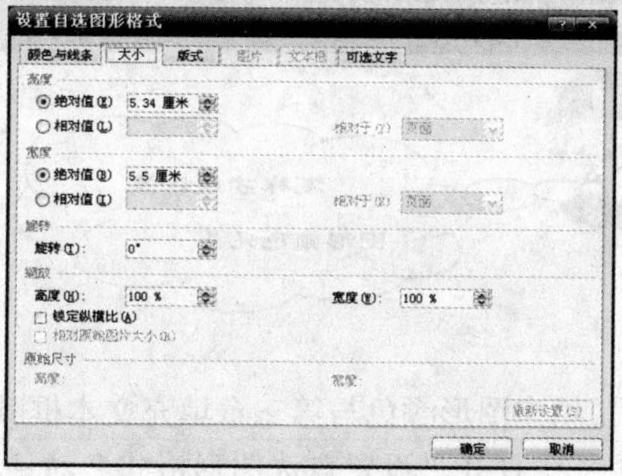

“设置自选图形格式”对话框

在“设置自选图形格式”对话框中，选择“颜色与线条”选项卡即可设置图形的线条色。

1 打开“设置自选图形格式”对话框，并选择“颜色与线条”选项卡，此时对话框变成如下图所示。

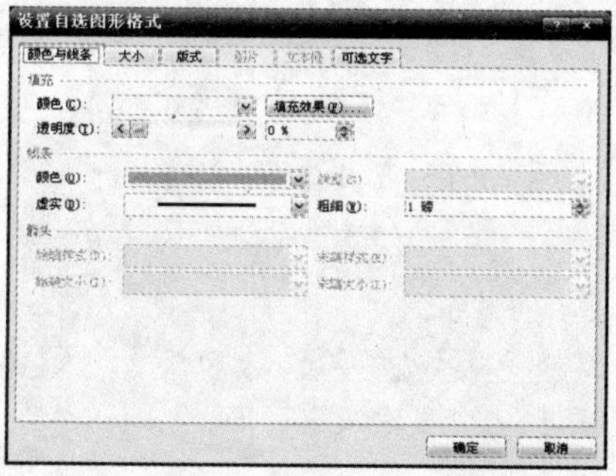

2 在对话框的“线条”选项中单击“颜色”栏右侧的下拉按钮，在弹出的颜色列表中选择线条颜色。

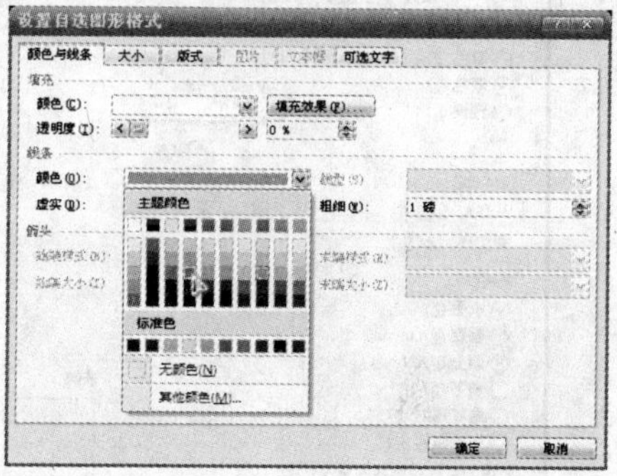

3 单击“虚实”栏右侧的按钮，在弹出的列表中选择虚实线。

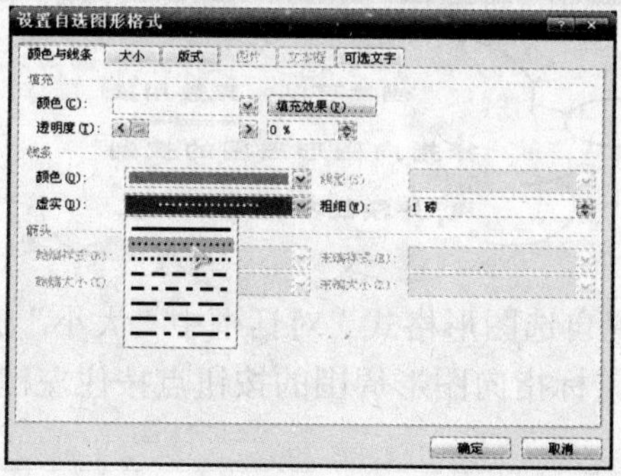

4 单击“粗细”栏右侧的按钮，将线条的粗细设置为“2 磅”，然后单击“确定”按钮。

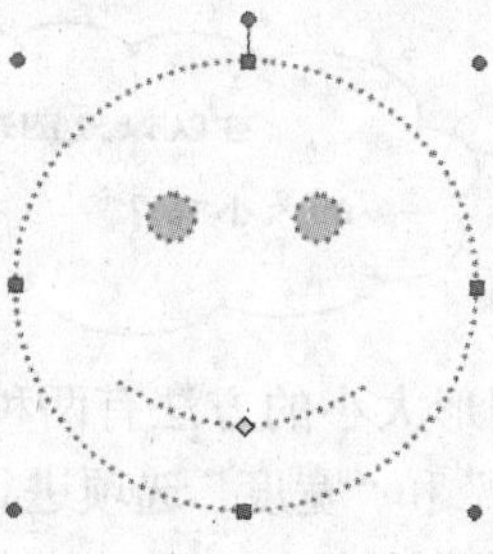

5.2.2 填充图形颜色

填充图形颜色与第三章填充文本框颜色相同，因此对其他的设置就不再多讲。

1　打开“设置自选图形格式”对话框，并选择“颜色与线条”选项卡。在对话框的“填充”选项中单击“填充效果”按钮，此时会弹出“填充效果”对话框。	2　单击“确定”按钮后，返回“设置自选图形格式”对话框，再单击“确定”按钮。
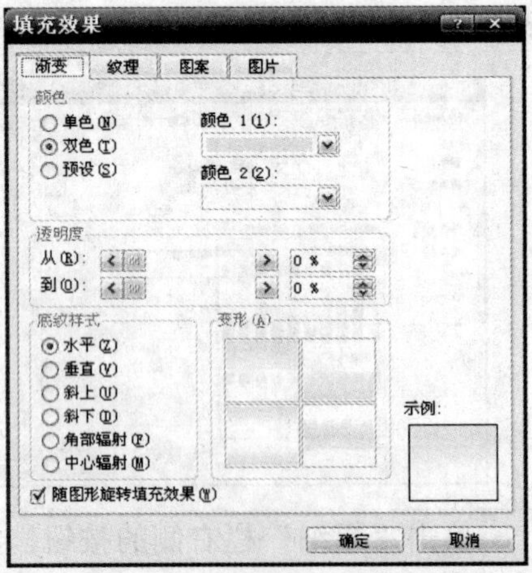 	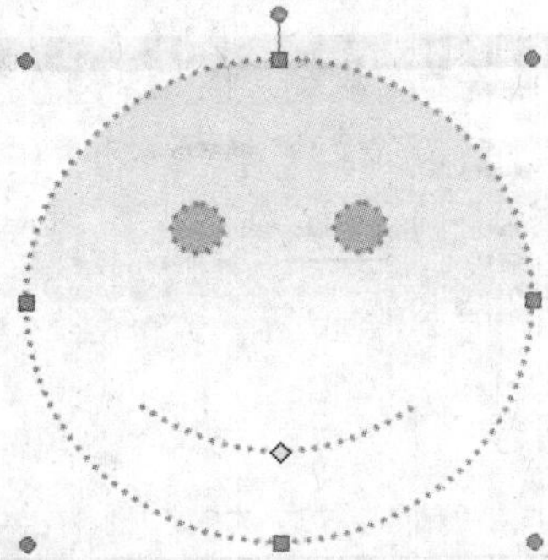

5.2.3 设置图形大小

设置图形大小的方法有两种：一种是使用“设置自选图形格式”对话框中“大小”选项卡中的“高度”和“宽度”选项进行设置；另一种是用鼠标指向图形周围的按钮点按住左键拖动，即可设置图形的大小。

1 打开“设置自选图形格式”对话框，并选择“大小”选项卡。单击“高度”选项中的“绝对值”单选按钮后，单击右侧的按钮将其高度设置为“7 厘米”。

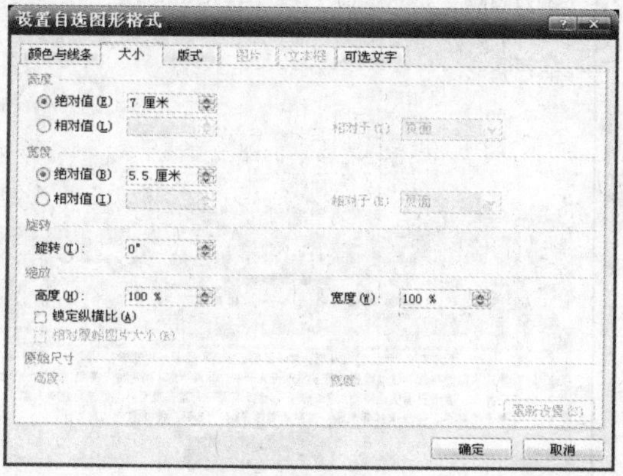

2 使用同样的方法，将图形的宽度也设置为 7 厘米。

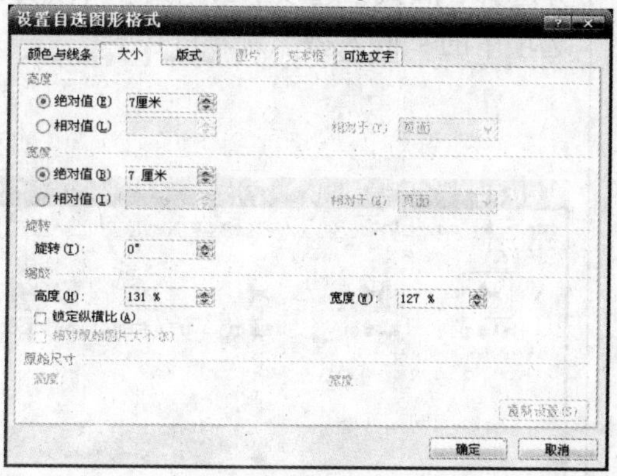

3 在对话框中单击“旋转”栏右侧的按钮，将其旋转度设置为“90°”。

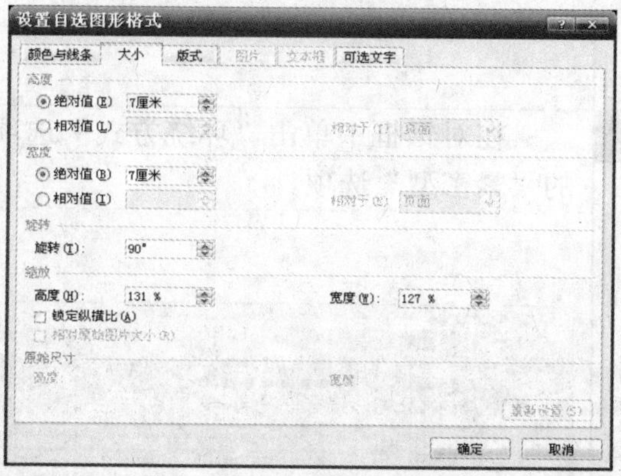

4 单击“确定”按钮后，效果如下图所示。

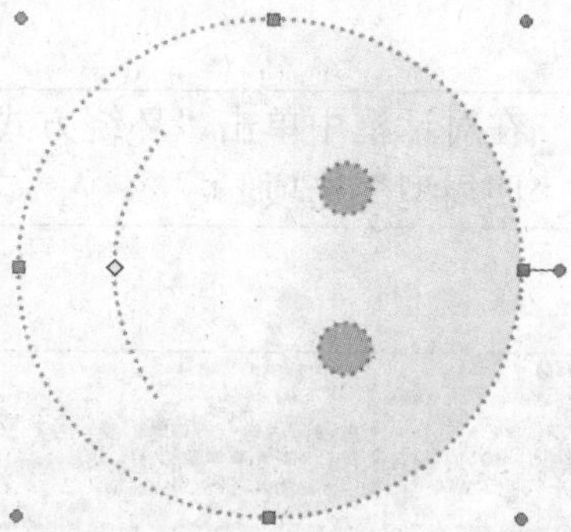

5.2.4 设置图形版式

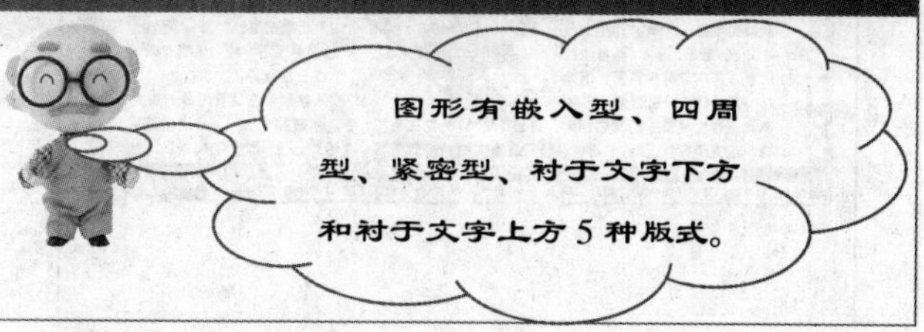

设置图形版式可设置图形和文本的排版方式，使用不同的版式，在文本中显示的效果也不相同。图形的版式共有 5 种，分别是嵌入型、四周型、紧密型、衬于文字下方和衬于文字上方，与文本框的版式相同。

1 打开“设置自选图形格式”对话框，并选择“版式”选项卡。单击“环绕方式”选项中的“嵌入型”选项。

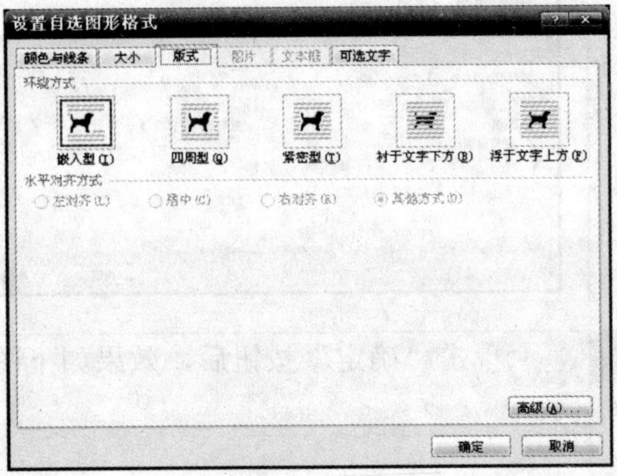

2 单击“确定”按钮后，图形效果如下图所示。

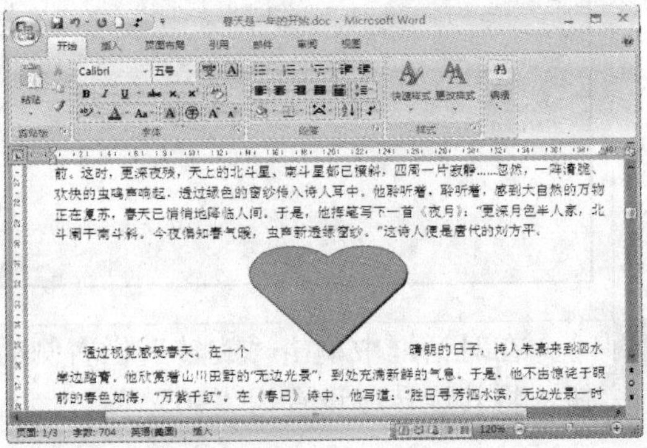

3 在对话框中单击“环绕方式”选项中的“四周型”选项。

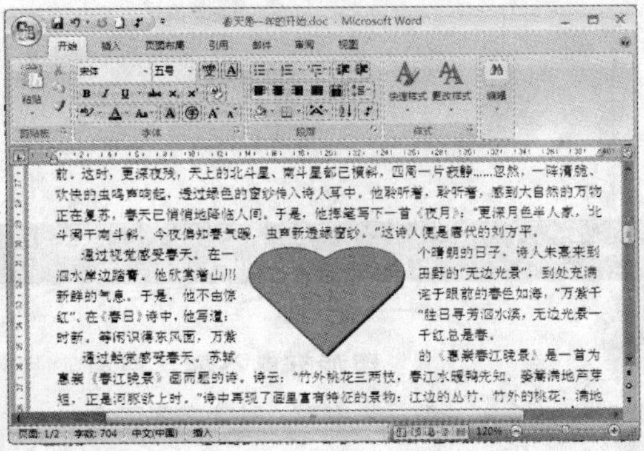

4 在对话框中单击“环绕方式”选项中的“紧密型”选项。

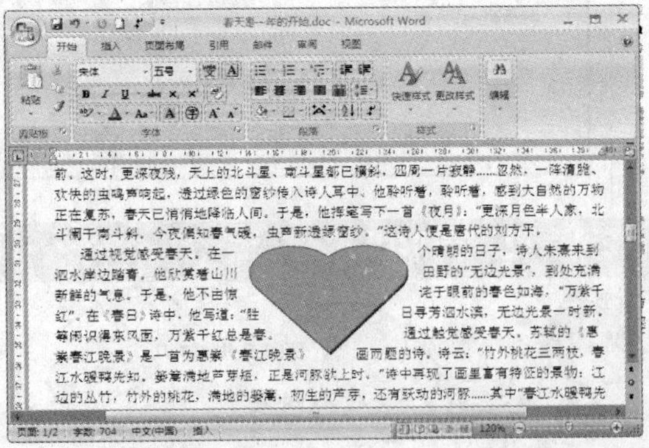

5 在对话框中单击“环绕方式”选项中的“衬于文字上方”选项。

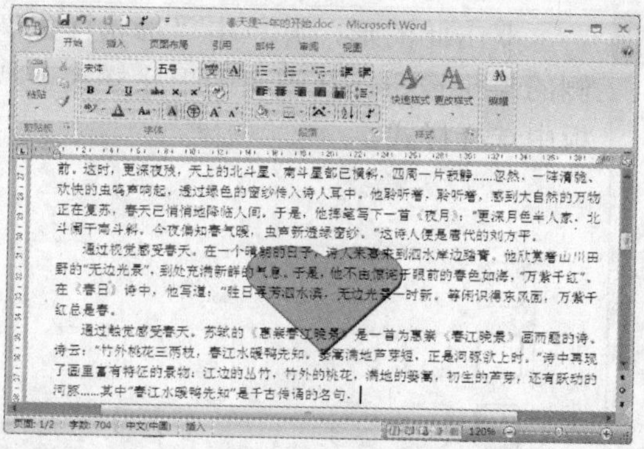

6 在对话框中单击“环绕方式”选项中的“衬于文字下方”选项。

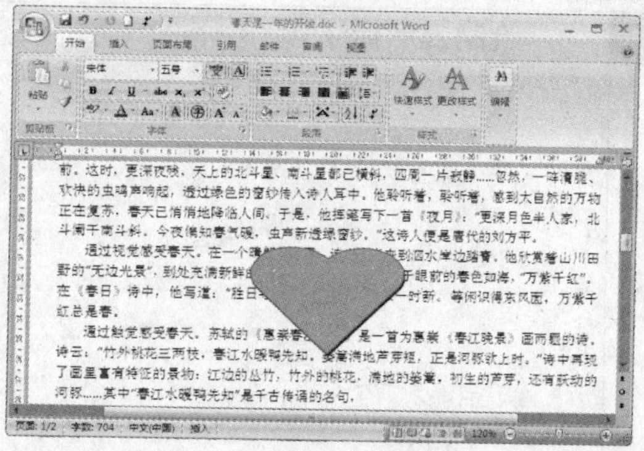

5.2.5 设置图形形状样式

怎样设置图形的形状样式呢？

在“格式”选项卡中的“形状样式”组中单击“形状样式”按钮即可设置。

绘制完图形后双击此图形，会弹出“格式”选项卡，在“形状样式”组中，可为图形应用形状样式。

“形状样式”：单击形状样式框中的三种样式即可应用于图形中。单击此框右侧的下拉按钮可弹出形状样式下拉面板，在此面板中共有 70 种形状样式。

“形状填充”：可为形状填充颜色。单击右侧的下拉按钮，在弹出的颜色下拉面板中即可选择填充颜色。

“形状轮廓”：可为形状填充轮廓色。单击右侧的下拉按钮，在弹出的颜色下拉面板中即可选择轮廓的填充颜色。

“更改形状”：为图形更改形状。单击右侧的下拉按钮，会弹出形状下拉面板，在此面板中单击所要更改的形状即可，更改形状后其填充的颜色、旋转角度、大小等其他设置都不会发生变化。

1 绘制云形标注。

2 双击此图形，并单击“形状样式”右侧的下拉按钮，在弹出的形状样式下拉面板中选择样式。

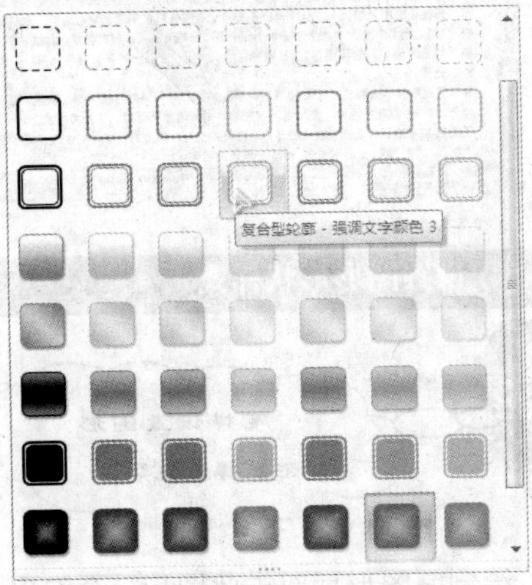

3 应用形状样式后，效果如下图所示。

4 单击“更改形状”右侧的下拉按钮，在弹出的下拉面板中选择“心形”。

5.2.6 设置图形阴影样式

给图形设置阴影样式，可使图形具有阴影效果，产生立体感。

1 绘制如下图所示的图形。

2 单击“格式”选项卡“阴影效果”组中的“阴影效果”按钮。

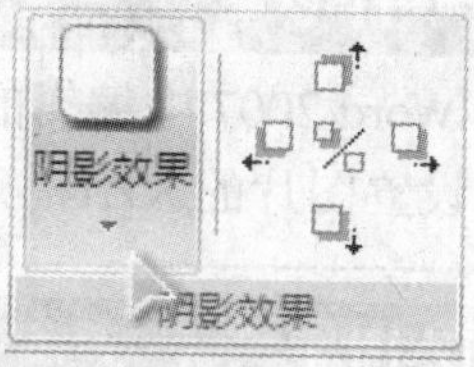

3 此时会弹出如下图所示的阴影效果下拉面板。

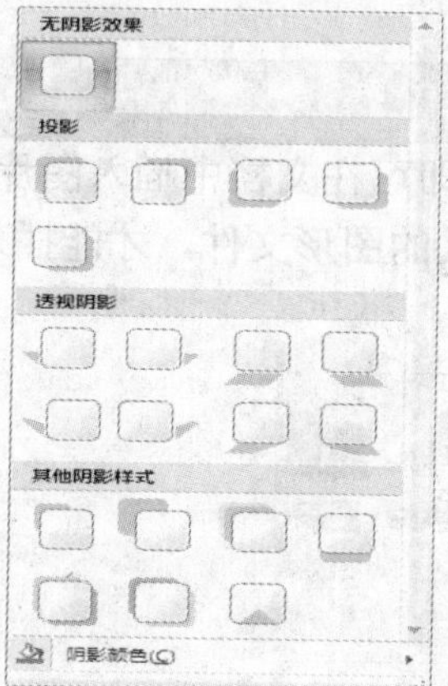

4 用鼠标单击此面板中的阴影效果样式，即可为图形设置阴影，如选择“透视阴影”样式中的“阴影样式 7”。

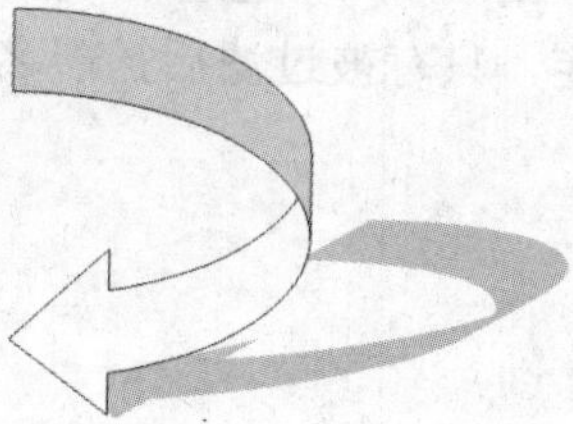

5 单击“阴影效果”组右侧的四个方向按钮可将阴影分别向上、下、左、右进行移动，如下图所示。

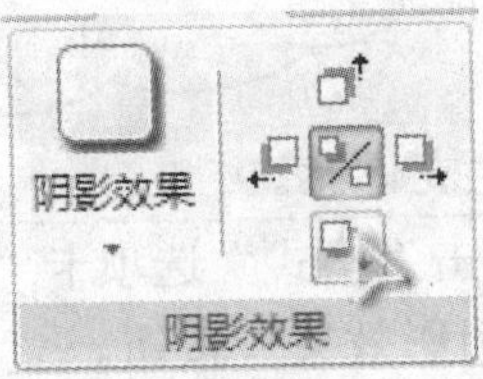
阴影效果
阴影效果

6 单击向下移动阴影按钮后，阴影效果如下图所示。

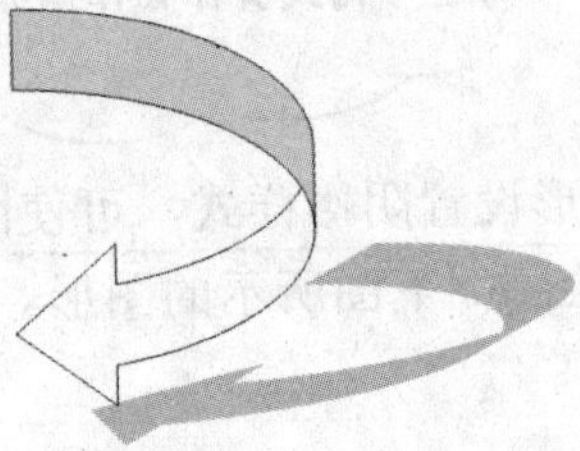

5.3 编辑图片

在 Word 2007 中编辑的图片有两种，一种是文件中的图片;另一种是剪贴画。编辑图片主要有设置图片的大小、亮度、对比度、三维旋转等。

5.3.1 插入图片

可在文档中
插入图片吗？

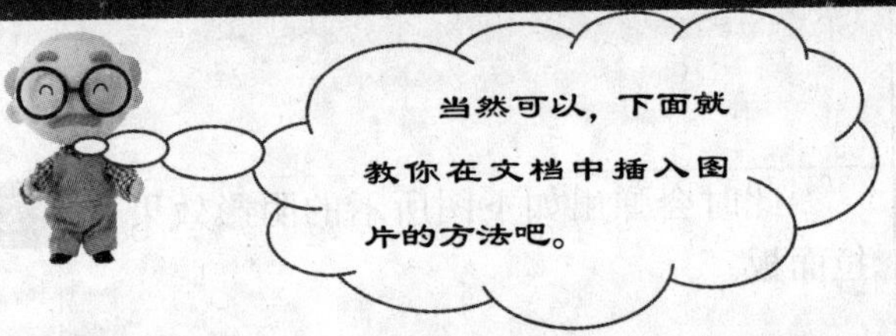
当然可以，下面就
教你在文档中插入图
片的方法吧。

插入图片的方法有两种：一种是插入文件中的图片，另一种是插入剪贴画，下面将对这两种方法进行详细的介绍。

• 插入文件中的图片

单击“插入”选项卡“插图”组中的“图片”按钮，即可在文档中插入图片。在 Word 2007 中规定，只有被过滤后扩展名为 bmp、gif、jpg、tif 格式的图形文件，才能插入到 Word 文档中。

图片
剪贴画
形状
SmartArt
图表
插图

1 将光标定位在文档中需要插入图片的位置，然后在“插入”选项卡中的“插图”组中单击“图片”按钮。

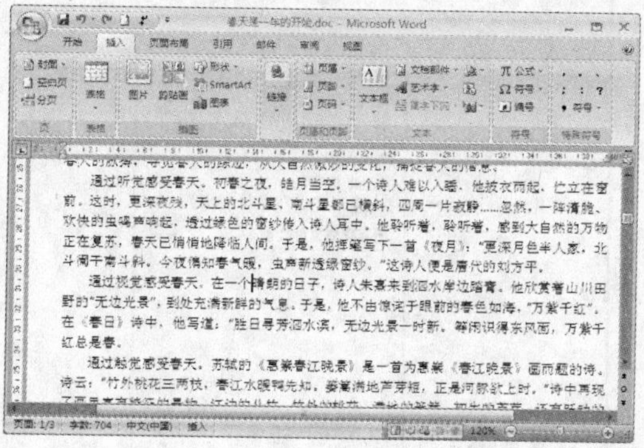

2 此时会弹出如下图所示的“插入图片”对话框。

3 在对话框中单击“查找范围”栏右侧的下拉按钮，在弹出的列表中选择图片所在的位置。

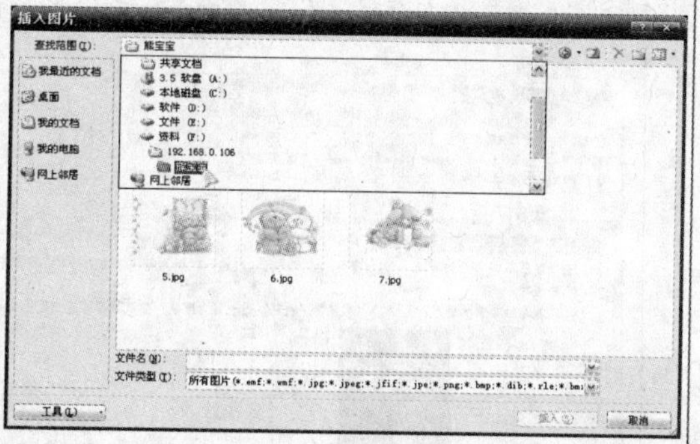

4 单击“确定”按钮，即可在光标插入点插入图片。

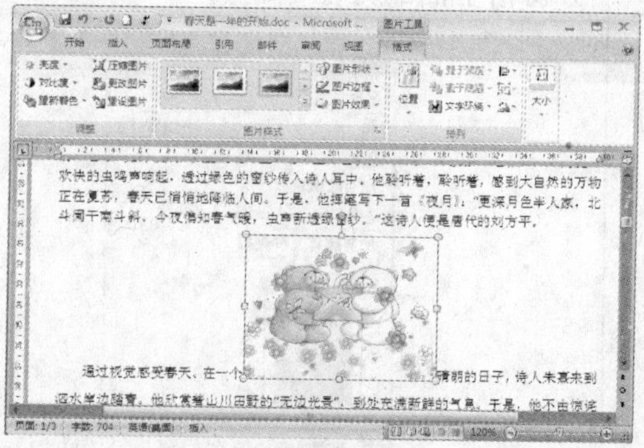

• 插入剪贴画

单击“插入”选项卡“插图”组中的“剪贴画”按钮，即可在文档中插入剪贴画。

1　将光标定位在文档中需要插入图片的位置，然后在“插入”选项卡中的“插图”组中单击“图片”按钮，此时在窗口右侧会弹出如下图所示的“剪贴画”任务窗格。

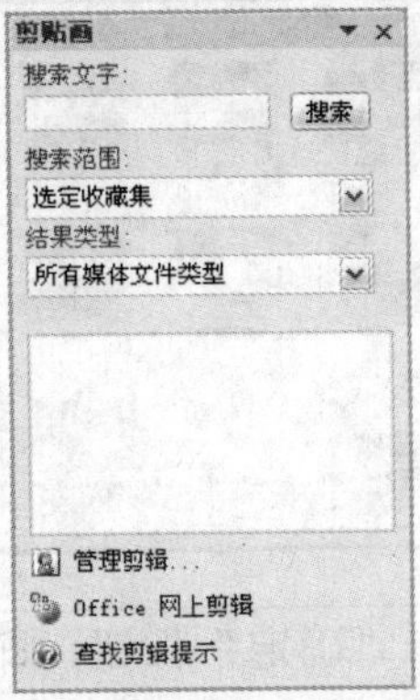

2　在此任务窗格的“搜索文字”栏中输入需要插入的剪贴画的名称，如输入“船”。

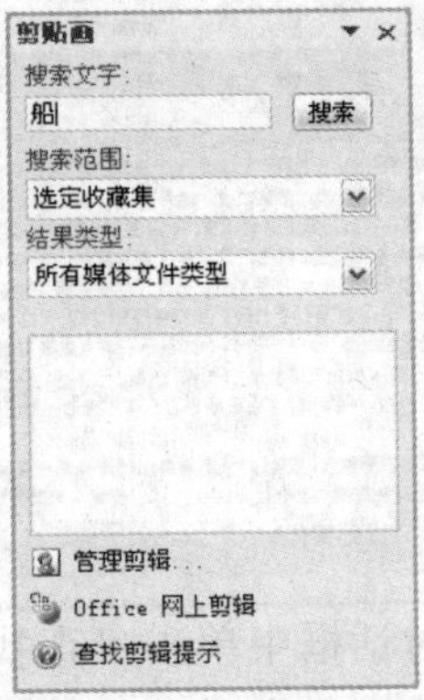

3　单击“搜索文字”栏右侧的“搜索”按钮，被搜索到的所有剪贴画会显示在任务窗格下面的方框中。

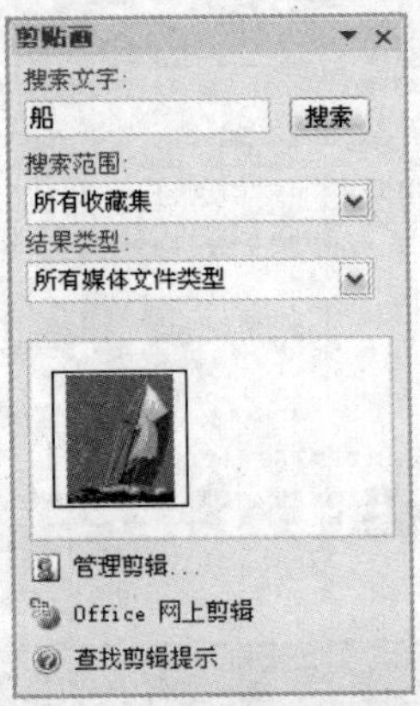

4　用鼠标在方框中单击所需的剪贴画，即可插入到文档中光标所在的位置。

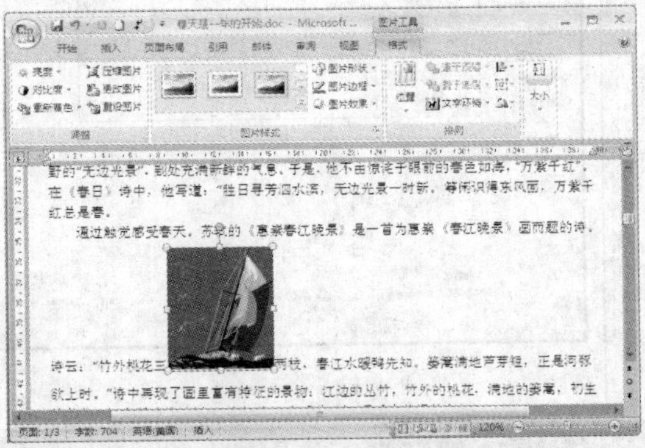

5.3.2 图片的基本操作

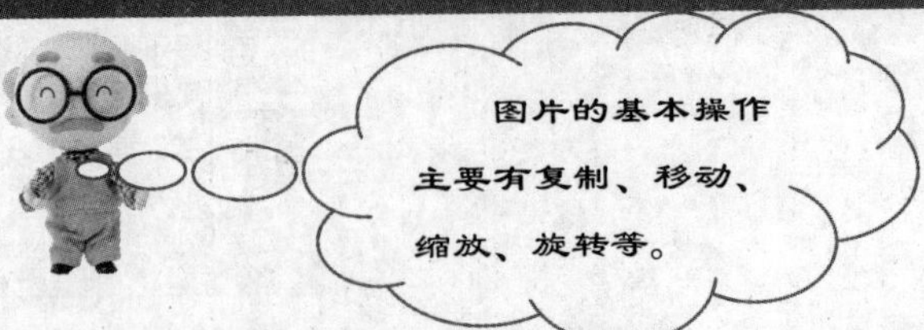

图片的基本操作主要有复制、移动、缩放和旋转等。在文档中插入图片后，会在图片的四周出现 8 个控制点，在图片最上面的绿色圆点叫做旋转控制点，使用它可对图片进行旋转操作，而在图片四角的点叫做缩放控制点，使用它们可将图片分别按高和宽的比例进行缩放。

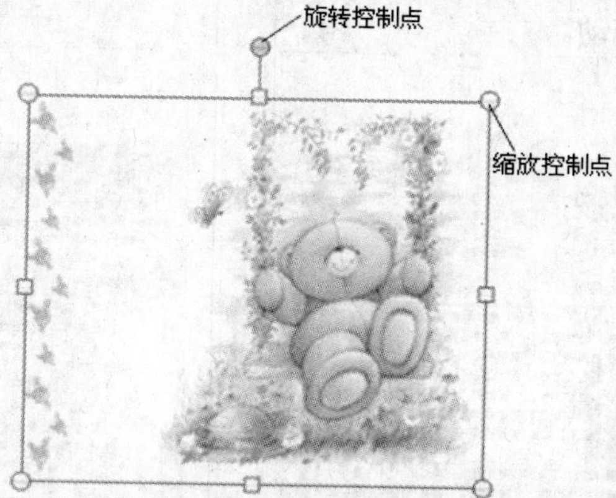

• 复制图片

复制图形主要有以下 4 种方法：

（1）选择需要复制的图片，单击右键，在弹出的快捷菜单中选择“复制”命令。

（2）选择需要复制的图片，按“Ctrl+C”快捷键。

（3）选择需要复制的图片，单击“开始”选项卡“剪贴板”组中的“复制”按钮。

（4）用鼠标指向图形并按住“Ctrl”键，当鼠标旁出现一个十字形时按住鼠标左键并拖动，即可复制图形

1 选择需要复制的图片，并单击右键，在弹出的快捷菜单中选择“复制”命令。

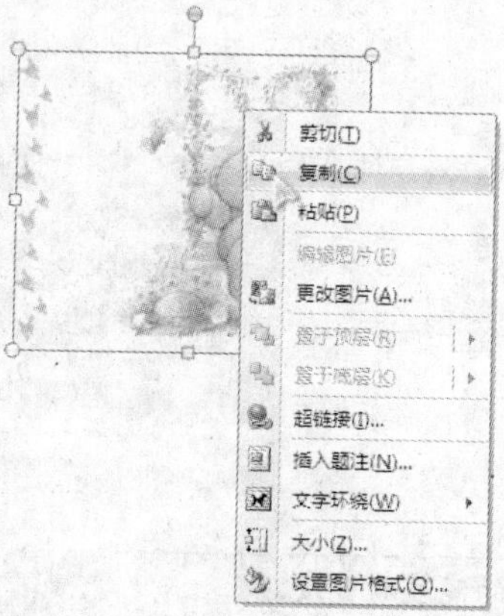

2 将鼠标定位在目标位置，单击鼠标右键，在弹出的快捷菜单中选择“粘贴”命令即可复制图片。

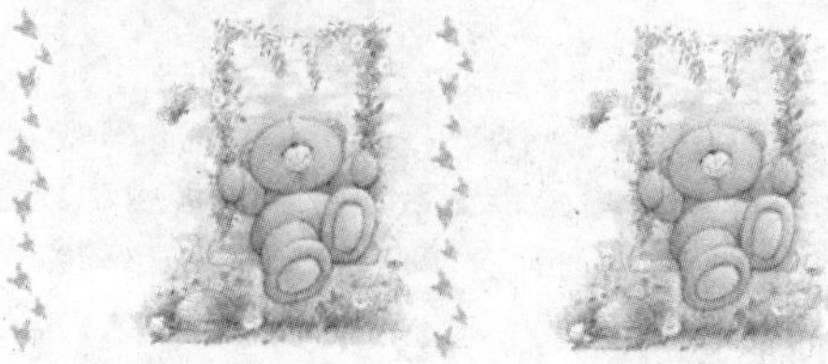

• 移动图片

1 选择需要移动的图片，然后将鼠标指向图片中的任何位置，当鼠标变成“✥”形状时按住左键并拖动。

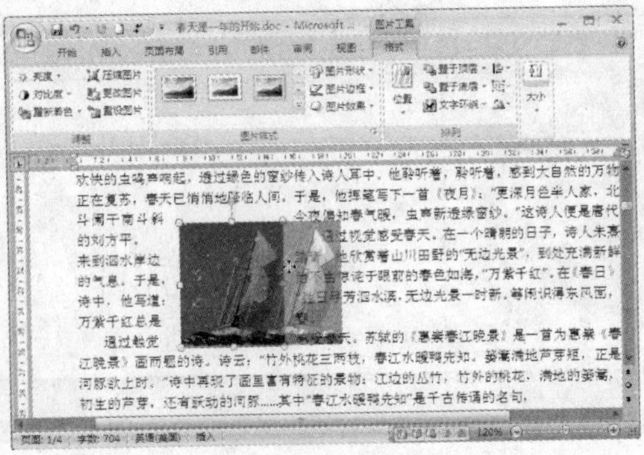

2 将图片移动到目标位置，松开鼠标即可移动图片。

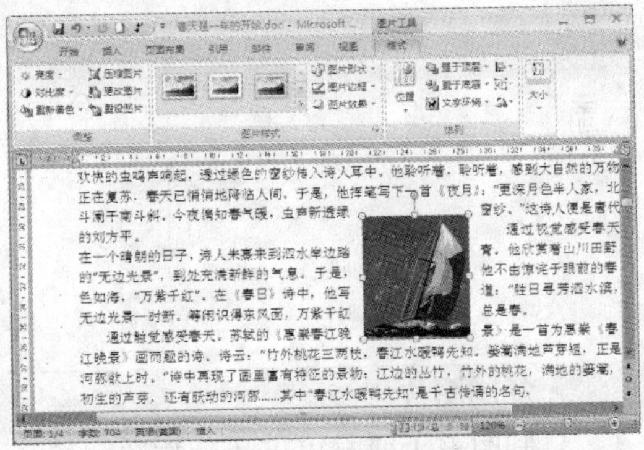

• 缩放图片

1 选择需要进行缩放的图片，用鼠标指向图片的缩放控制点，并按住左键向右下角拖动。

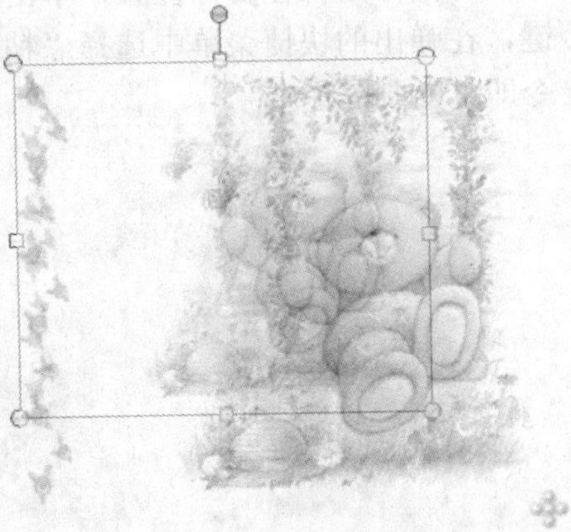

2 将图片拖动到合适的大小时，松开鼠标，即可将图片放大。

提示： 拖动图片周围的四个正方形控制点可分别改变图片的高度和宽度。

• **旋转图片**

1 选择需要旋转的图片，将鼠标指向图片的旋转控制点上，当鼠标变成“↻”形状时，按住左键并旋转。

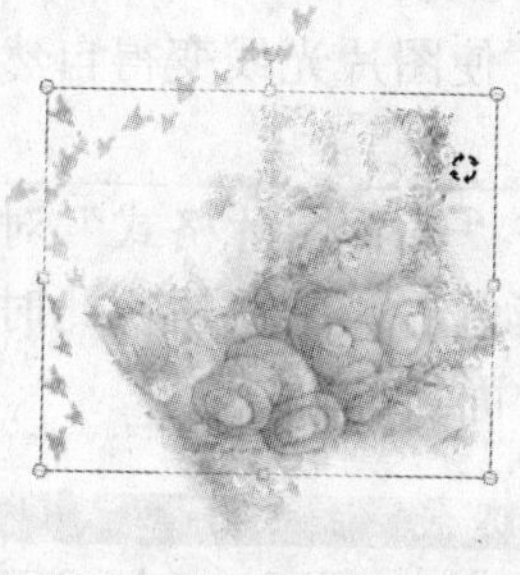

2 旋转到合适的位置时松开鼠标。

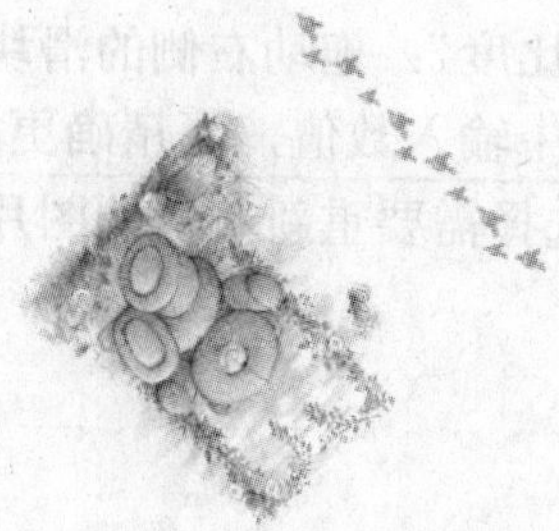

提示：单击“格式”选项卡“排列”组中的“旋转”按钮，在弹出的旋转菜单中也可对图片进行旋转操作，如左右旋转、垂直旋转、水平旋转等。

5.4 设置图片格式

设置图片格式可美化图片，通过更改图片的颜色，为图片设置三维效果、立体效果、阴影效果这些设置可制作出特殊的效果图。

5.4.1 更改图片颜色

电设置图片格
式有什么作用呢？

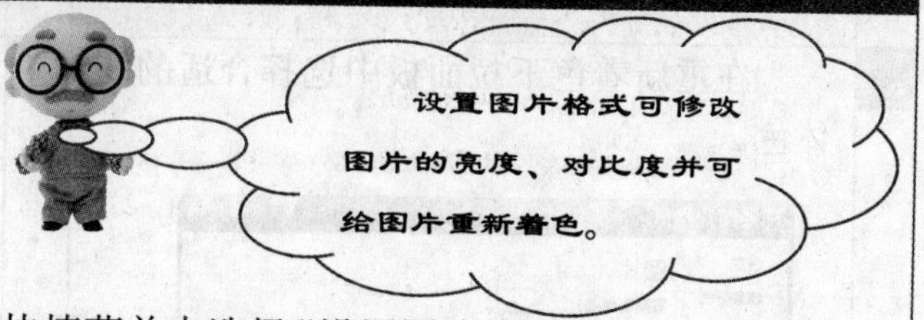
设置图片格式可修改
图片的亮度、对比度并可
给图片重新着色。

将鼠标指向图片并单击右键，在弹出的快捷菜单中选择“设置图片格式”命令，会弹出“设置图片格式”对话框。

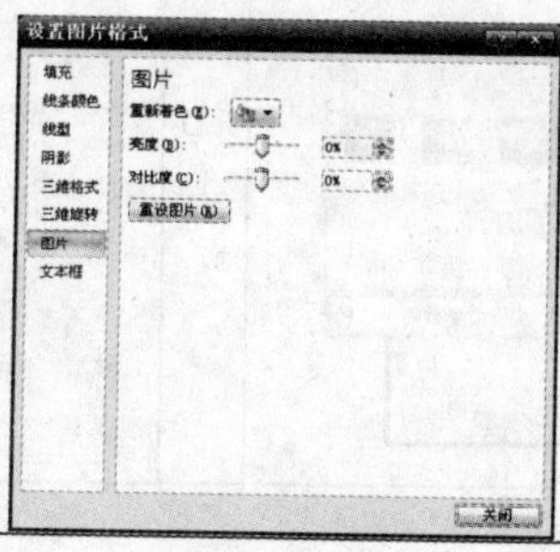
设置图片格式
填充
线条颜色
线型
阴影
三维格式
三维旋转
图片
文本框
图片
关闭

“设置图片格式”对话框中各选项的含义如下：

“重新着色”：单击右侧的按钮，会弹出着色下拉面板，在此面板中选择所需的颜色样式即可为图片重新着色。

“亮度”：用鼠标拖动右侧的滑块，可改变图片的亮度。使用此项设置可处理光线比较暗的图片。在后面的文本框中输入数值，可精确更改图片的亮度。

“对比度”：拖动右侧的滑块，可更改图片的对比度，使图片光线变得自然柔和。在后面的文本框中输入数值，可精确更改图片的对比度。

1 选择需要重新着色的图片。

2 在“设置图片格式”对话框中，单击重新着色右侧的按钮，此时会弹出重新着色下拉面板。

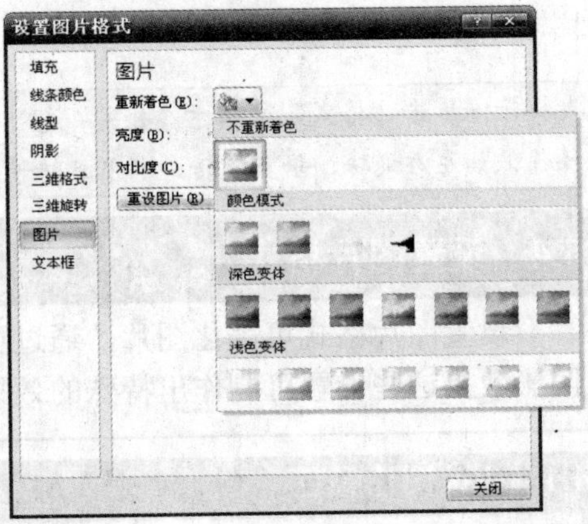

3 在重新着色下拉面板中选择合适的变体色。

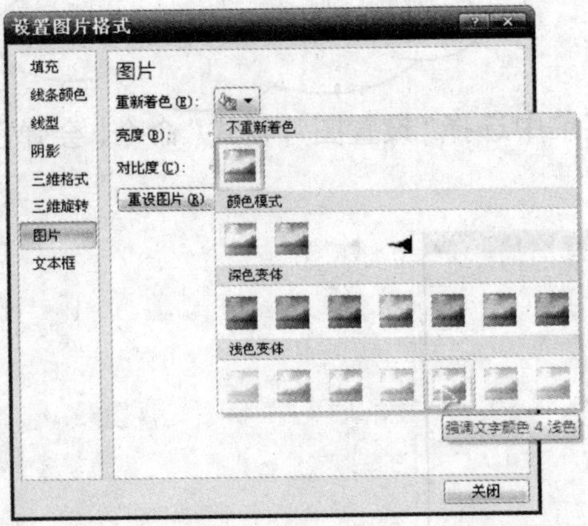

4 单击“确定”按钮后，即可为图片重新着色。

5.4.2 三维旋转效果

在“设置图片格式”对话框中单击“三维旋转”，此时对话框会变成如下图所示。

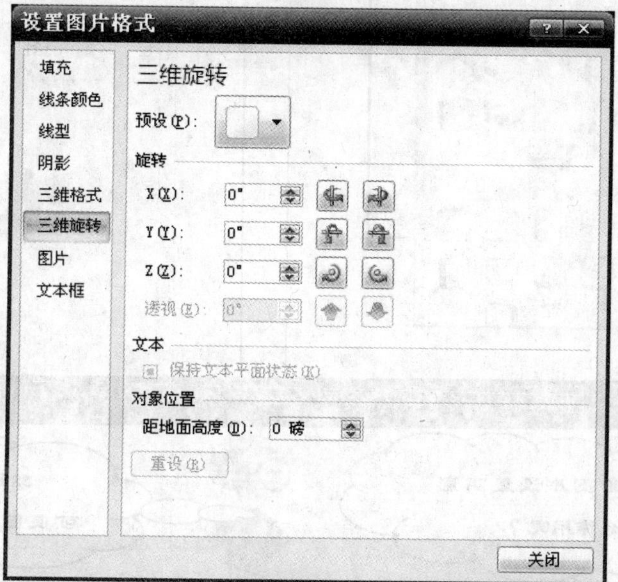

1 选择需要三维旋转的图片。

2 在“设置图片格式”对话框中单击“三维旋转”，然后单击“预设”右侧的按钮，会弹出“三维旋转”下拉面板。

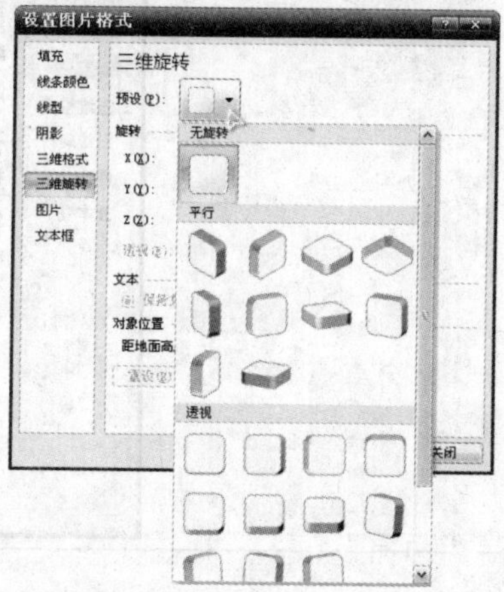

3 在三维旋转下拉面板中选择合适的旋转效果。

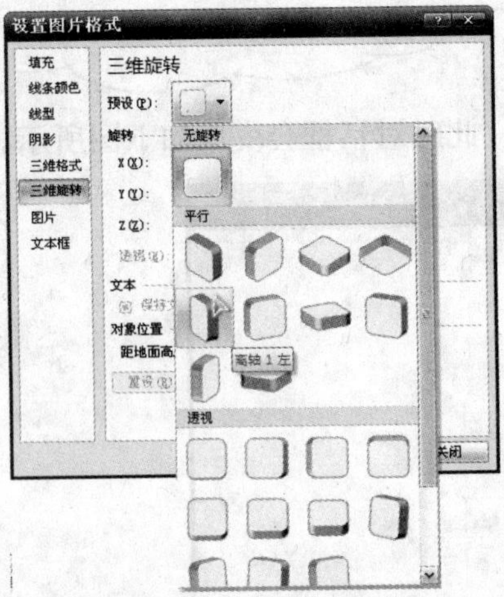

4 单击“关闭”按钮后，图片旋转效果如下图所示。

5.4.3 阴影效果

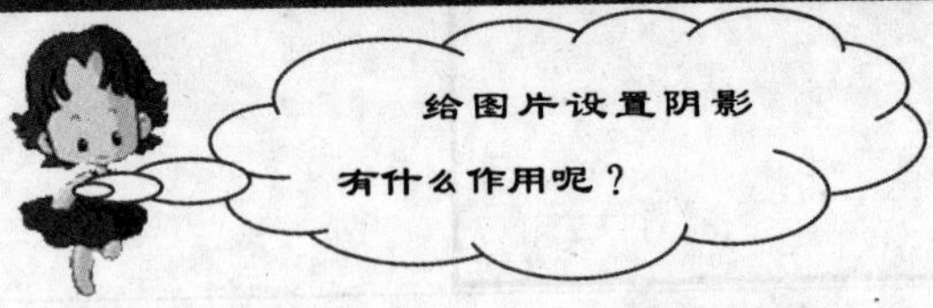

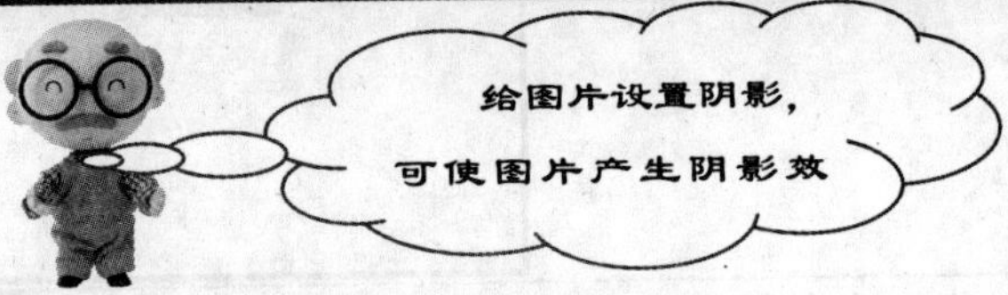

在“设置图片格式”对话框中单击“阴影”，此时对话框会变成如下图所示。

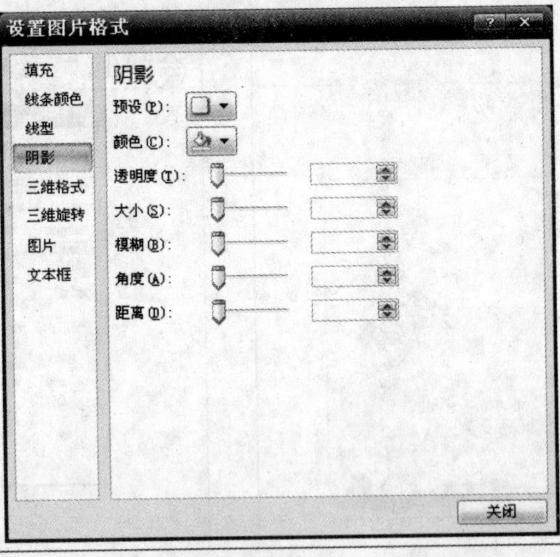

此对话框中各选项的含义如下：

“预设”：单击右侧的按钮，会弹出阴影下拉面板，在此面板中选择阴影样式即可为图片应用相应的阴影效果。

“颜色”：用于设置阴影的颜色。单击右侧的按钮，在弹出的颜色下拉面板中即可为阴影选择合适的颜色。

选择需要设置阴影的图片。

在“设置图片格式”对话框中单击“阴影”，然后单击“预设”右侧的按钮，会弹出“阴影”下拉面板。

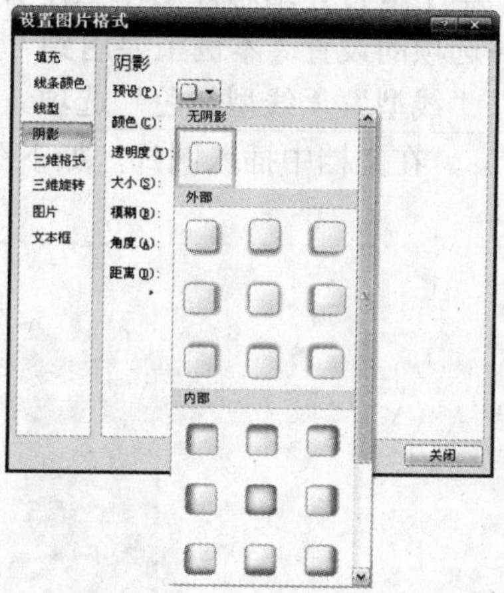

在阴影下拉面板中选择合适的阴影效果。

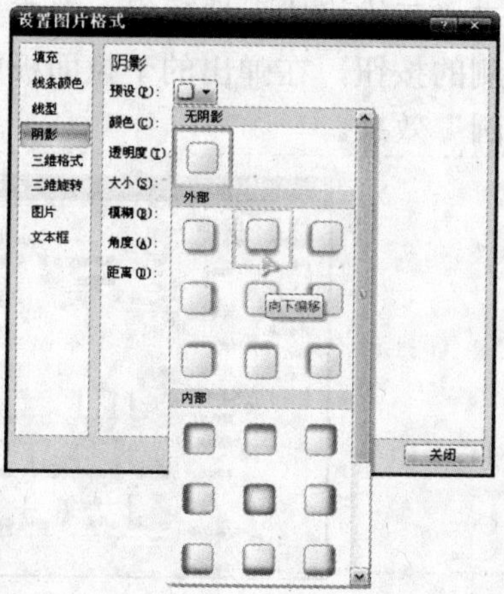

单击“关闭”按钮后，图片阴影效果如下图所示。

5.4.4 制作立体书籍

怎样制作立
体书籍效果呢？

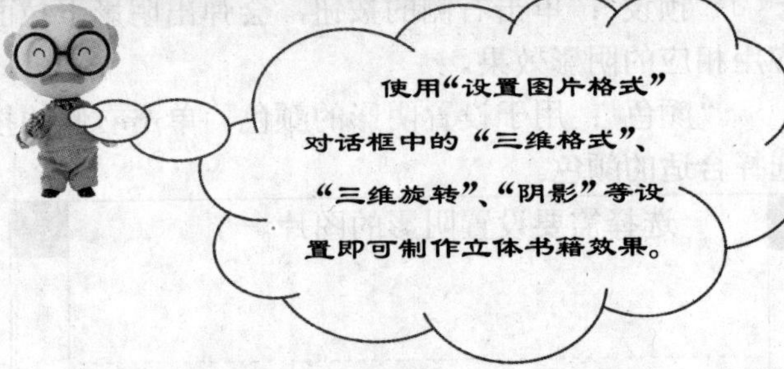
使用“设置图片格式”
对话框中的“三维格式”、
“三维旋转”、“阴影”等设
置即可制作立体书籍效果。

本小节将介绍怎样制作立体书籍效果，以便读者更加熟练地使用“设置图片格式”对话框中各选项的设置。本例主要用到“设置图片格式”对话框中的“三维格式”、“三维旋转”、“阴影”、“线型”、“线型颜色”选项。

1 在文档中插入图片，如下图所示。

2 打开“设置图片格式”对话框，并单击“三维旋转”选项组。

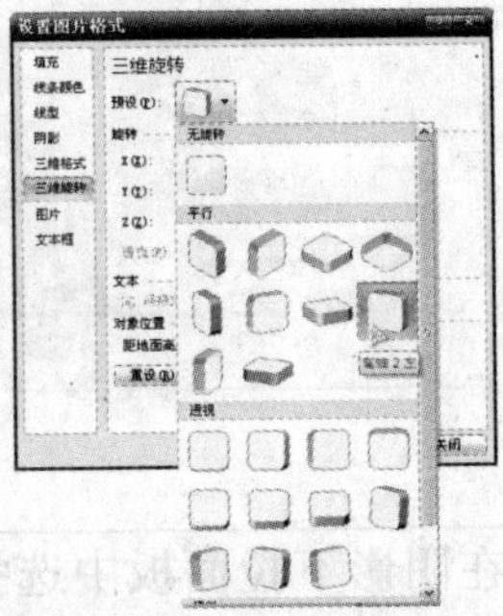

3 单击“关闭”按钮后，效果如下图所示。

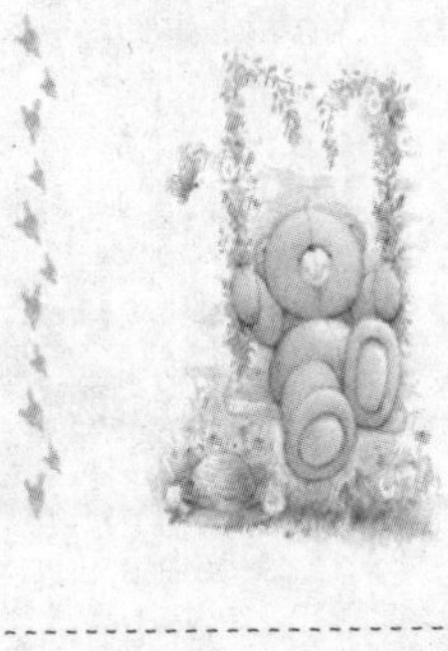

4 打开“设置图片格式”对话框，并单击“三维格式”选项组，单击“底端”右侧的按钮，在弹出的下拉面板中选择“柔圆”效果。

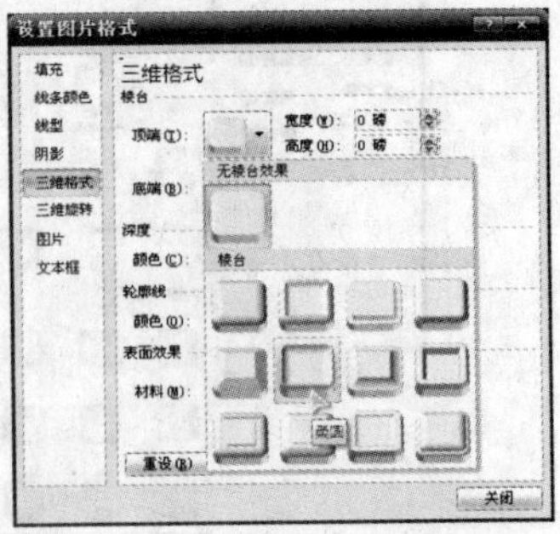

5 单击“关闭”按钮后，效果如下图所示。

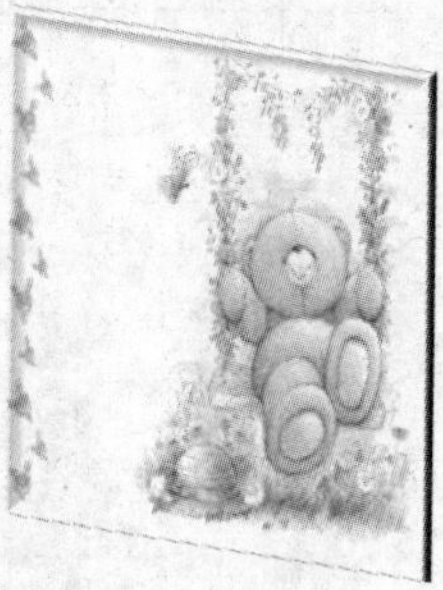

6 打开“设置图片格式”对话框，并单击“阴影”选项组。

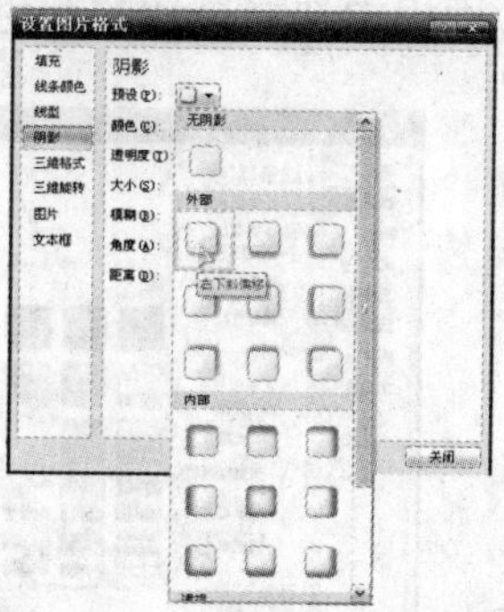

7 单击“关闭”按钮后，效果如下图所示。

8 打开“设置图片格式”对话框，并单击“线型”选项组。在“线型”选项组中单击“复合类型”右侧的按钮，在弹出的下拉面板中选择“由粗到细”的线型效果。

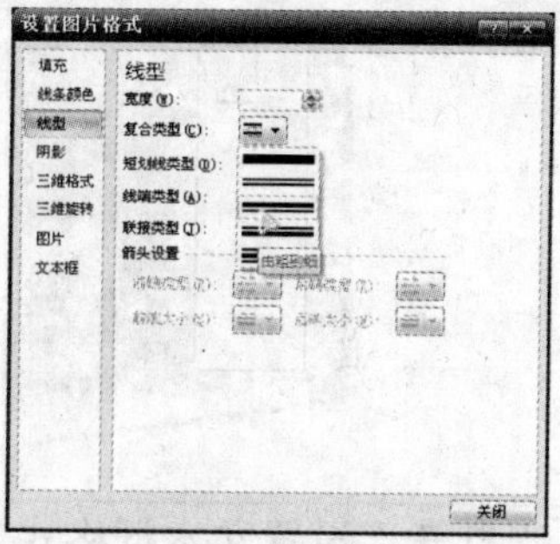

9 单击“关闭”按钮后，效果如下图所示。

10 打开“设置图片格式”对话框，并单击“线条颜色”选项组。

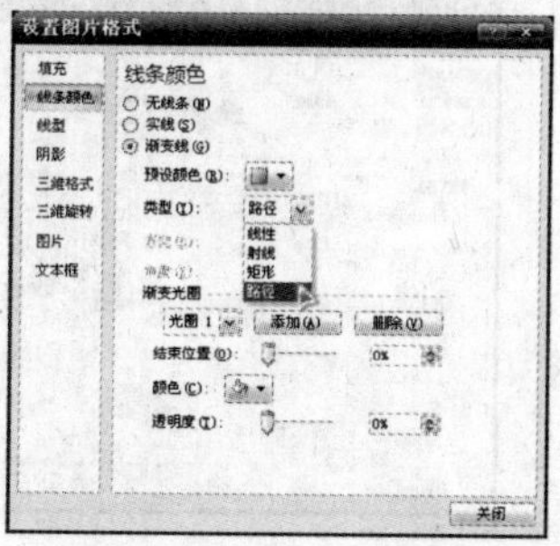

11 在“线条颜色”选项组中，单击“预设颜色”右侧的下拉按钮，在弹出的颜色下拉面板中选择合适的颜色，如下图所示。

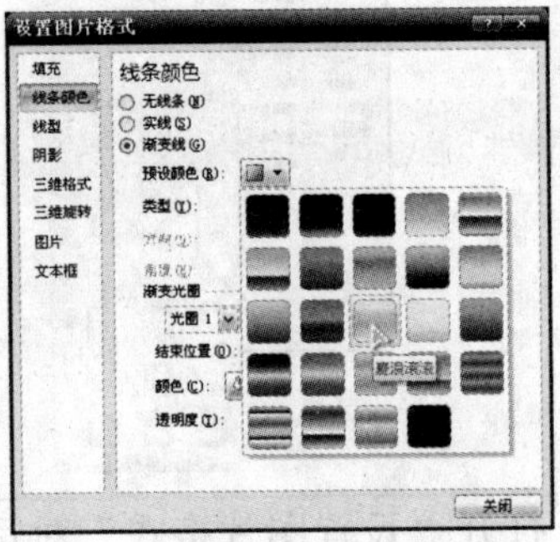

12 单击“关闭”按钮，效果如下图所示。

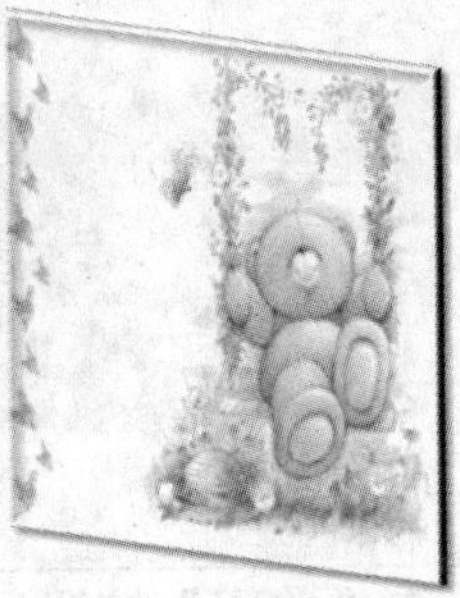

13 在图片上绘制一个竖排文本框，并输入“童年”。

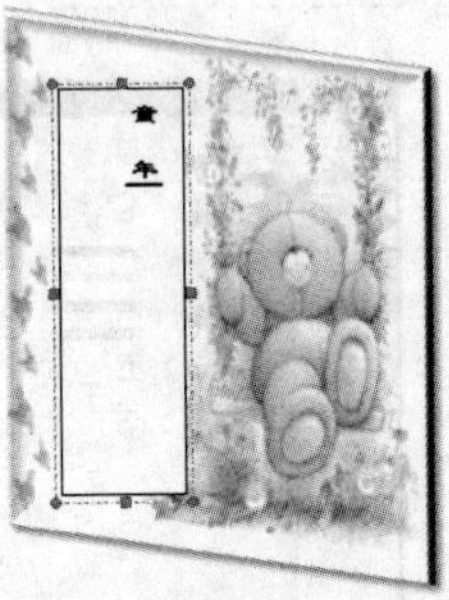

14 选择文本，并将其字号设置为“一号”，字体为“隶书”，字体颜色为“粉红色”。

15 打开“设置文本框格式”对话框，将“填充颜色”和“线条颜色”都设置为“无颜色”。

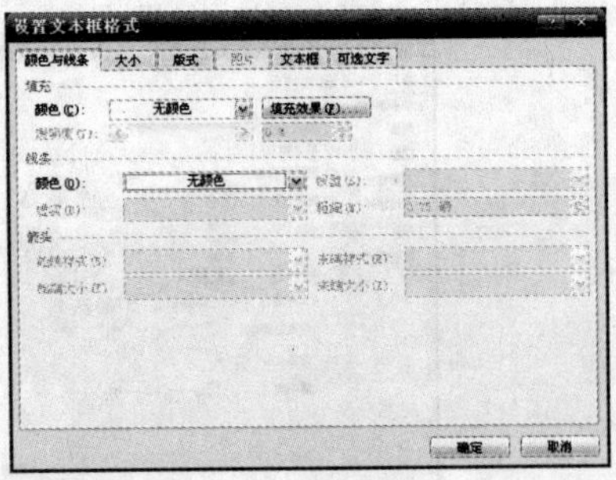

16 单击“确定”按钮后，再移动文本框到合适的位置。

5.5 编辑艺术字

使用 Word 2007 中的艺术字功能，可在文档中插入许多特殊效果的文字，如弯曲、旋转、扭曲、多彩和阴影等文字效果。

5.5.1 插入艺术字

怎样插入艺术字呢？
单击"插入"选项卡"文本"组中的"艺术字"按钮，即可在文档中插入艺术字。

单击"插入"选项卡"文本"组中的"艺术字"按钮，此时会弹出如下图所示的艺术字下拉面板。

单击此面板中的艺术字样式，即可使插入的文字应用此样式。

1 将光标定位在需要插入艺术字的位置，然后单击"插入"选项卡"文本"组中的"艺术字"按钮。

文本框
文档部件
艺术字
首字下沉
签名行
日期和时间
对象
文本

2 在弹出的艺术字下拉面板中选择所需的艺术字样式。

艺术字样式 3

3　此时会弹出如下图所示的“编辑艺术字文字”对话框。

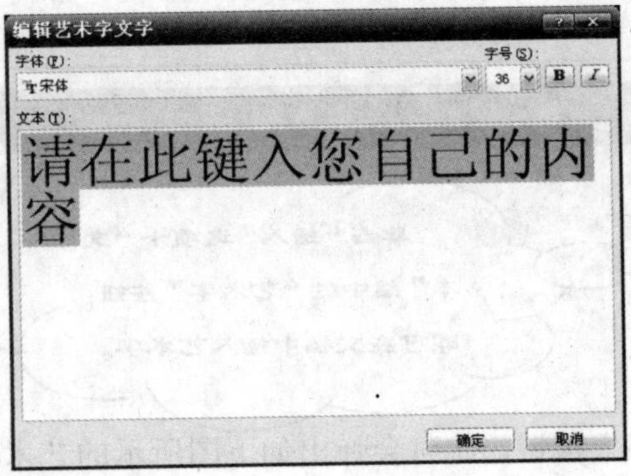

4　在文本框中重新输入内容。

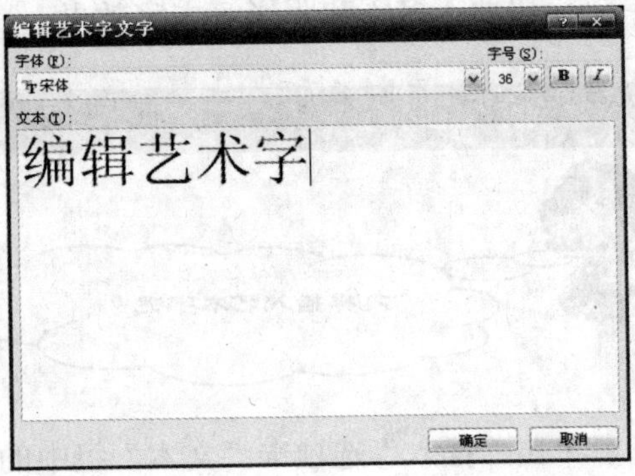

5　在对话框中单击“字体”栏右侧的下拉按钮，在弹出的下拉列表中选择合适的字体。

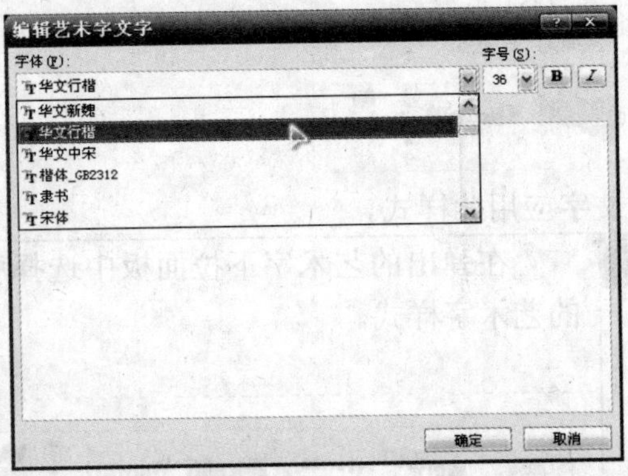

6　单击“确定”按钮，即可在文档中光标处插入如下图所示的艺术字效果。

5.5.2　更改艺术字文字

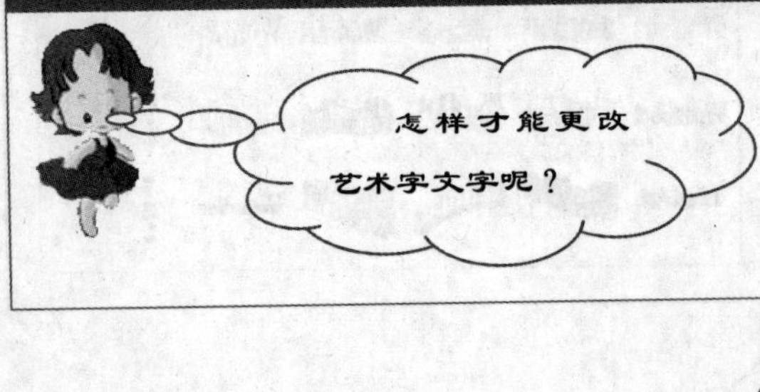

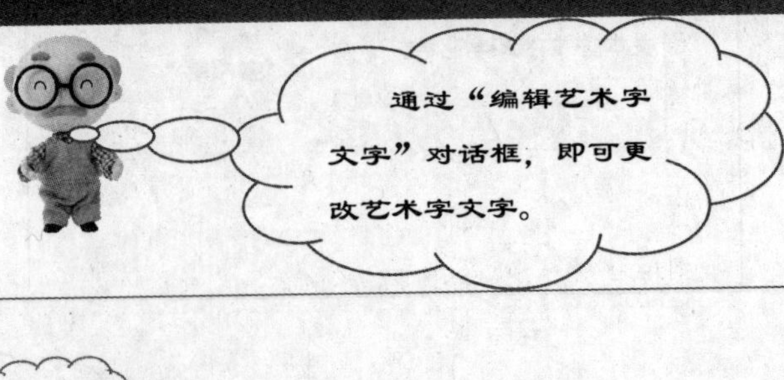

在编辑文档时，对于某些特殊情况，需要更改已编辑好的艺术字内容，其更改方法如下：

1 双击已编辑好的艺术字，在“格式”选项卡“文字”组中，单击“编辑文字”按钮。

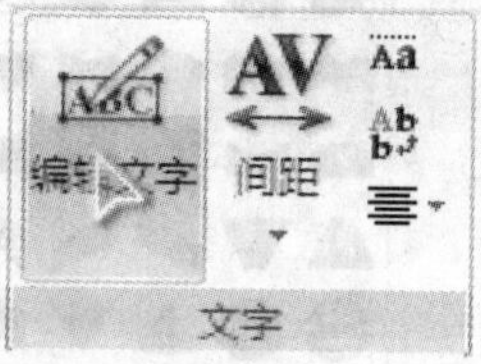

2 此时会弹出“编辑艺术字文字”对话框。

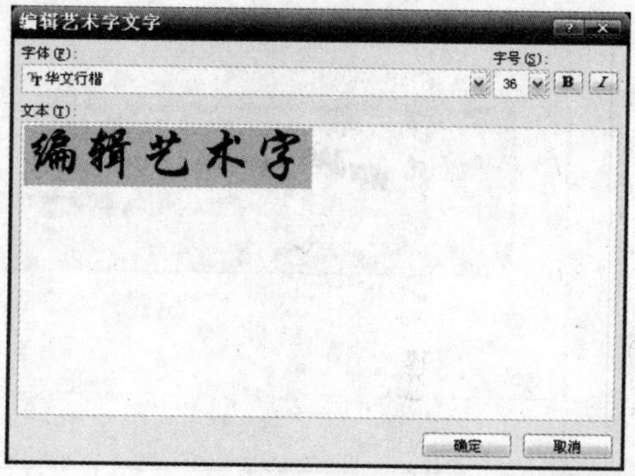

3 在对话框中的“文本”框中输入需要更改的内容。

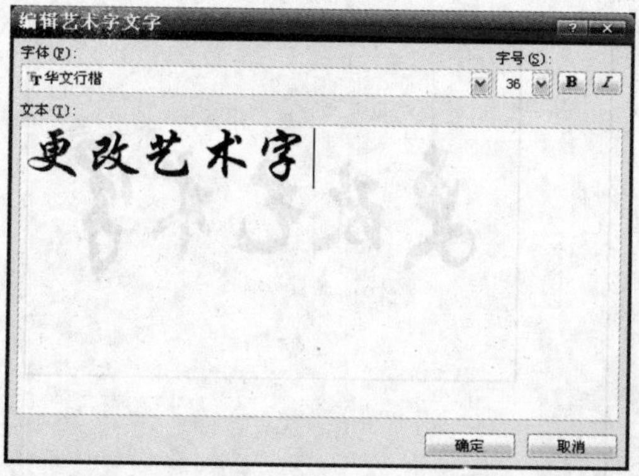

4 单击“确定”按钮，即可使文字更改生效。

5.5.3 更改艺术字形状

更改艺术字形状的方法如下：

双击已编辑好的艺术字，在“格式”选项卡“艺术字样式”组中，单击“更改形状”按钮。

此时会弹出艺术字形状下拉面板，如下图所示。

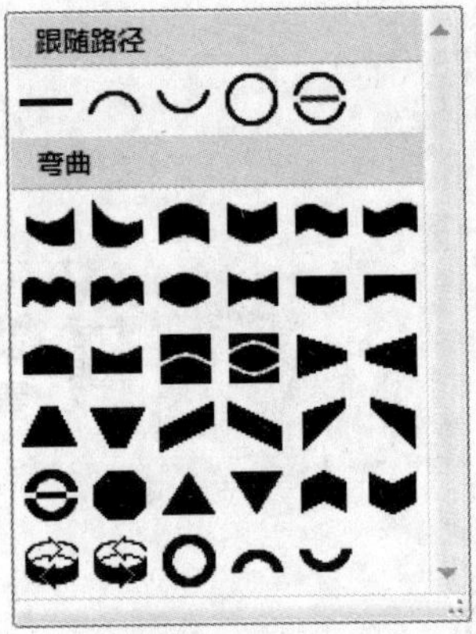

在此下拉面板中选择合适的形状样式。

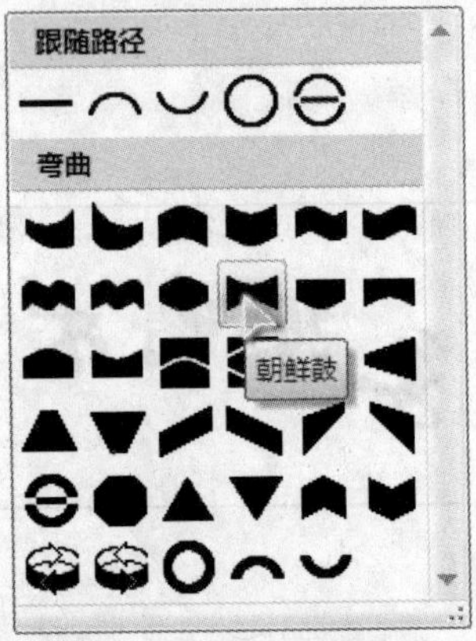

更改后，术字形状效果如下图所示。

5.5.4 更改艺术字文字颜色

更改艺术字文字颜色的方法如下：

双击已编辑好的艺术字，在“格式”选项卡“艺术字样式”组中，单击“形状填充”按钮。

此时会弹出艺术字填充下拉面板。

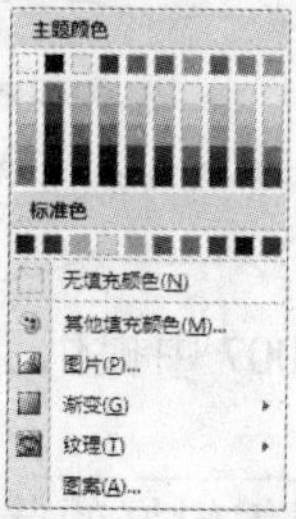

在此下拉面板中选择所需的颜色，也可选择渐变色、图案和纹理进行填充。如选择图案填充，此时会弹出如下图所示的“填充效果”对话框。

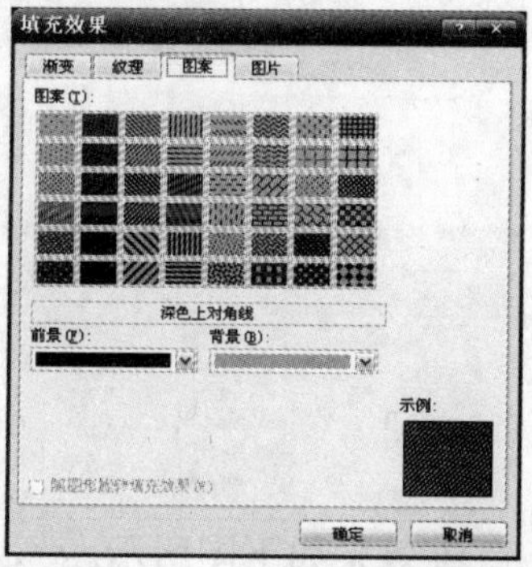

在对话框中单击“前景”栏右侧的下拉按钮，在弹出的前景列表中选择合适的前景色，并使用相同的方法选择背景色。

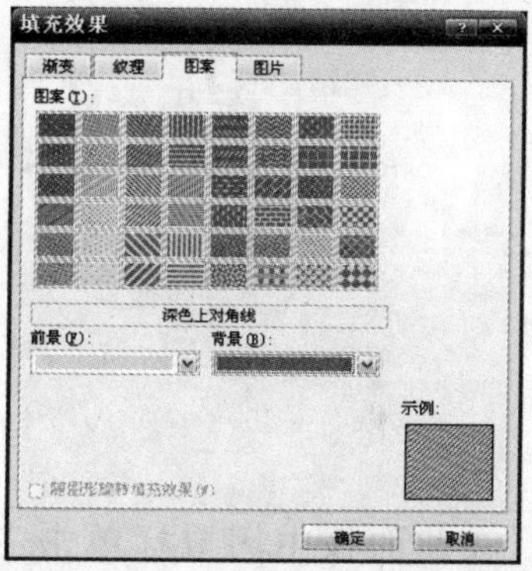

在对话框的“图案”框中选择合适的图案。

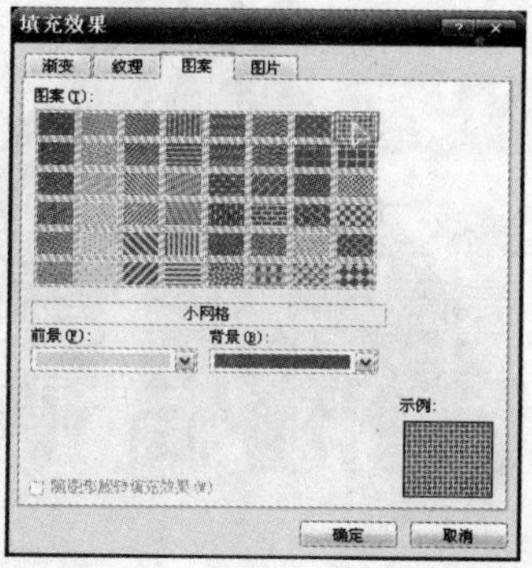

单击“确定”按钮，即可为形状填充图案。

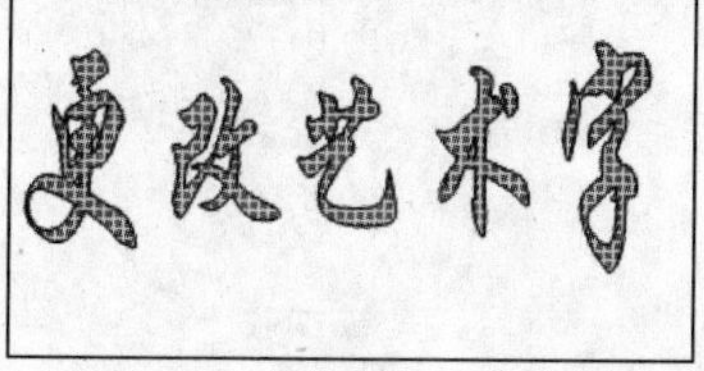

提示：单击“格式”选项卡“艺术字样式”组中的“形状轮廓”按钮，可在弹出的颜色下拉面板中设置艺术字轮廓颜色。

5.5.5 设置艺术字三维效果

在 Word 2007 中提供了艺术字三维效果，它可使插入的艺术字产生三维的立体效果和透视效果。

1 双击已编辑好的艺术字，在“格式”选项卡“三维效果”组中，单击“三维效果”按钮。

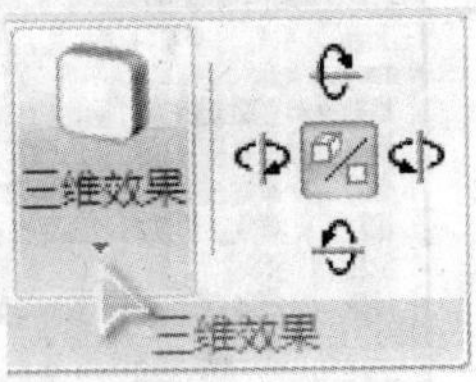

2 此时会弹出如下图所示的三维效果下拉面板。

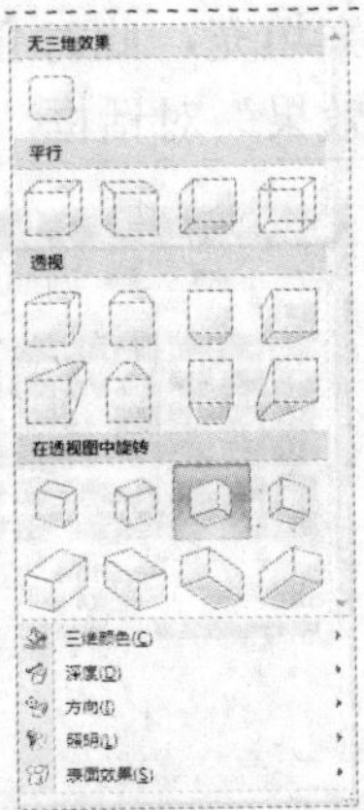

3 在此面板中用鼠标单击三维样式按钮，即可选择相应的三维样式。

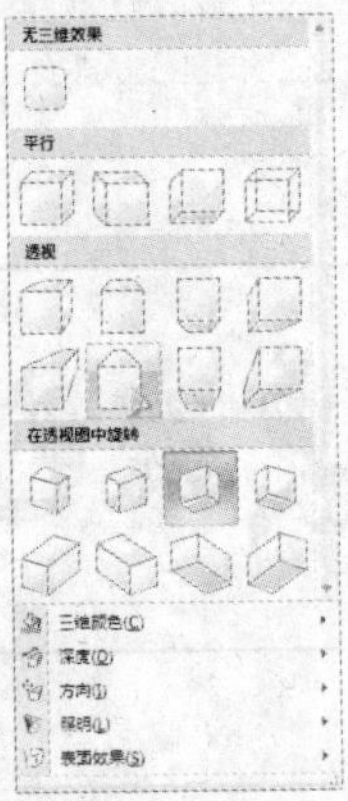

4 三维效果如下图所示。

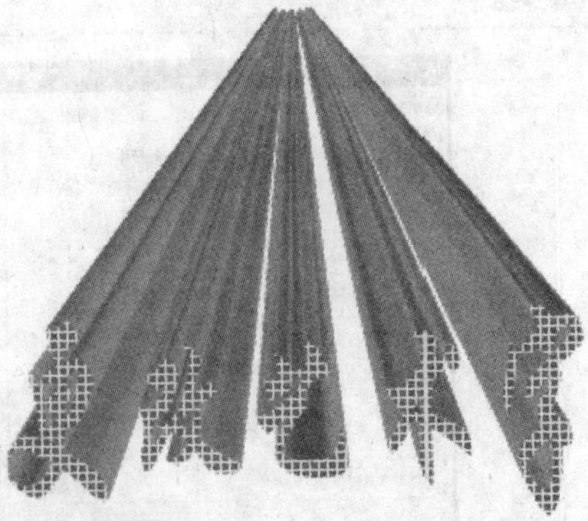

5.6 对象操作

在 Word 2007 中用形状面板中各种形状工具绘制出的图形，如矩形、多边形、心形、流程图及插入的图片、剪贴画等都被称为对象。对于这些对象，可按照一定的叠放顺序进行排列、组合、分解等操作。

5.6.1 对象的排列

设置对象的排列顺序可使对象显示不同的效果，放在第一层的三角形可完全显示，放在第二层的波形一部分却被第一层的图形挡住不能完全显示，而放在第三层的图形又被前两层的图形挡住，如果将五角星放在最上层那么下面的两个对象又会被挡住，这就是图形排列与显示效果。

对象的排列顺序与显示效果

1 有如下图所示的几个对象。

2 选择位于第二层的图片单击右键，在弹出的快捷菜单中选择“置于顶层”命令下的“上移一层”。

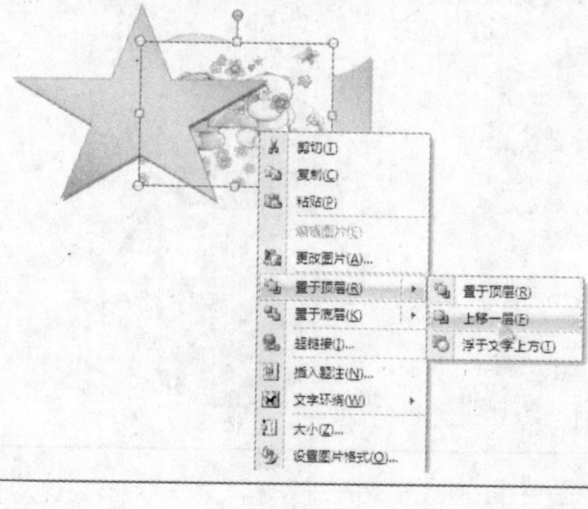

3 将图片上移一层后，效果如下图所示。

4 选择波形图形，单击右键，在弹出的快捷菜单中选择“叠放次序”命令中的“置于顶层”命令后。

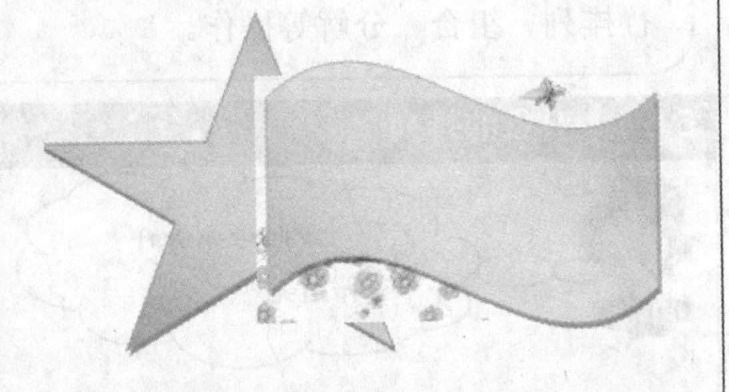

5.6.2 组合与分解对象

组合与分解对
象有什么作用呢？

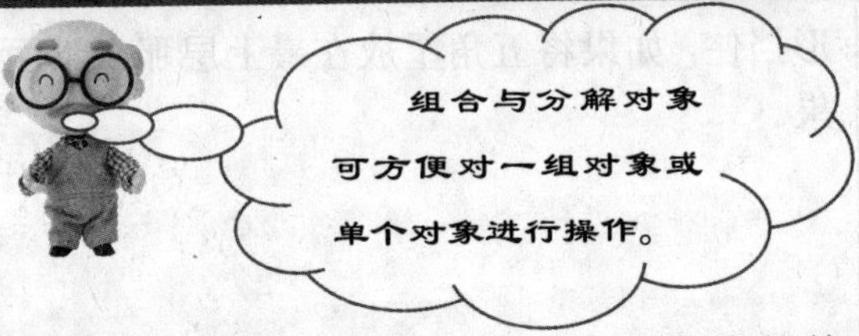
组合与分解对象
可方便对一组对象或
单个对象进行操作。

在 Word 2007 中组合对象可对一组对象进行同一个操作，而分解对象可对一组对象中的单个对象分别进行操作。

• 组合对象

1 使用形状工具绘制如下图所示的图形。

2 在“开始”选项卡“编辑”组中，单击“选择”按钮，并在弹出的下拉菜单中选择“选择对象”命令，在图形周围拖动成一个矩形。

3 松开鼠标后，可将所有的图形都选中，然后用鼠标指向图形单击右键，在弹出的快捷菜单中选择“组合”命令下的“组合”子命令。

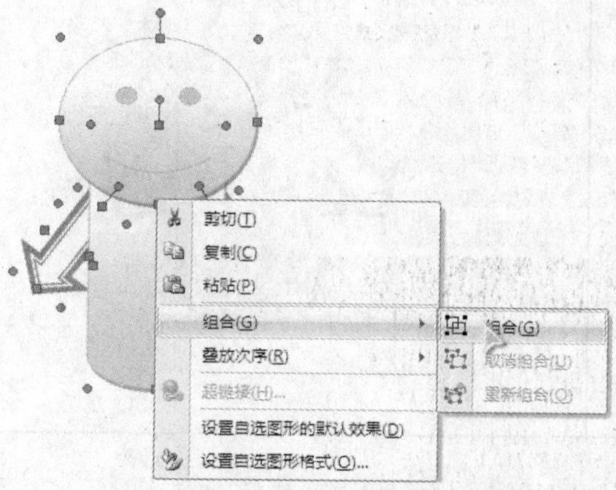

4 组合图形后，只需用鼠标单击此图形就可将所有图形全部选定，然后按住图形的旋转控制点，即可旋转图形。

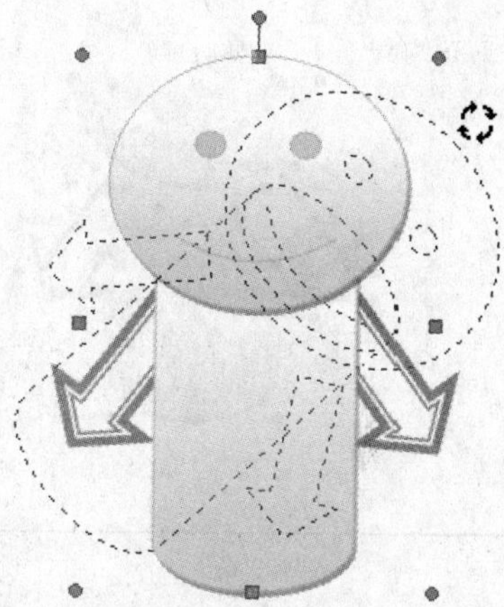

提示：被组合后的图形对象，可作为一个整体对它进行复制、删除、移动、旋转、缩放等操作。

• 分解对象

分解对象与组合对象是一组相反的操作，它可将被组合的图形分解成一个个单一的对象后，再进行操作。

1 打开上例组合后的图形。

2 选择此图形，然后单击右键，在弹出的快捷菜单中选择“组合”命令下的“取消组合”命令。

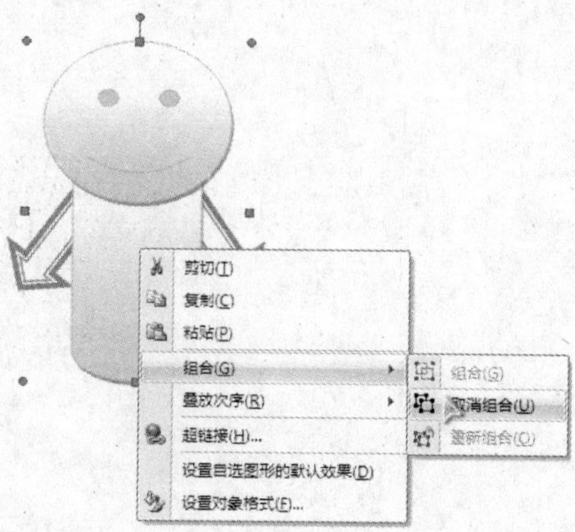

取消组合后，图形被分解为一个个单一的对象。

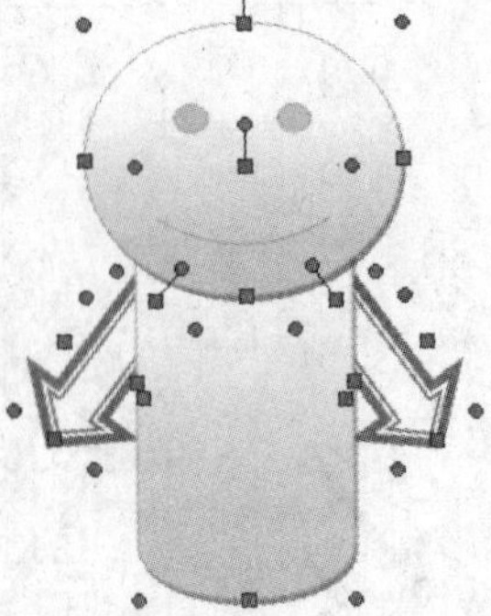

4 分解图形后，选定某个对象，就能对某个对象进行操作。

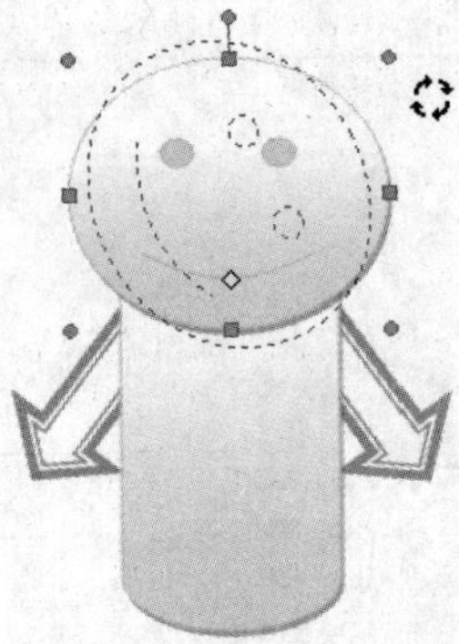

电脑即学即用

教你学电脑

第 6 章 版面设计与输出

本 章 要 点：

- 页面设置
- 设置页眉
- 设置页脚
- 引 用
- 打印输出

电脑博士，对文档进行版面设计有什么作用呢？

小丽，设计文档版面可充分表现一篇文档的外观风格，使用它可进行文档的整体修饰，本章主要学习文档的页面设置、页眉/页脚设置和打印输出设置等。

6.1 页面设置

页面设置指设置纸张的大小、边框大小、行字数、页字数、字和行之间的距离等信息，设置这些信息对文档外观起着非常重要的作用。

6.1.1 设置页边距

在“页面布局”选项卡“页面设置”组中单击“页边距”按钮，在弹出的下拉菜单中选择“自定义边距”命令，此时会弹出“页面设置”对话框，然后单击“页边距”选项卡。

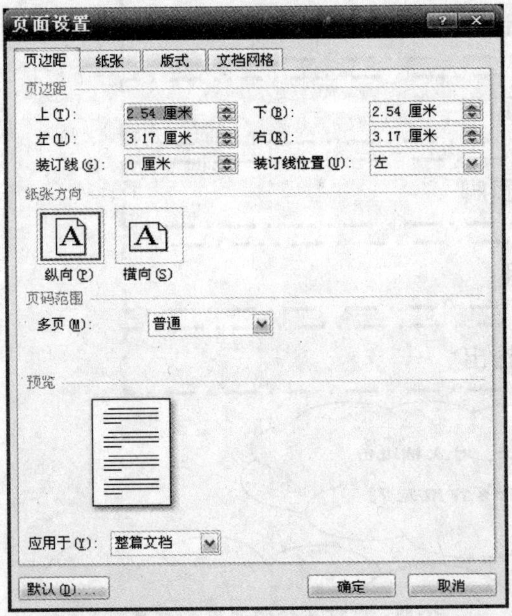

“页面设置”对话框中各选项的含义如下。

页边距：在此选项中共有上、下、左、右四个参数设置，分别表示文档内容与页面上、下、左、右的距离。

纸张方向：用于设置纸张的方向，包括纵向和横向两种。

页码范围：单击右侧的下拉按钮，即可选择页码的范围，它包括普通、对称页边距、拼页、书籍折页和反向书籍折页 5 个选项。

单击“页面布局”选项卡“页面设置”组中的“页边距”按钮。

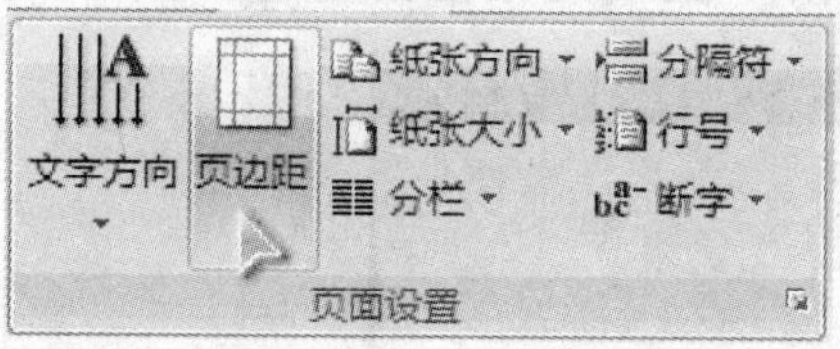

此时会弹出页边距下拉菜单。在此菜单中列出了几种内置的页边距效果。

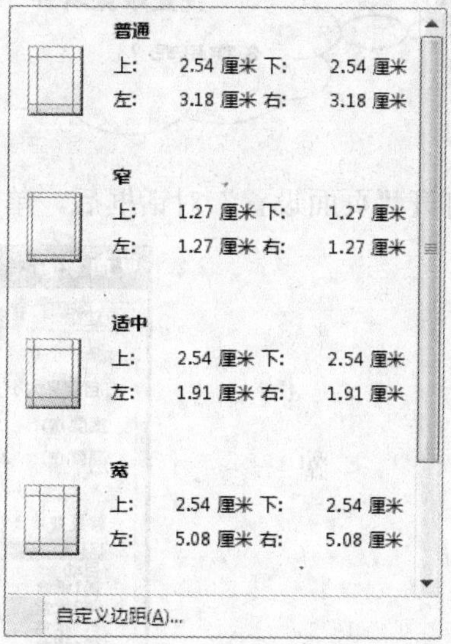

如果下拉菜单中的内置页边距效果不能满足需要，用户可打开“页面设置”对话框，并在对话框中设置其页边距。

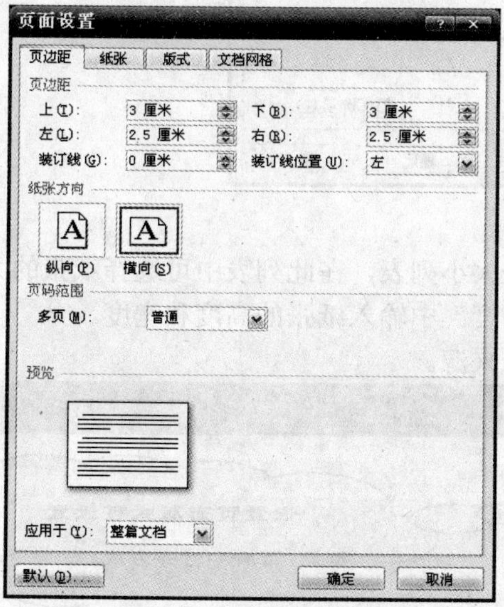

单击“确定”按钮后，页边距效果如下图所示。

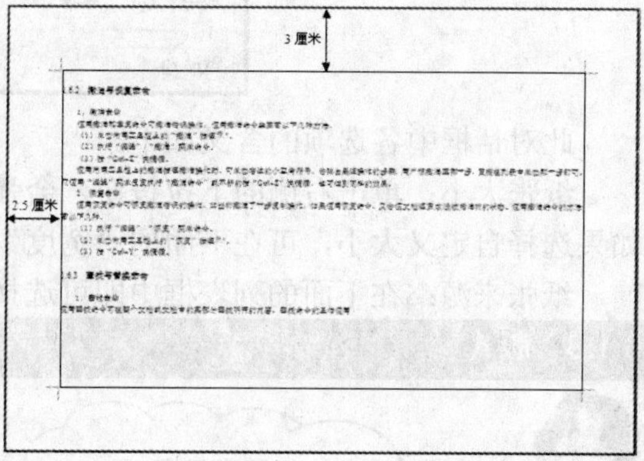

6.1.2 设置纸张

打开“页面设置”对话框后，单击“纸张”选项卡，此时对话框会变成如下图所示。

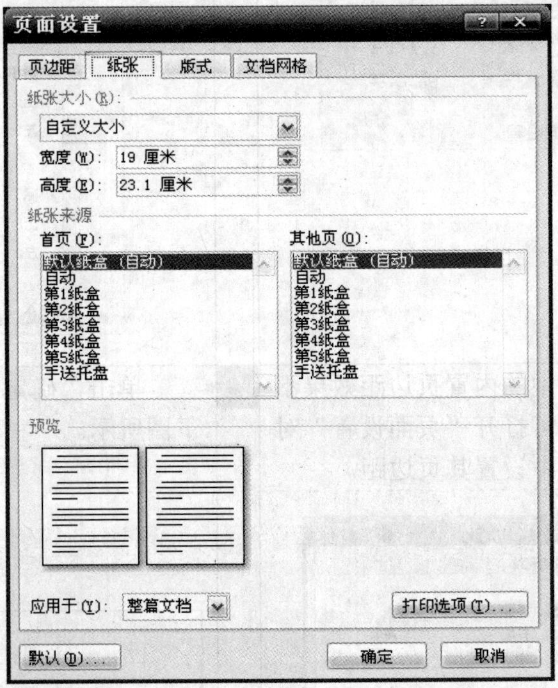

此对话框中各选项的含义如下。

纸张大小：单击右侧的下拉按钮，会弹出纸张大小列表，在此列表中可选择纸张的大小，如果选择自定义大小，可在下面的“宽度”和“高度”中输入纸张的高度和宽度。

纸张来源：在下面的列表框中即可选择纸张的来源。

6.1.3 版式

打开“页面设置”对话框后，单击“版式”选项卡，此时对话框会变成如下图所示。

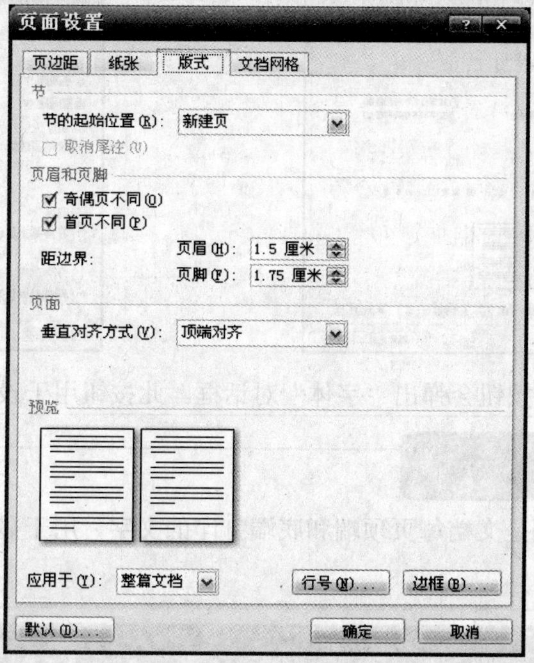

在此对话框中单击下面的“边框”按钮会弹出“边框和底纹”对话框，在此对话框中进行边框和底纹的设置可修饰页面；使用页眉和页脚中的选项可设置奇偶页的页眉和页脚是否相同、是否编写行号、节的起始位置及页面的垂直对齐方式等。

6.1.4 文档网格

打开“页面设置”对话框后，单击“文档网格”选项卡，此时对话框会变成如下左图所示。

设置文档网格对话框中各选项的含义如下：

文字排列：此选项用于设置文字的水平方向、垂直方向及栏数。

网格：用于设置每页行数和每行字数，它共有“无网格”、“指定行和字符网格”、“文字对齐字符网格”和“无网格”4 个选项。

绘图网格：单击此按钮会弹出如下右图所示的“绘图网格”对话框，使用此对话框中的设置可精确地确定位置，调整对象的位置或其他对象对齐操作。

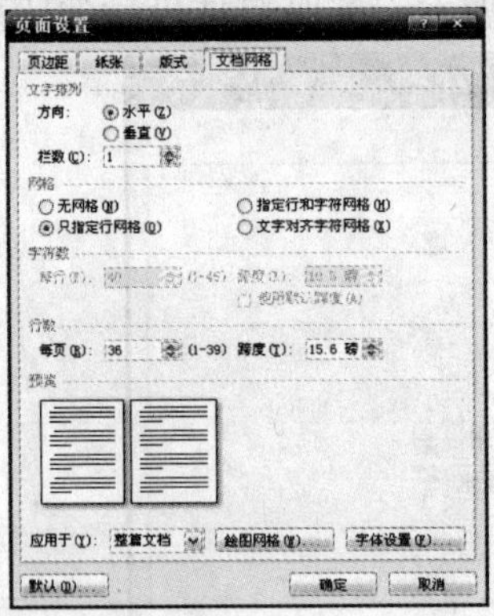

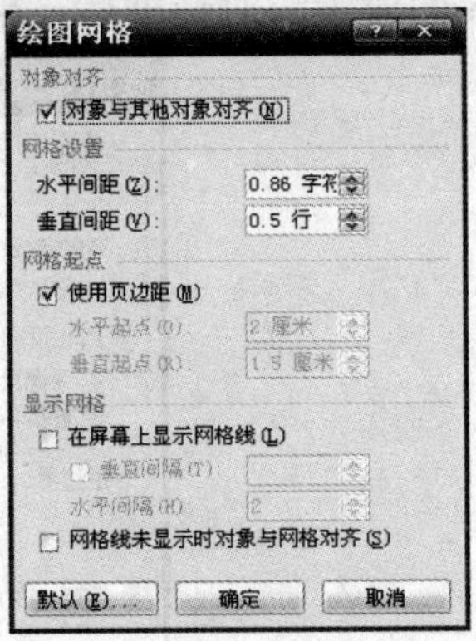

字体设置：单击此按钮会弹出“字体”对话框。此按钮用于设置字体的格式。

6.2 页眉和页脚

页眉和页脚分别是文档每页顶端和底端打印的文字，用于显示页码、章节标题和小图片等信息。

6.2.1 添加页眉

在 Word 2007 中可非常方便的为文档添加页眉，在“页眉和页脚”组中单击“页眉”按钮，会弹出下拉面板，在此面板中列出了各种页眉样式，用户只需单击此样式即可添加到文档中。

单击“插入”选项卡“页眉和页脚”组中的“页眉”按钮。

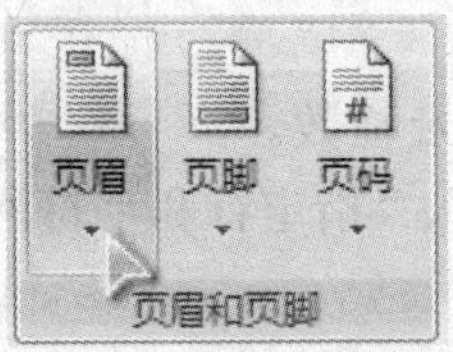

此时会弹出如下图所示的页眉下拉面板。

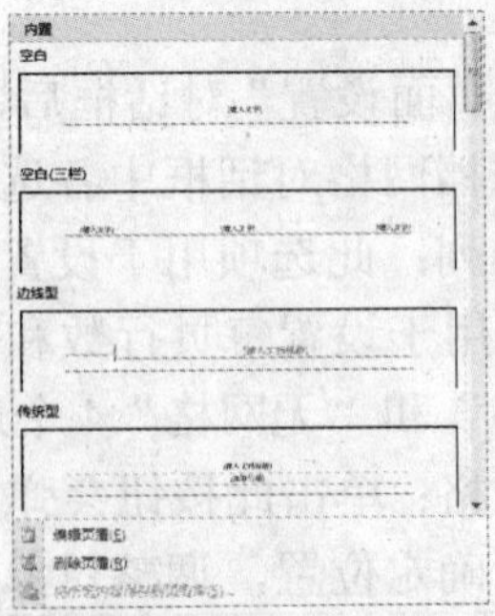

3 拖动页脚面板右侧的滚动条，查找所需的页眉样式，并选择此页眉。

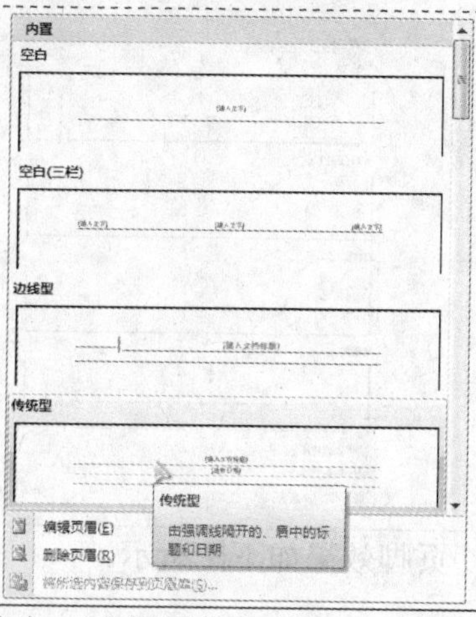

4 添加页眉效果如下图所示。

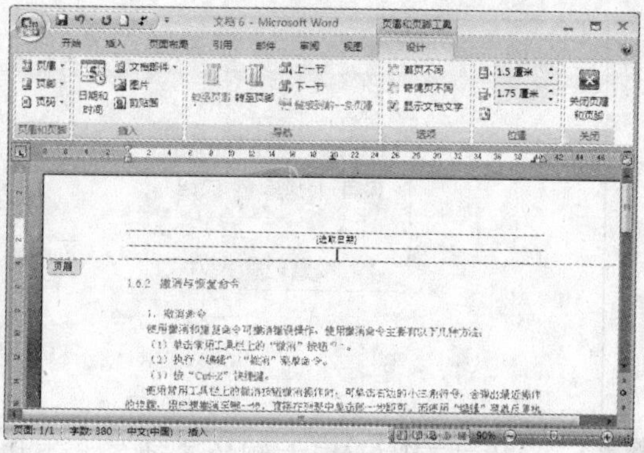

5 单击“选择日期”按钮，会弹出如下图所示的日期面板，在此面板中选择日期。

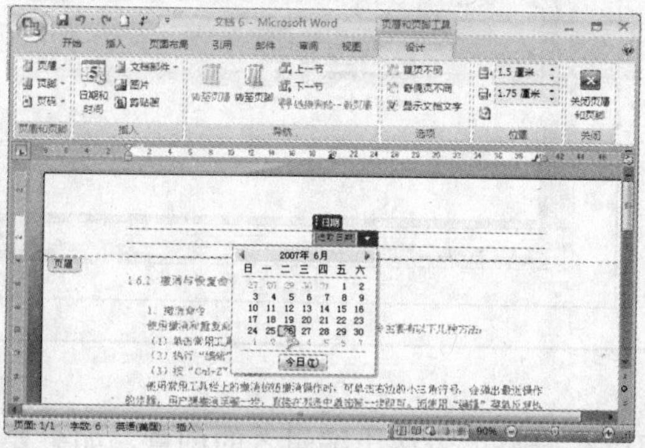

6 在“日期”的上边框线上输入章节标题，然后单击功能区中的“关闭页眉”按钮。

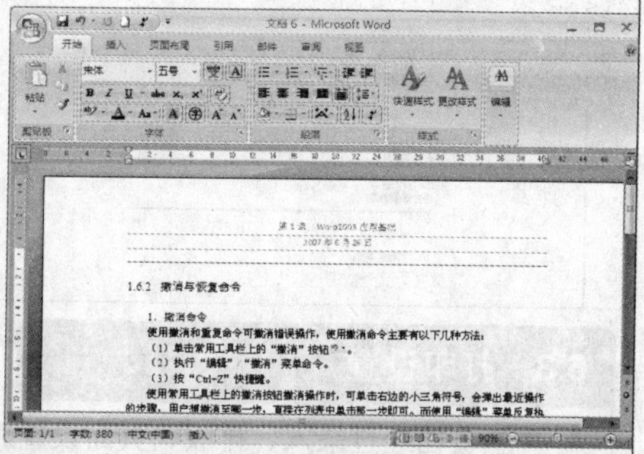

6.2.2 添加页脚

怎样在文档中添加页脚呢？
单击“插入”选项卡“页眉和页脚”组中的“页脚”按钮，即可在文档中添加页脚。

给文档添加页脚的方法与添加页眉的方法类似。

1 单击“插入”选项卡“页眉和页脚”组中的“页脚”按钮。

2 此时会弹出如下图所示的页脚下拉面板。

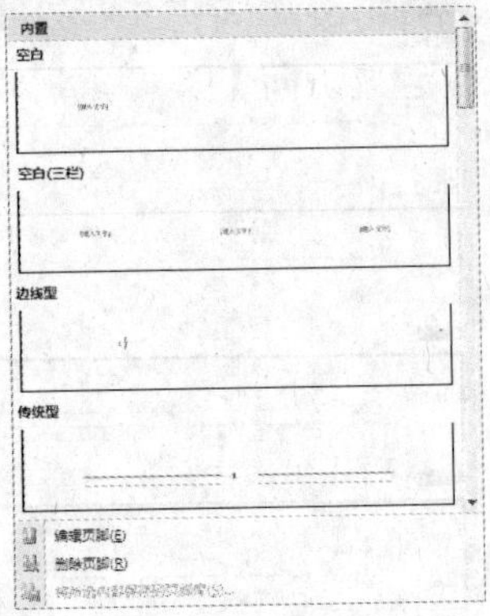

3 拖动页脚面板右侧的滚动条，查找所需的页脚样式，并选择此页脚。

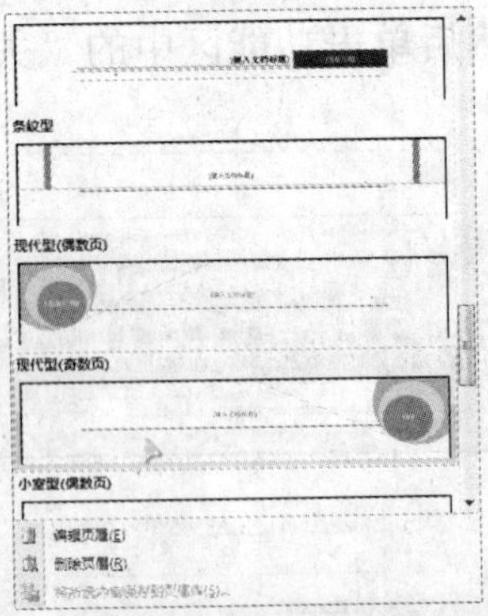

4 页脚效果如下图所示。

6.3 打印设置

当文档经过录入、排版、页面设置后，即可在屏幕上表达出编辑者的创意，如果要将它变成纸上的文件或书籍，则需要先进行打印参数的设置，再通过打印机输出到纸上。

6.3.1 打印预览

用户在打印文档之前可先通过打印预览观看文档的打印效果，如果觉得不满意可关闭打印预览窗口再进行更改。

单击“自定义访问工具栏”上的下拉按钮，在弹出的下拉菜单中选择“打印预览”命令，此时会在自定义访问工具栏上出现“打印预览”图标，用鼠标单击此按钮即可切换到打印预览窗口。

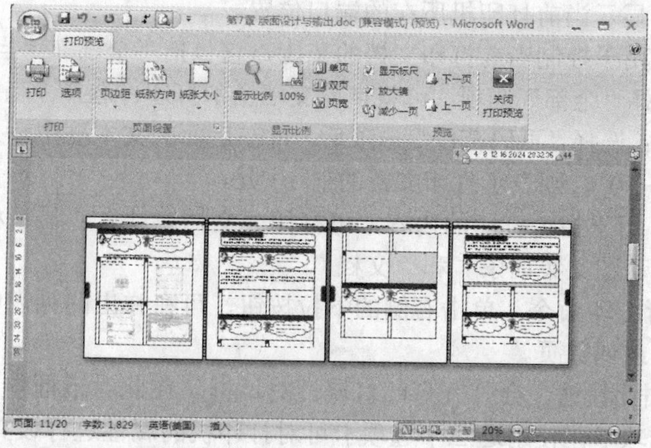

为方便检查文档显示效果，用户可单击“显示比例”组中的“显示比例”按钮缩放文档。如果检查文档正是所需的效果，则单击“打印”组中的“打印”按钮即可打印文档。

6.3.2 打印设置

单击“Office”按钮，在弹出的下拉菜单中单击“打印”命令，此时会弹出如下图所示的“打印”对话框。

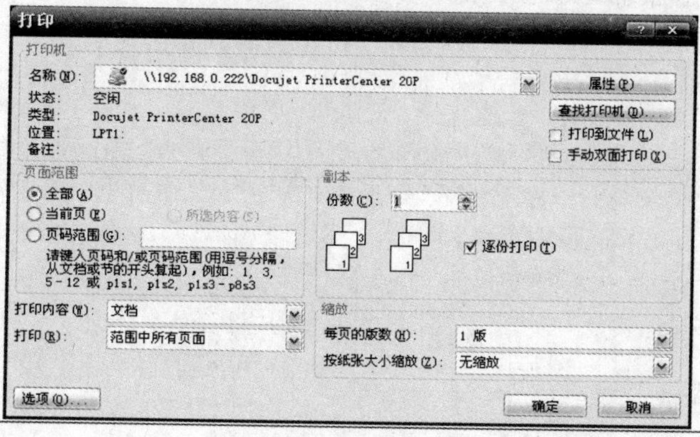

“打印”对话框中各选项的含义如下：

“名称”：用于指定当前打印机的名称。单击右侧的下拉按钮，即可在弹出的下拉列表中选择打印机名。

“状态”：用于显示当前打印机的状态。

“类型”：用于显示打印机的类型。

“位置”：用于显示当前打印机所在的端口位置。

“页面范围”：用于控制当前打印文档的范围，它包括“全部”、“当前页”和“页码范围”三个选项。如果选择“全部”选项，可将当前文档全部打印；选择“当前页”选项，则只打印文档当前所在的页；选择“页码范围”选项后，可在后面的文本框中输入将要打印文档的页码范围，如输入“1～10”，则表示打印文档的前 10 页。

“打印内容”：用于指定打印的内容，可打印“文档属性”、“显示标记的文档”、“标记列表”、“样式”、“自动图文集词条”和“文档”。

“打印”：执行打印命令，单击右侧的下拉按钮，可在弹出的列表中选择打印页面范围中设置的页、奇数页或偶数页。

“属性”：单击此按钮，会打开打印机属性对话框。在此对话框中，有“设置”、“纸张”和“质量”三个选项卡，使用这三个选项卡可对打印机的属性进行设置。

通常，打印机的设置包括有常规设置、属性设置和选项设置三种，设置好打印的各种参数后，单击“确定”按钮即可打印文档。

电脑即学即用

教你学电脑

第7章 Word 2007 高级应用

本 章 要 点：

- 修订文本
- 分栏设置
- 提取文档目录
- 超级链接
- 制作 Web 页
- 邮件合并

电脑博士，Word 2007 除编辑文档和制作表格外，还有些什么功能呢？

小丽，Word 2007 还可对文档内容进行修订、设置分栏、提取文档目录和制作 Web 页等，下面就来学习它的这些高级设置吧。

7.1 修订文档

Word 2007 提供的修订文档功能，可模仿人们在稿纸中对文档进行修改的功能，将每次修改或多次修改的内容都记录在案，便于写稿人审定后再决定是否接纳。

7.1.1 编辑修订标记符

在修订文档前，审阅者可根据自己的喜好设置其修订标记符的样式。在“审阅”选项卡“修订”组中单击“修订”按钮，在弹出的下拉菜单中选择“修订选项”命令，此时会弹出“修订选项”对话框。

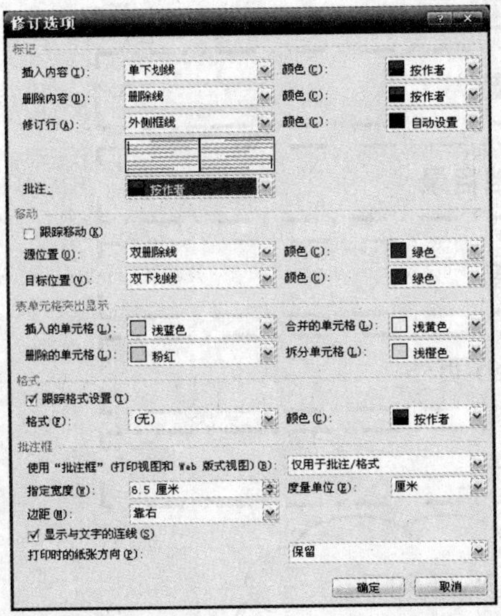

“修订选项”对话框中各选项的含义如下。

“插入内容”：单击右侧的下拉按钮，在弹出的下拉列表中可选择调整用于标记插入内容的符号形状。

“删除内容”：单击右侧的下拉按钮，在弹出的下拉列表中可选择调整标记用于更改文档格式的符号形状。

“修订行”：单击右侧的下拉按钮，在弹出的下拉列表中可选择用于标记发生更改的符号形状。

“颜色”：单击右侧的下拉按钮，在弹出的下拉列表中可选择调整标记符号的颜色。

“格式”：单击右侧的下拉按钮，在弹出的下拉列表中可选择调整标记用于更改文档格式的符号形状。

“使用‘批注框’（打印机视图和 Web 版式视图）”：单击右侧的下拉按钮，在弹出的下拉列表中可选择更改使用人标注框指示所发生的变化。

7.1.2 修订文档

如何启动修订功能呢？

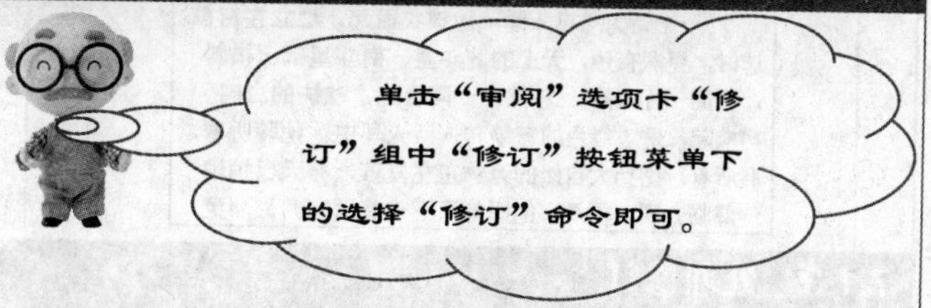
单击“审阅”选项卡“修订”组中“修订”按钮菜单下的选择“修订”命令即可。

修订文档时必须先启动修订功能，在 Word 2007 中启动修订功能的方法是，在“审阅”选项卡“修订”组中，单击“修订”按钮，并在弹出的下拉菜单中选择“修订”命令即可。

启动修订功能后，单击“修订”组中的“批注框”按钮，在弹出的下拉菜单中选择“在批注框中显示修订”复选框后，在文档中进行删除、添加或更改格式的所有操作都会在批注框中显示出来。

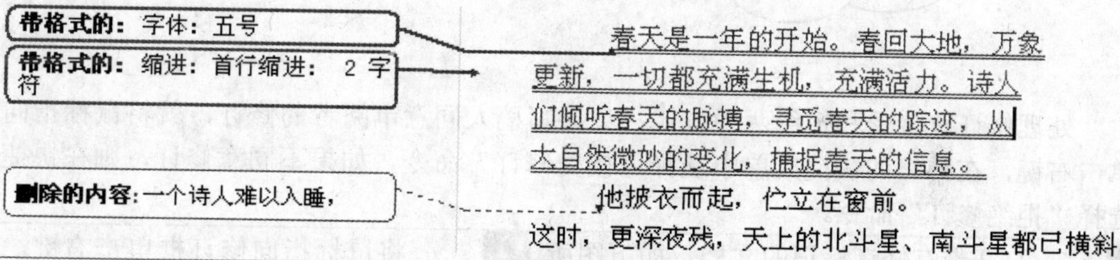
带格式的： 字体：五号
带格式的： 缩进：首行缩进： 2 字符
删除的内容： 一个诗人难以入睡，
春天是一年的开始。春回大地，万象更新，一切都充满生机，充满活力。诗人们倾听春天的脉搏，寻觅春天的踪迹，从大自然微妙的变化，捕捉春天的信息。
他披衣而起，伫立在窗前。
这时，更深夜残，天上的北斗星、南斗星都已横斜

1 打开“修订选项”对话框，其设置如下图所示。

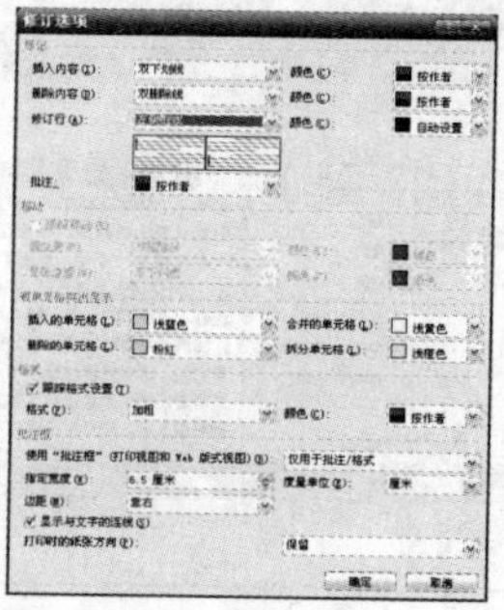

2 单击“确定”按钮后，单击“审阅”选项卡“修订”组中“修订”按钮，并在弹出的下拉菜单中选择“修订”命令，启动修订功能。

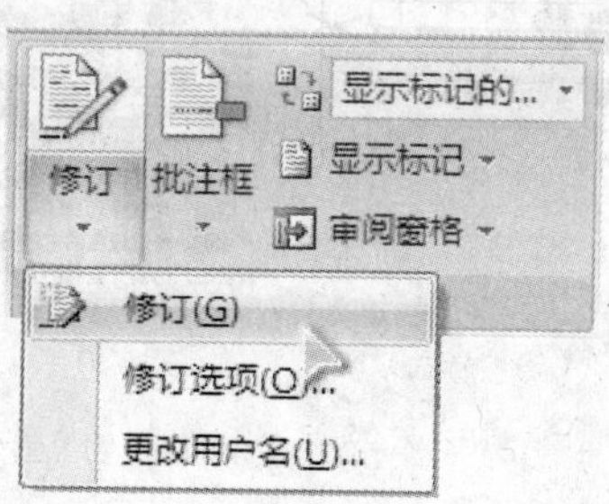
显示标记的...
显示标记
审阅窗格
修订
批注框
修订(G)
修订选项(O)...
更改用户名(U)...

3 打开将要审阅的文档，如下图所示

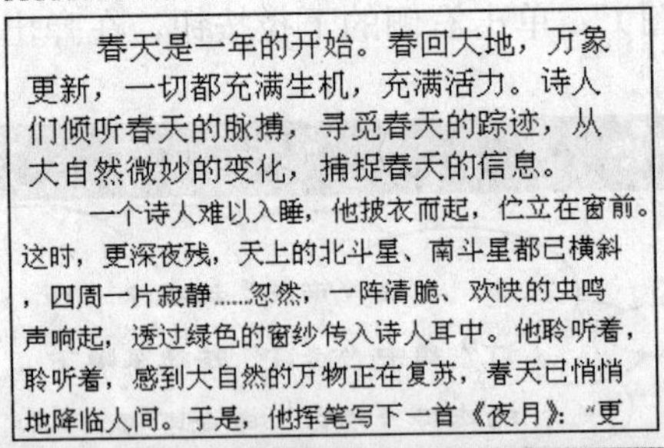

春天是一年的开始。春回大地，万象更新，一切都充满生机，充满活力。诗人们倾听春天的脉搏，寻觅春天的踪迹，从大自然微妙的变化，捕捉春天的信息。

一个诗人难以入睡，他披衣而起，伫立在窗前。这时，更深夜残，天上的北斗星、南斗星都已横斜，四周一片寂静……忽然，一阵清脆、欢快的虫鸣声响起，透过绿色的窗纱传入诗人耳中。他聆听着，聆听着，感到大自然的万物正在复苏，春天已悄悄地降临人间。于是，他挥笔写下一首《夜月》："更

4 经审阅，第一段文本的字号偏大，此时选择文档中第一段文本将字号设置为"5号"。

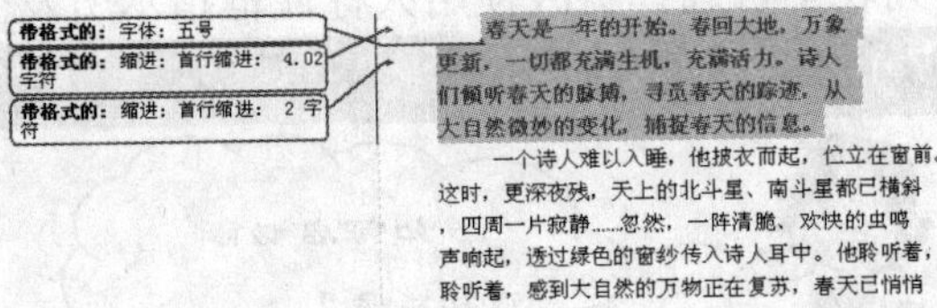

春天是一年的开始。春回大地，万象更新，一切都充满生机，充满活力。诗人们倾听春天的脉搏，寻觅春天的踪迹，从大自然微妙的变化，捕捉春天的信息。

一个诗人难以入睡，他披衣而起，伫立在窗前。这时，更深夜残，天上的北斗星、南斗星都已横斜，四周一片寂静……忽然，一阵清脆、欢快的虫鸣声响起，透过绿色的窗纱传入诗人耳中。他聆听着，聆听着，感到大自然的万物正在复苏，春天已悄悄

7.1.3 处理修订

处理修订有接受和拒绝两种方式，如果写稿人同意审阅者的修订，就将鼠标指向修订框单击右键，在弹出的快捷菜单中选择"接受修订"命令，如果不同意修订，则在快捷菜单中选择"拒绝修订"命令。

1 打开带有修订标记的文档，如下图所示。

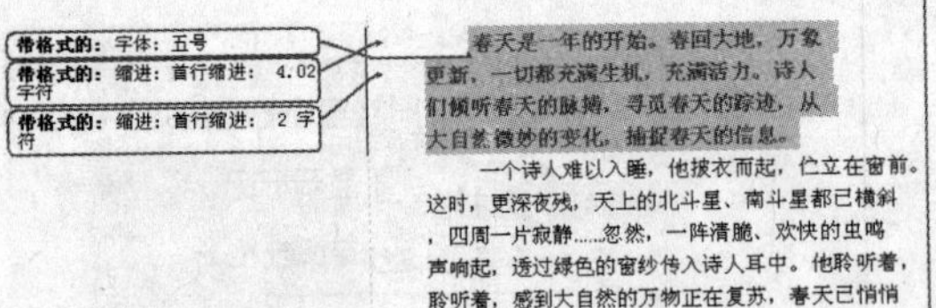

春天是一年的开始。春回大地，万象更新，一切都充满生机，充满活力。诗人们倾听春天的脉搏，寻觅春天的踪迹，从大自然微妙的变化，捕捉春天的信息。

一个诗人难以入睡，他披衣而起，伫立在窗前。这时，更深夜残，天上的北斗星、南斗星都已横斜，四周一片寂静……忽然，一阵清脆、欢快的虫鸣声响起，透过绿色的窗纱传入诗人耳中。他聆听着，聆听着，感到大自然的万物正在复苏，春天已悄悄

2 将鼠标指向修订框单击右键，在弹出的快捷菜单中选择"接受格式更改"命令。

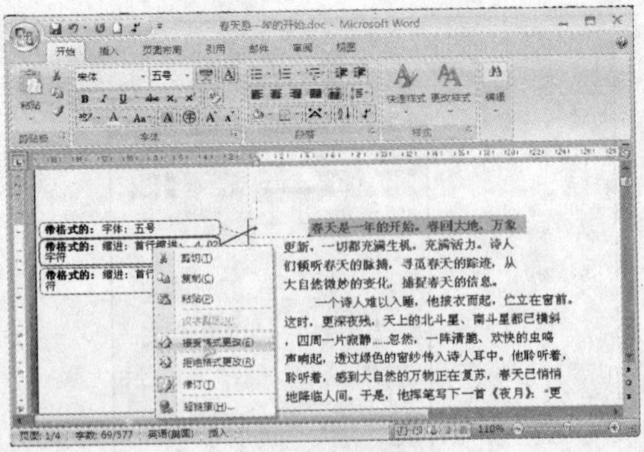

3 接受修订后，文本将更改为 5 号字体。

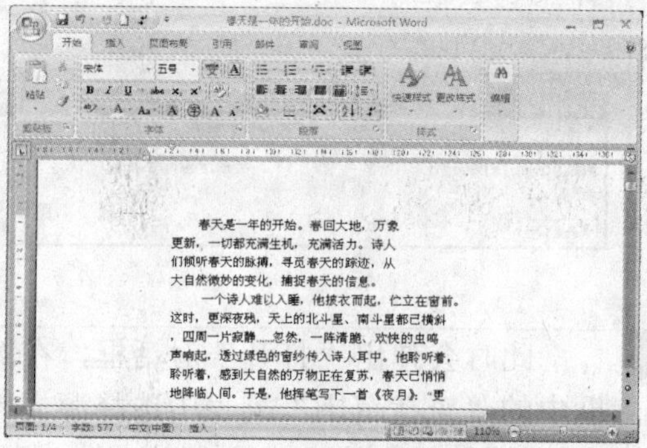

4 如果拒绝修订，文本内容则返回被修订前的样式。

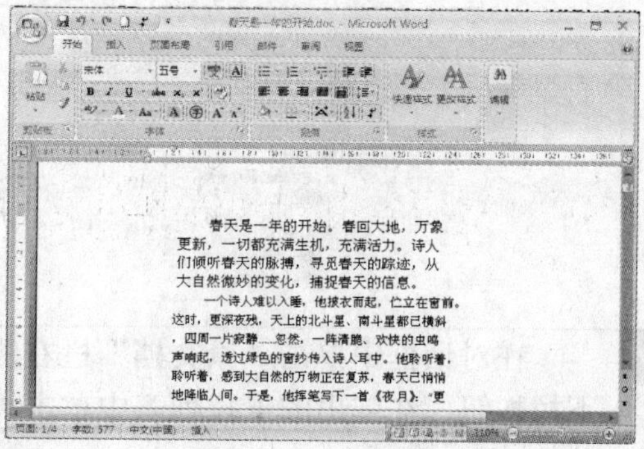

提示：要接受或拒绝文档修订，也可在“审阅”选项卡“更改”组中，单击“接受”或“拒绝”按钮进行文档的修订处理。

7.1.4 比较文档

比较文档有什么作用呢？
使用比较文档功能可反映出两个被修订的文档的修订情况。

由两个以上的人员同时修订一份文档，则可使用比较文档的功能来反映出各自的修订情况。

1 打开“唐诗的形式和风格”文档。

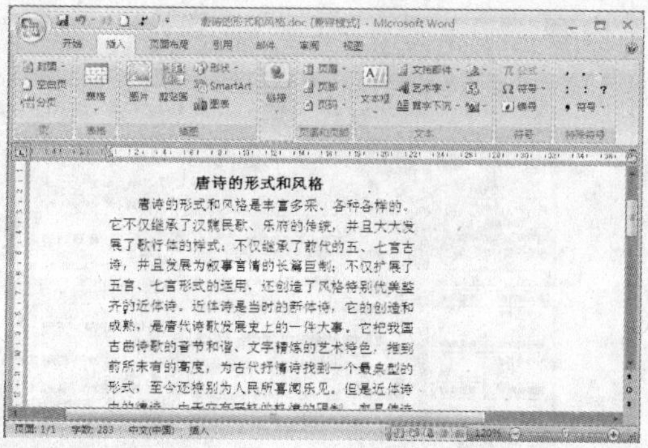

2 打开第一个被修订过的文档。

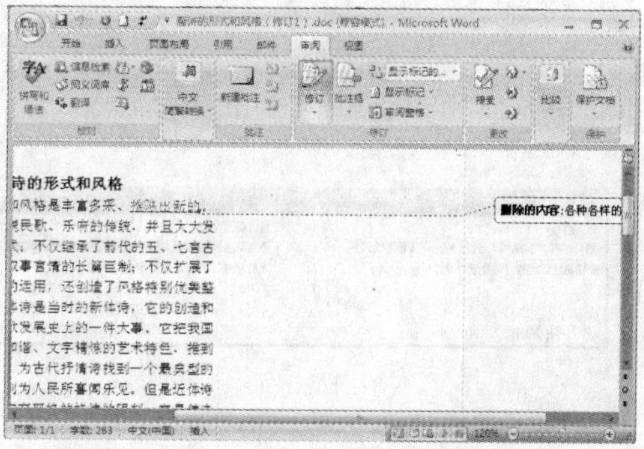

3　在“审阅”选项卡“比较”组中单击“比较”按钮，在弹的菜单中选择“合并”命令。

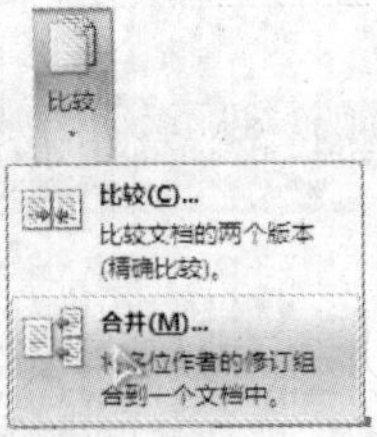

4　此时会弹出如下图所示的“合并文档”对话框。

5　在对话框中单击“原文档”栏右侧的下拉按钮，在弹出的下拉列表中单击“浏览”。

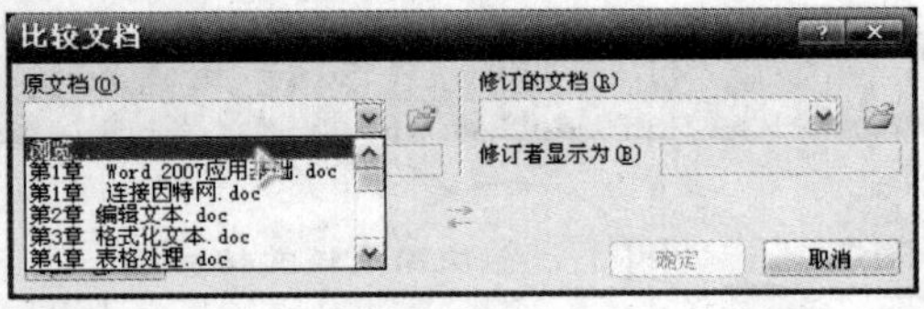

6　此时会弹出“打开”对话框，在对话框中的“查找范围”列表中选择源文档所在的位置。

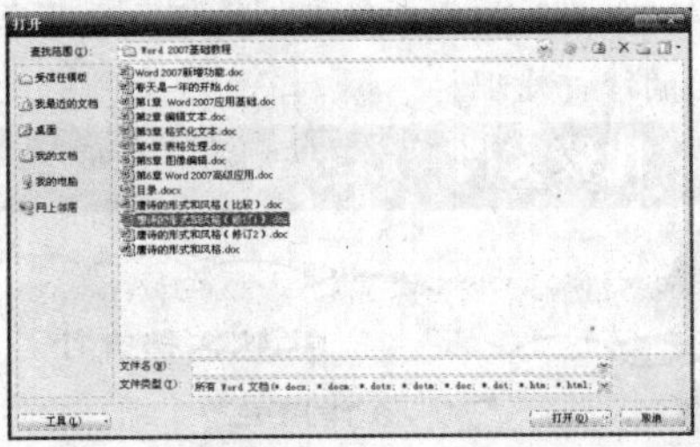

7　单击“确定”按钮后，即可选择将要合并的原文档，然后使用同样的方法选择另一个被修订的文档。

8　单击 “确定”按钮后，即可将这两个被修订过的文档进行合并，并将合并结果生成一个新的文档，此文档被分为三个部分，左侧显示了文档的修订摘要、修订和批注信息，中间部分即是被合并后生成的新文档，右侧显示了原文档和修订文档的内容。

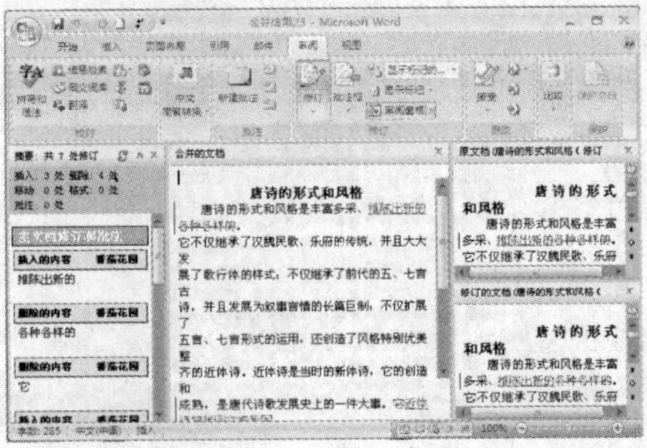

在“审阅”选项卡“比较”组中单击“比较”按钮，并在弹的下拉菜单中选择“比较”命令。

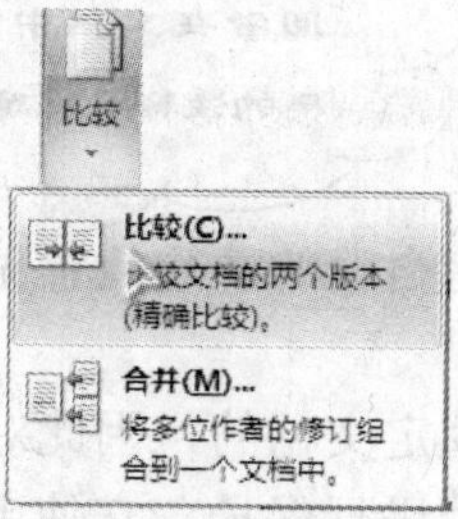

10 此时会弹出如下图所示的“比较文档”对话框。

使用合并文档同样的方法，选择将要合并的原文档和修订文档。

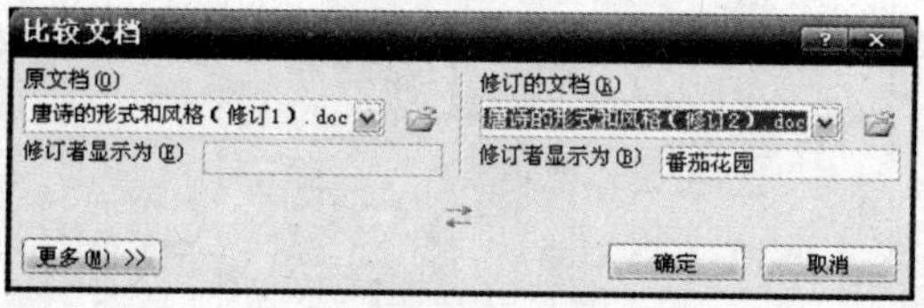

12 单击“确定”按钮后，即可将被合并的两个文档进行比较，并将比较的结果生成一个新的文档。

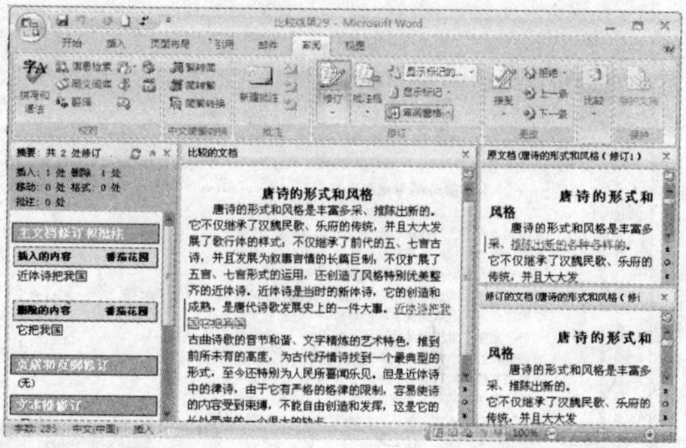

用鼠标指向修订处，单击右键，在弹出的快捷菜单中选择“接受修订”命令。

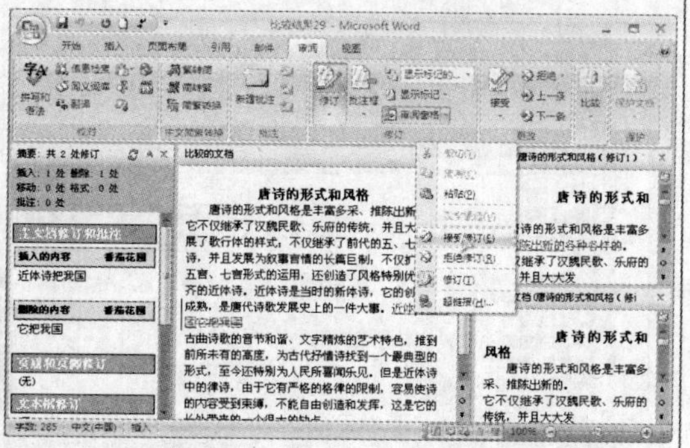

14 接受修订后，如下图所示。

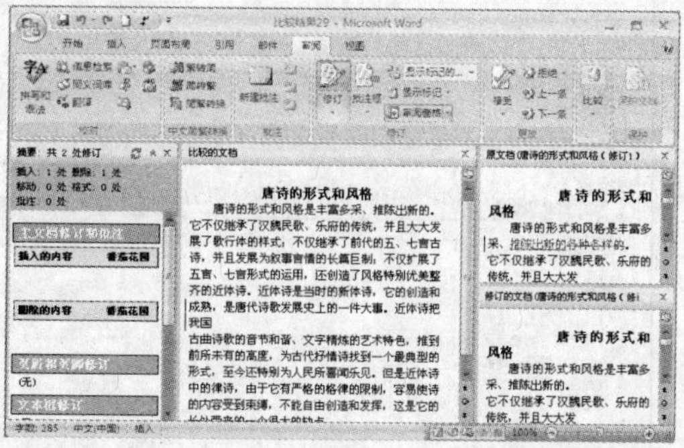

7.1.5 插入批注

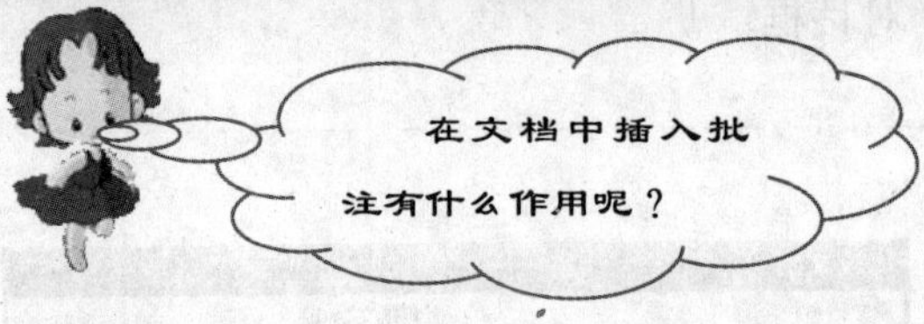
在文档中插入批
注有什么作用呢？

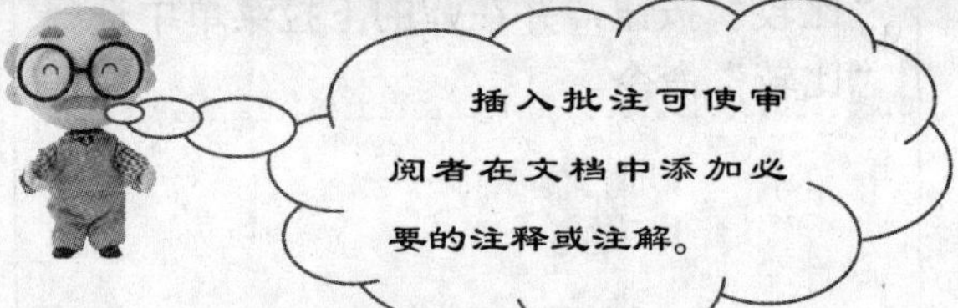
插入批注可使审
阅者在文档中添加必
要的注释或注解。

在文档中插入批注可使读者或审阅者在阅读文档时，将自己的感想或意见批注到电子书籍中，既让作者了解阅读者的心里又不影响文档的美观。

使用批注功能是采用使文档的属性设置为只读方式来锁定文档的，因此对于文档审阅都只能阅读不能修改，但可以插入批注。使用此功能可对文档进行保护，它使审阅者只能插入批注，如果接受此意见直接更改文档后，再删除批注即可。

1 打开“唐诗的形式和风格”文档，选择需要添加批注的文本。

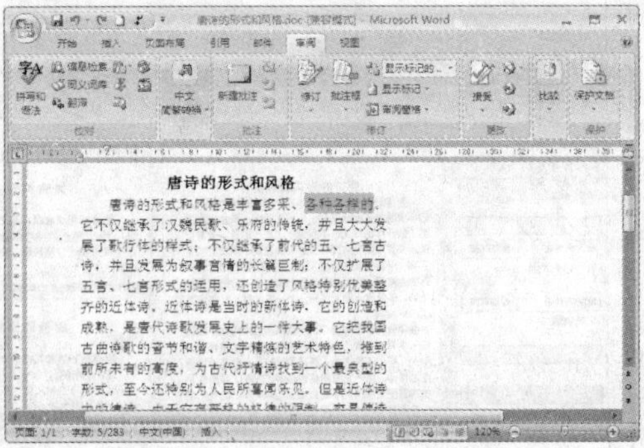

2 在“审阅”选项卡“批注”组中单击“新建批注”按钮。

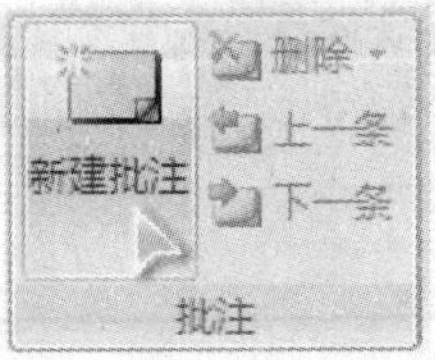
删除
上一条
下一条
新建批注
批注

3 此时在光标插入处的文本会被括起来，并在文档右侧弹出一个批注框。

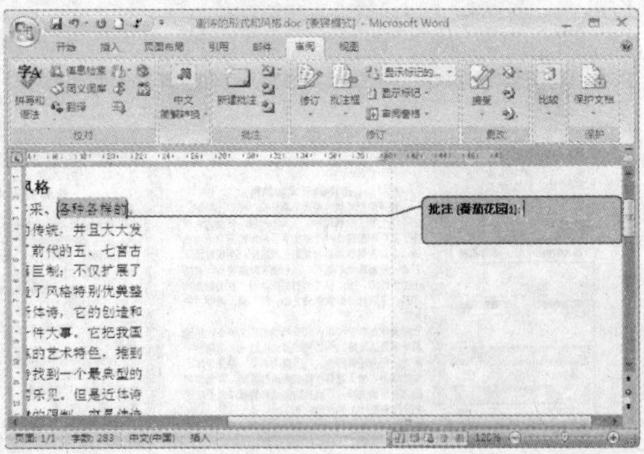

4 在批注框中输入“是否可改为‘推陈出新的？’”，在此提出建议。

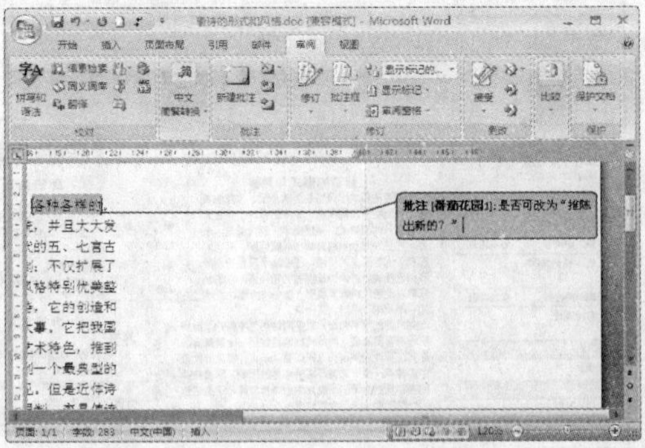

5 作者如果接受审阅者或读者的批注建议，可单击“审阅”选项卡“批注”组中的“删除批注”按钮，并在弹出的下拉菜单中选择“删除”命令。

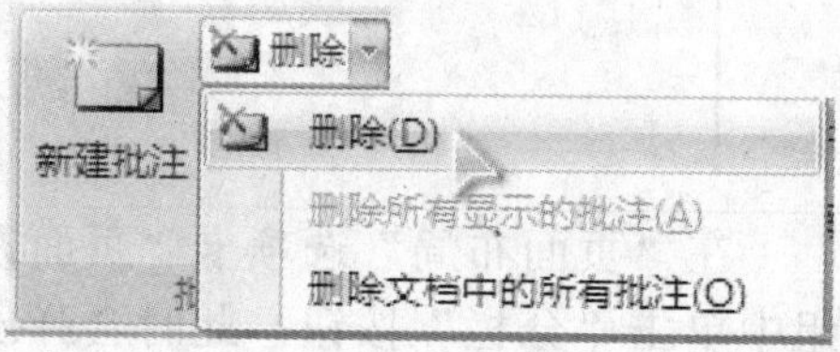
删除
新建批注
删除(D)
删除所有显示的批注(A)
删除文档中的所有批注(O)

6 删除批注后，在文档中将“各种各样的”删除再插入“推陈出新的”文本，如下图所示。

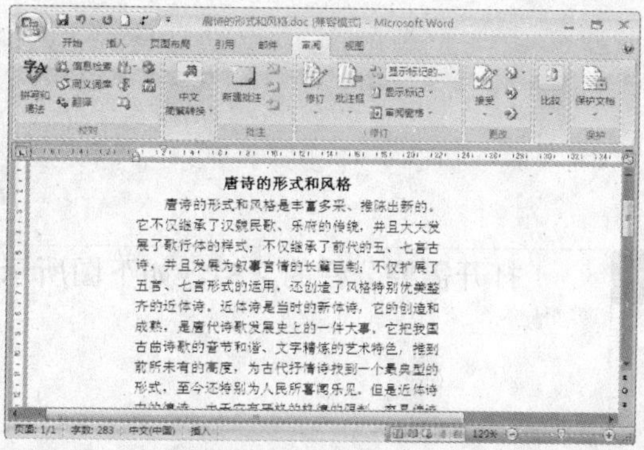
唐诗的形式和风格

提示：在文档中选择将要删除的批注单击右键，并在弹出的快捷菜单中选择“删除批注”命令，也可删除批注。

7.2 设置分栏

将文档分栏是一种常用的排版方式，它常用于编排报刊和科技论文等文档。对文档进行分档设置，可将文档中的文本按从左至右的方式进行排列。

设置分栏有什么作用呢？
设置分栏，可使文档一栏一栏地显示，这是一种特殊的排版方式，可美化文档外观。

使用 Word 2007 提供的分栏功能，可将文档分为一栏或多栏，但最多可将文档分为 11 栏。在进行分栏时，用户可自己选择分栏的文档的范围，可以是整个文档也可以是文档中的一部分。如果选定某个部分，则只对这一部分进行分栏；如果没进行选择操作，则可对整个文档进行分栏。

在“页面布局”选项卡“页面设置”组中单击“分栏”按钮，此时会弹出如下图所示的“分栏”下拉菜单。在此菜单中可选择分栏的栏数，如果要设置更多栏数，可单击此菜单中的“更多分栏”命令。

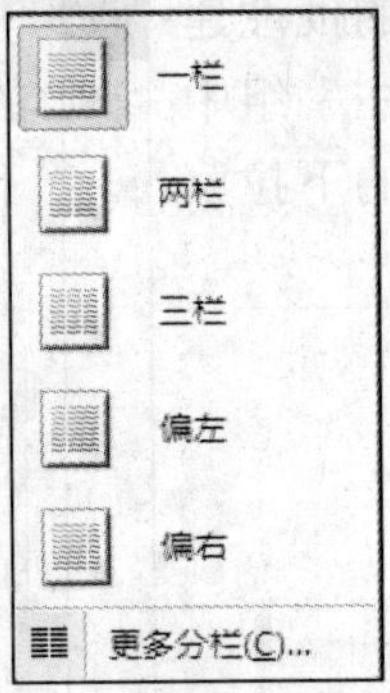

1 打开需要分栏的文档，如下图所示。

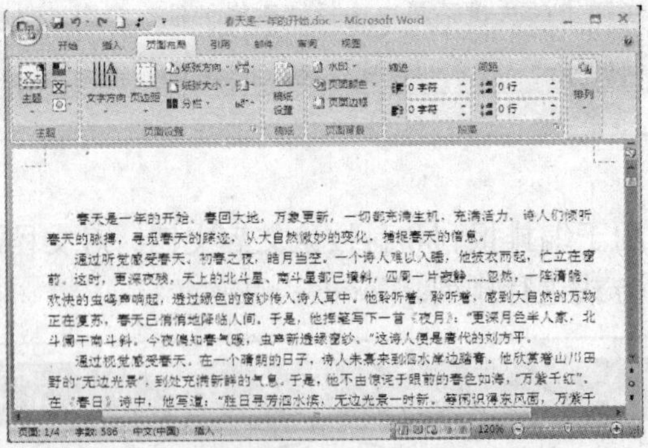

2 在“页面布局”选项卡“页面设置”组中单击“分栏”按钮，此时会弹出分栏下拉菜单，在此菜单中选择“更多分栏”命令后，会弹出“分栏”对话框。

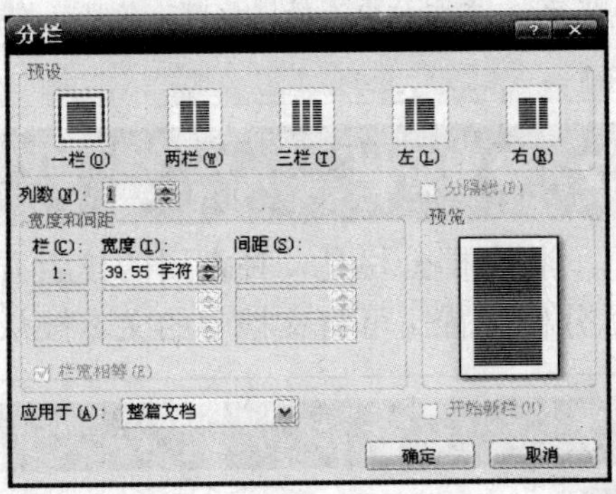

3 在对话框中单击“列数”栏右侧的按钮，可设置分栏的栏数。

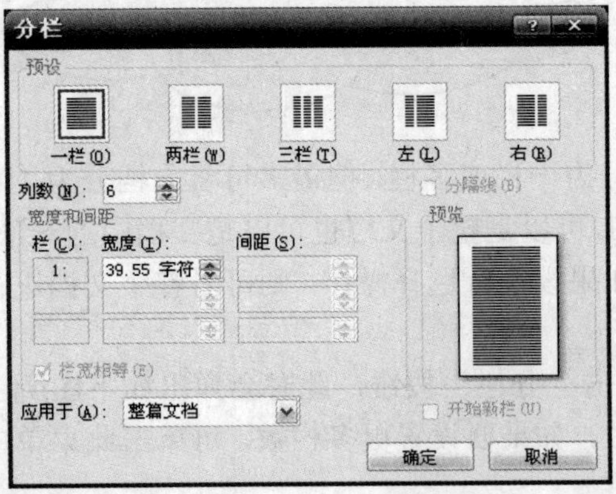

4 单击“确定”按钮后，分栏效果如下图所示。

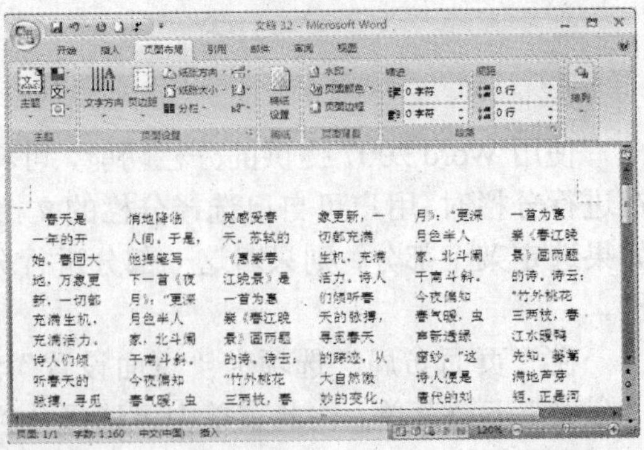

5 在对话框中选择“分隔线”复选框，在每栏之间添加一个分隔线。

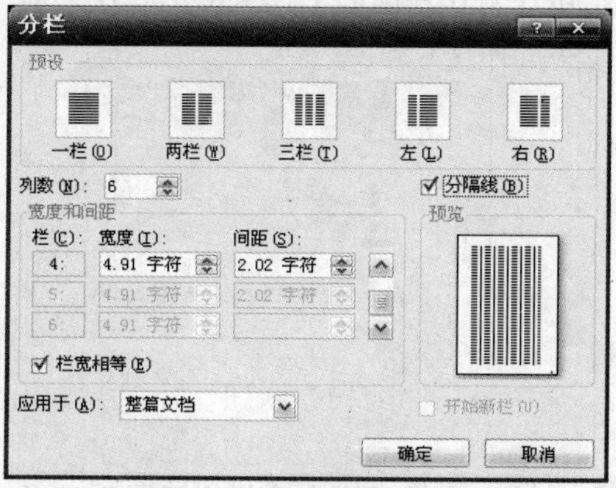

6 单击“确定”按钮后，效果如下图所示。

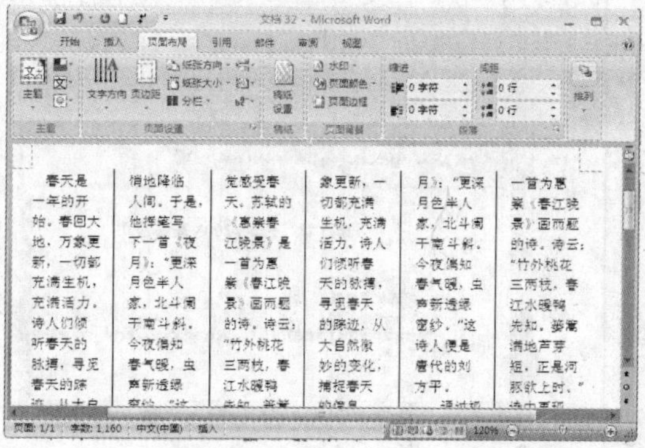

7.3 提取文档目录

提取目录，是指提取文档中的目录，如书本目录。目录是指每个文档中的标题，这些标题在进行格式设置时，应明确设置其大纲级别，如一级、二级等。

提取文档目录可方便读者查询本书中某个知识点所在的章节。目录前面部分是章节标题，后部分则是此章节所在的页数，因此读者在阅读时不需一页一页地查找所需的知识点在书中的哪一个章节。

要提取文档目录，必须设置文档中各标题之间的级别，一级标题和二级标题之间的格式不同，二级标题与三级标题的格式又不相同。在设置一级标题样式时，应在“段落”对话框中的“大纲级别”下拉列表中选择“一级”选项；如果是设置二级标题样式，则应在“段落”对话框中的“大纲级别”下拉列表中选择“二级”选项，以此类推三级标题则应将“大纲级别”设置为“三级”。

1 打开文档，文档中必须有多级标题。

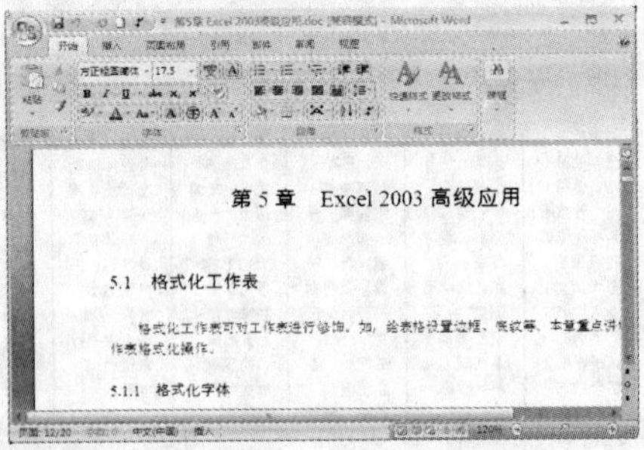

2 将光标插入到文档最末尾，并在“引用”选项卡“目录”组中单击“目录”按钮，并在弹出的下拉菜单中选择“插入目录”命令。

3 此时会弹出如下图所示的“目录”对话框。

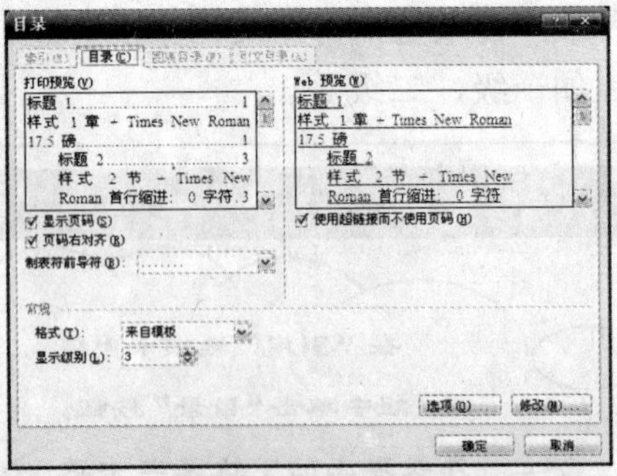

4 在此对话框中选择“目录”选项卡并单击“确定”按钮，即可在光标处插入此文档的目录，如下图所示。

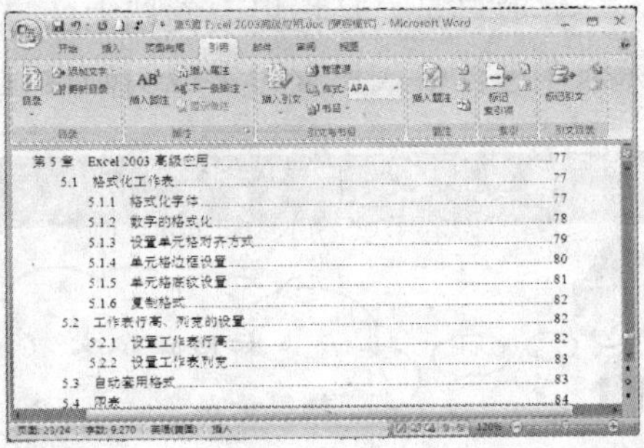

7.4 超链接

超链接是将一个 Word 文档与外部文档或外部文件中的相关信息链接在一起，达到快速跳转到另一个文档或文件的作用。

7.4.1 建立超链接

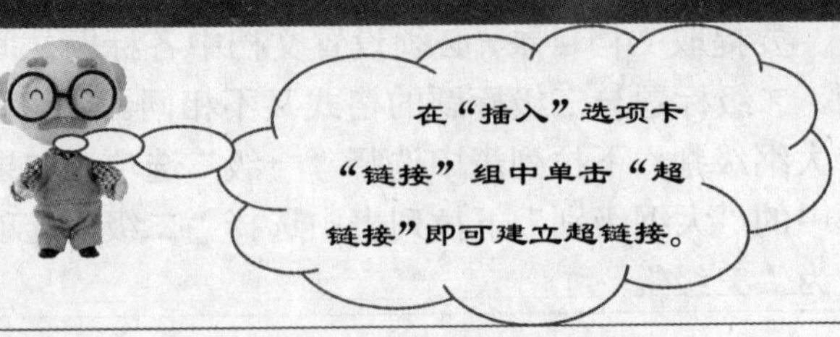

在 Word 中建立超链接的方法有两种，一种是在文档的文本中创建超链接；另一种是将文档中的图形创建为超链接。

• 使用文档中的文本创建超链接

将文档中的文本创建超链接后，可在本文档中单击此文本，即可快速的打开被链接的另一个文档。

1 打开文档（本节均以此文档为例进行讲解）。

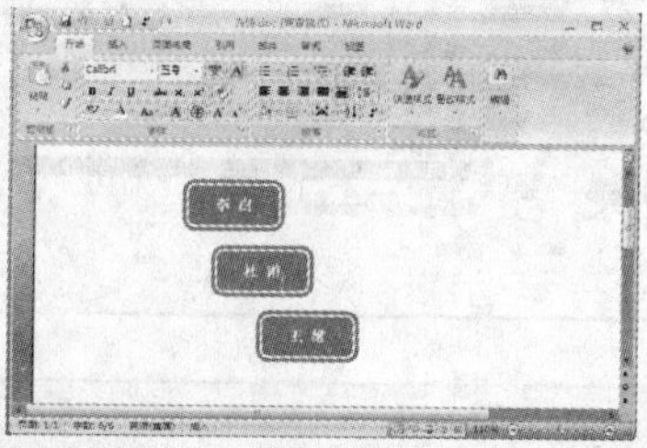

2 选择第一个按钮中的文本“李白”，然后单击“插入”选项卡“链接”组中的“超链接”按钮。

3 此时会弹出如下图所示的“插入超链接”对话框。

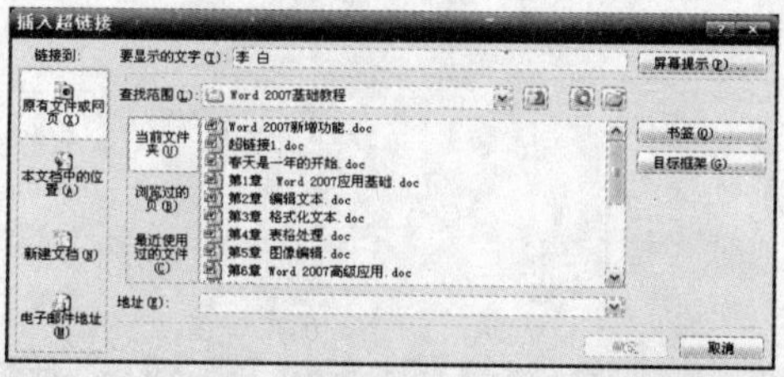

4 在此对话框中的“链接到”选项中单击“所有文件或网页”按钮，然后单击“查找范围”栏右侧的下拉按钮，在弹出的查找列表中选择链接文件所在的位置。

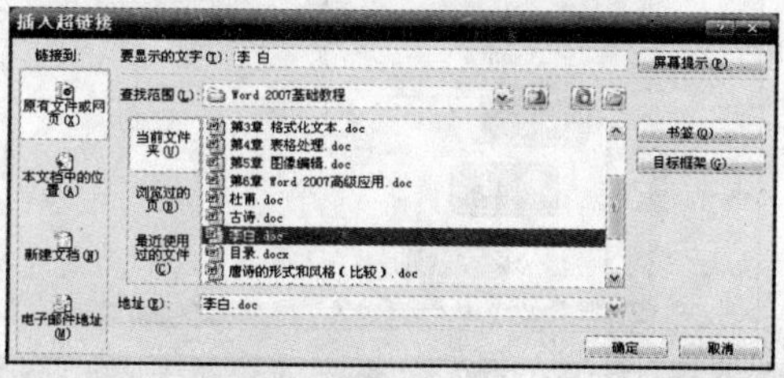

5 单击“确定”按钮后，被创建超链接的文本将变为蓝色且加有一条下划线。

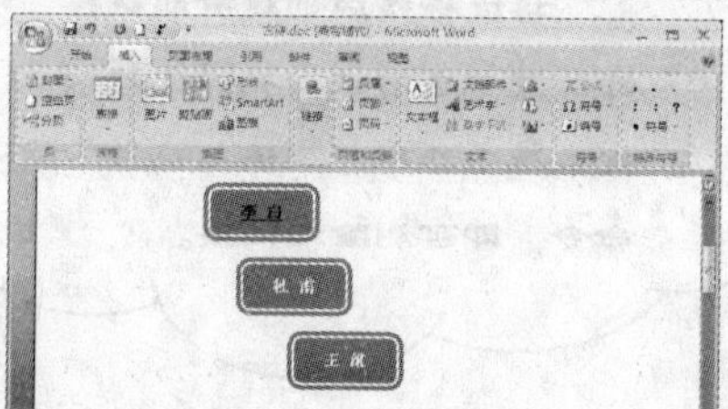

6 此时按住“Ctrl”键，并单击“李白”即可打开被链接的文档。

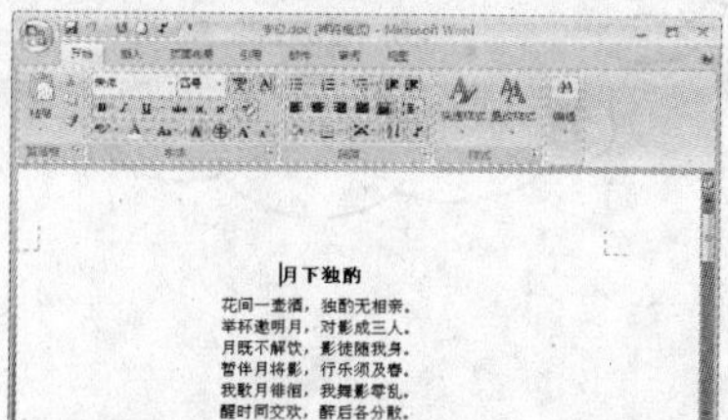

• **使用图形创建超链接**

使用图形创建超链接与使用文本创建超链接的方法相同。

1 打开文档，并选择将要创建超链接的图形。

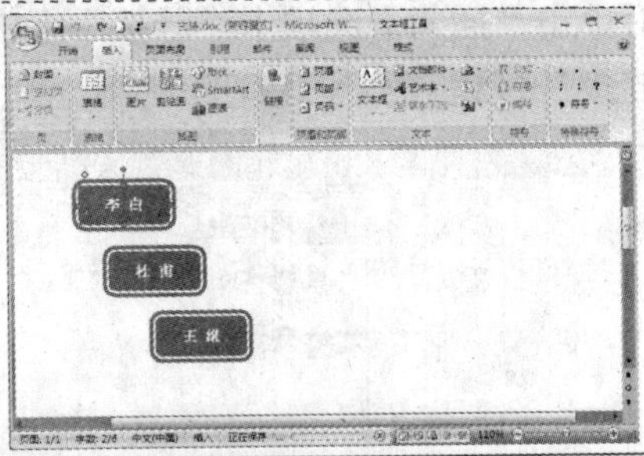
李 白
杜 甫
王 维

2 选择第一个按钮中的文本“李白”，然后单击“插入”选项卡“链接”组中的“超链接”按钮，此时会弹出“超链接”对话框。

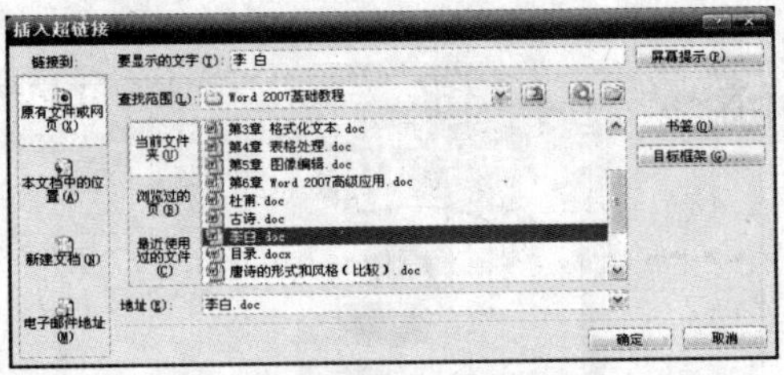

3 单击“确定”按钮后，用鼠标指向此图形，当鼠标变成如下图所示的时候，单击鼠标即可打开被链接的文档。

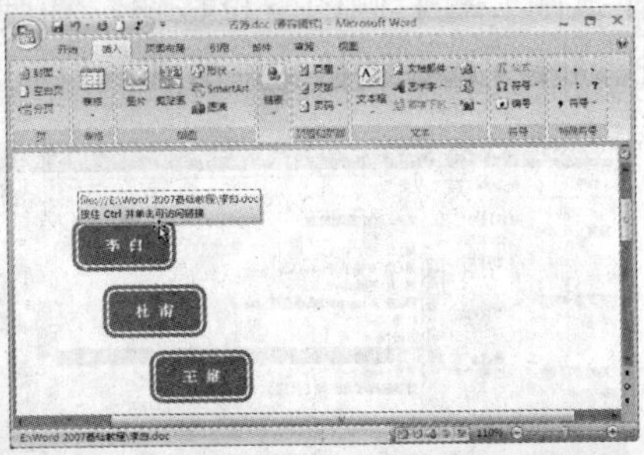
李 白
杜 甫
王 维

提示：

为图形设置超链接后，单击此图形会快速的变化图形颜色，但这种变化只是一瞬间，单击过后图形颜色又会恢复原样。

7.4.2 删除超链接

如何删除超链接呢？
将鼠标指向创建有超链接的位置单击右键，在弹出的快捷菜单中选择“取消超链接”命令，即可删除超链接。

删除超链接的方法很简单，只需选择创建的超链接单击右键，在弹出的快捷菜单中选择“取消超链接”命令即可。

7.5 邮件合并

在日常生活中，经常会遇到这样的事，如写邀请信、喜帖等，这些贴子内容都差不多，只是姓名、地址和联系方式不同，如果一封一封地写显得太麻烦了，如果使用 Word 2007 提供的邮件合并功能，则可大大提高写信的效率。

使用邮件合并功能，可将信中相同的内容保存为一个文档，这些被称为主文档；将信不同部分，如很多收信人的姓名、地址等保存为另外一个文档，这些被称为数据源。

7.5.1 创建邮件合并的文档

创建邮件合并文档有什么条件呢？
创建邮件合并文档时，必须建立主文档和数据源两个文档。

邮件合并需要创建两个文档，一个是邮件合并时的主文档，另一个是邮件合并时的数据源文档，数据源文档可看成是一张简单的二维表格。这两个文档可预先分别创建，也可在编辑的过程中临时创建且使用。

• 创建主文档

创建主文档即是输入和编辑具有相同内容的邮件部分。

1 单击“Office”按钮，在弹出的下拉菜单中选择“新建”命令，并在弹出的“新建文档”对话框中单击“空白文档”按钮。

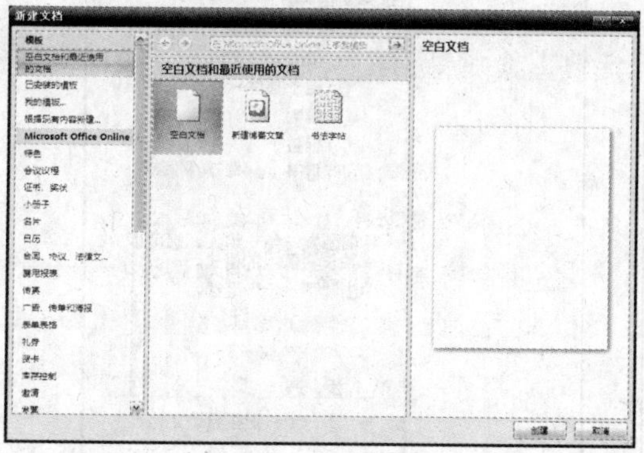

2 单击“创建”按钮后，并在空白文档中输入如下图所示的文档。

邀请信

先生/女士，您好！

2007 年书法展览将于 7 月 11 日在至轩大酒店 1 楼展览厅举行。

地点：

联系电话：

请您准时参加，谢谢！

• 创建数据源文档

数据源文档是一张二维表格，表格中的每一列对应一个信息类别，如姓名、地点和电话等。创建数据源文档时，各个数据域的名称由表格的第一行来表示，这一行称为域名记录，后面的每一行为一个记录，数据记录是一组完整的相关信息，如某个收件人的姓名和地址等。

新建一个空白文档，并创建一个4行4列的表格。

在表格中输入内容。

姓 名	公 司	地 点	电 话
李 军	天宇广告	1楼1号展览厅	13956248752
刘 晴	虹通物业	1楼3号展览厅	13345689524
罗 佳	天马卫浴	1楼1号展览厅	13625897546

7.5.2 创建邮件合并

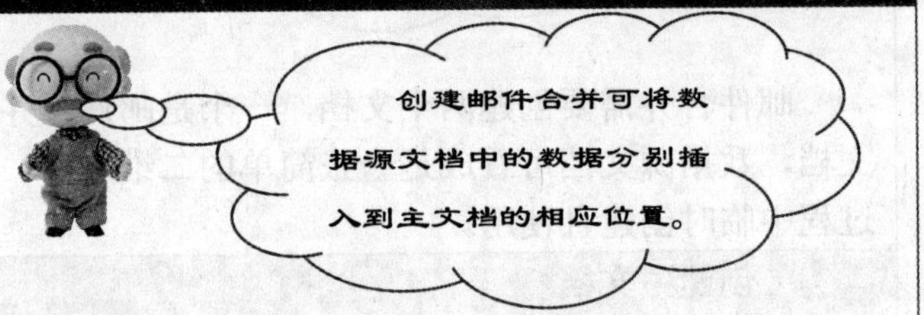

创建邮件合并的具体步骤如下：

打开刚才创建的主文档，并在“邮件”选项卡“开始邮件合并”组中单击“开始邮件合并”按钮，此时会弹出下拉菜单。

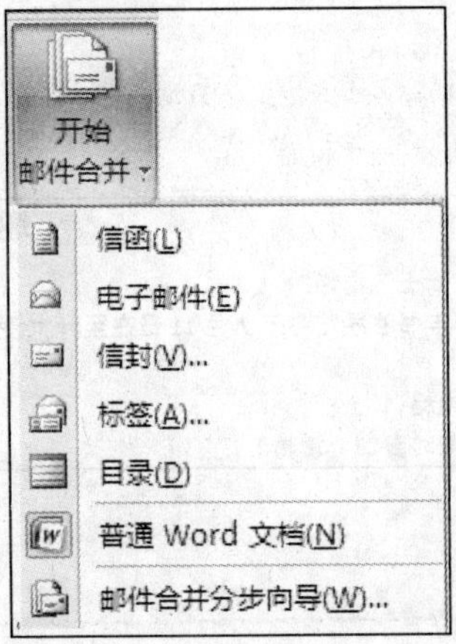

在弹出的下拉菜单中单击“邮件合并分步向导”命令，此时会在窗口右侧弹出“邮件合并”任务窗格。

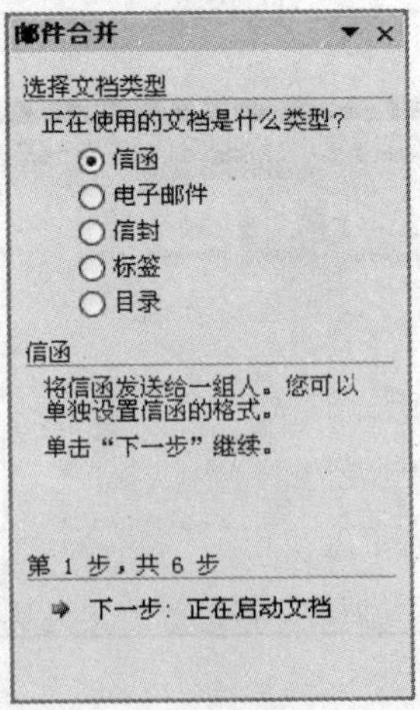

3 在任务窗格中单击“信函”单选按钮后，单击“下一步：正在启动文档”，此时会弹出任务窗格。

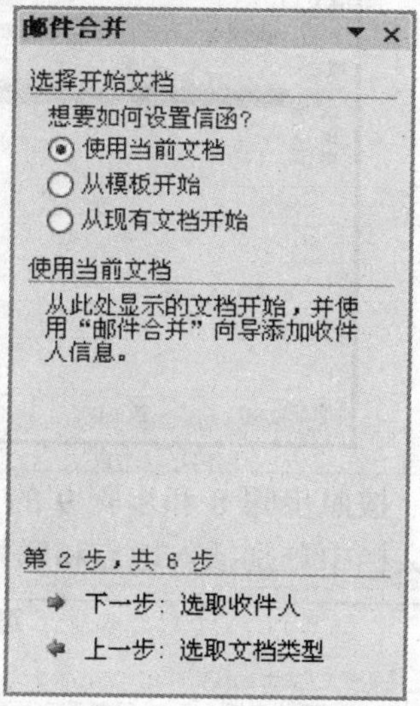

4 在此任务窗格中单击“使用当前列表”单选按钮后，单击“下一步：选取收件人”，此时会弹出任务窗格。

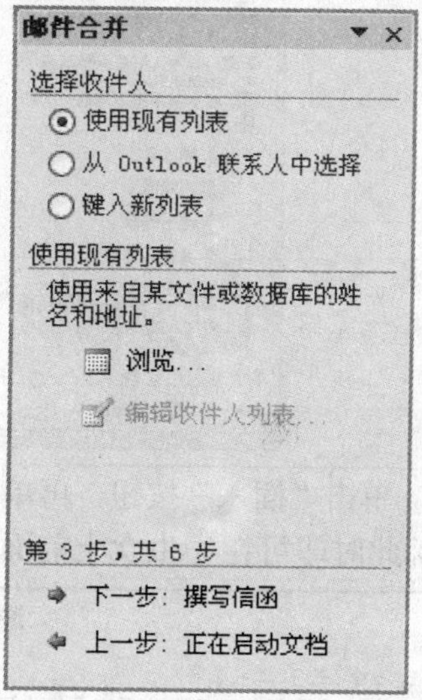

5 在此任务窗格中单击“使用现有列表”单选按钮，然后单击“浏览”选项，此时会弹出如下图所示的“选取数据源”对话框，在此对话框中选择数据源文档所在的位置。

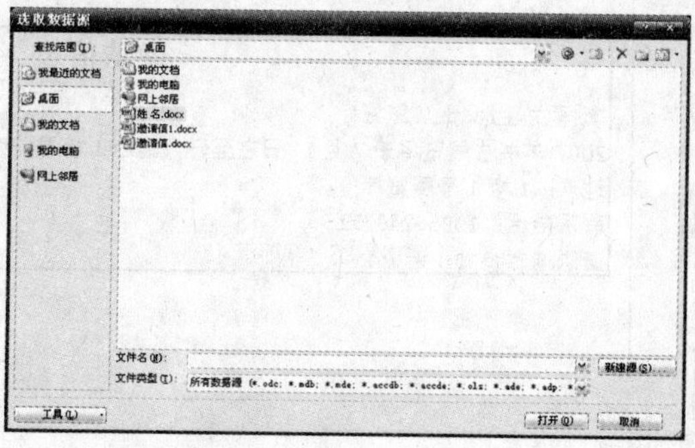

6 单击“打开”按钮，此时会弹出“邮件合并收件人”对话框，在此对话框中选择所有的记录。

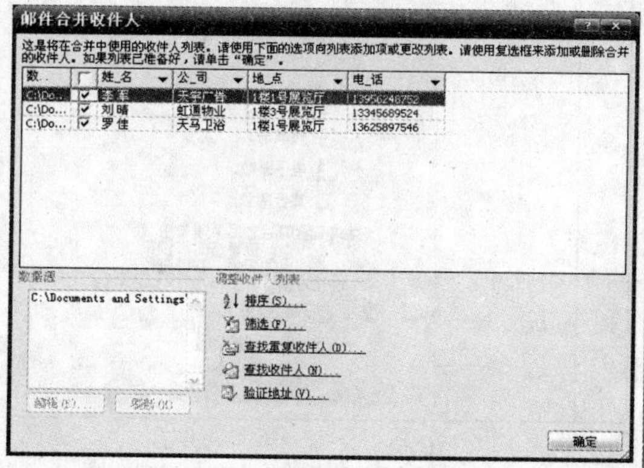

7 单击“确定”按钮后，再单击“下一步：撰写信函”任务窗格将变成如下图所示。

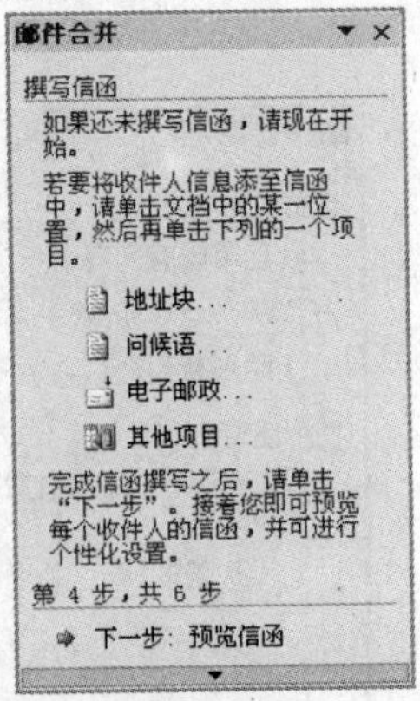

8 在主文档中将光标定位在先生/女士前面，然后单击“其他项目”，此时会弹出“插入合并域”对话框。

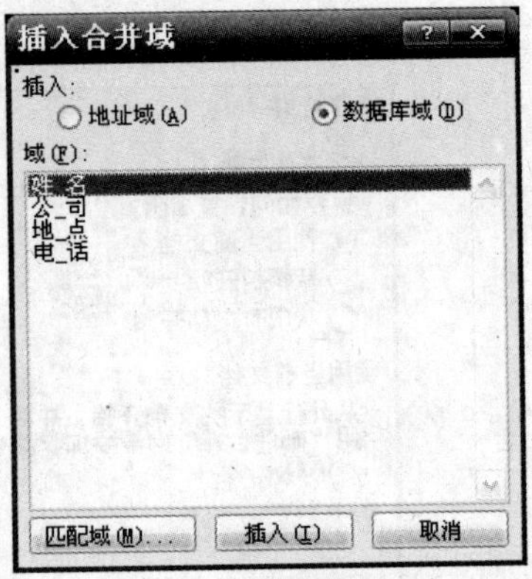

9 单击“插入”按钮，再单击“取消”按钮，此时即可在先生女士前面插入“姓名”。

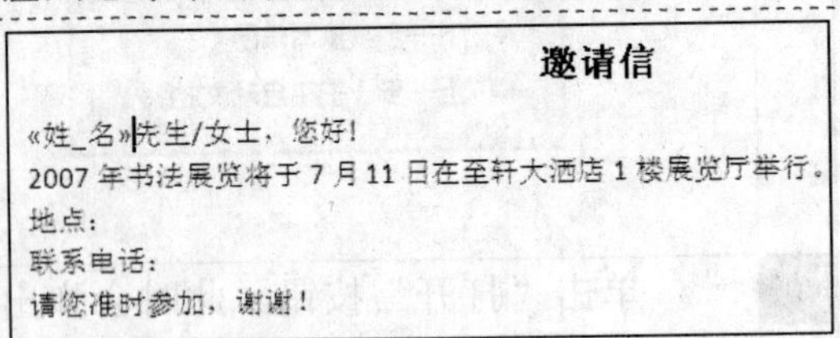
邀请信

«姓_名»先生/女士，您好！

2007 年书法展览将于 7 月 11 日在至轩大酒店 1 楼展览厅举行。

地点：

联系电话：

请您准时参加，谢谢！

10 按照步骤 8 和步骤 9 的方法，即可在主文档中分别插入地点和联系电话。

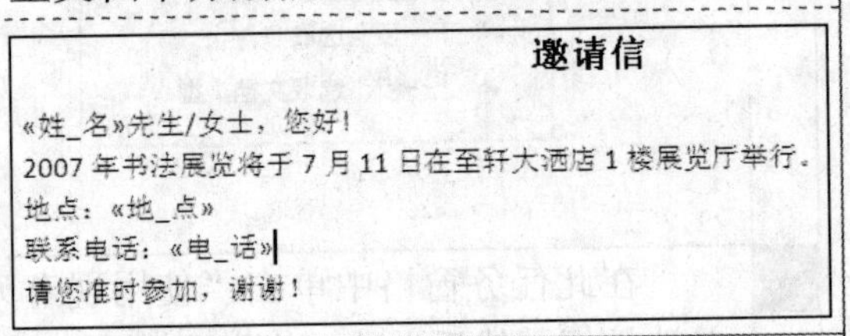
邀请信

«姓_名»先生/女士，您好！

2007 年书法展览将于 7 月 11 日在至轩大酒店 1 楼展览厅举行。

地点：«地_点»

联系电话：«电_话»

请您准时参加，谢谢！

11 在任务窗格中单击“下一步：预览信函”选项。

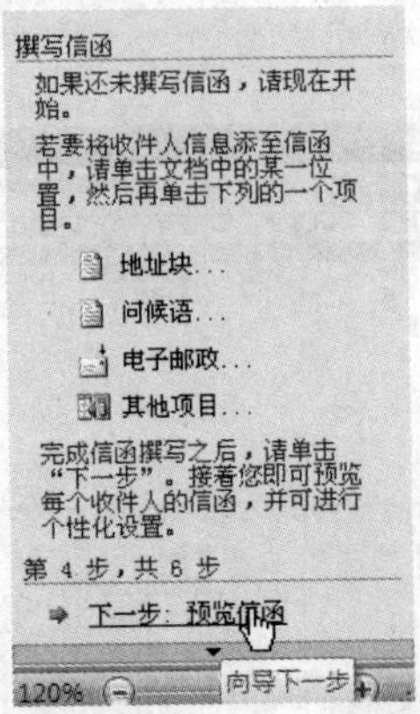

12 信函预览效果如下图所示。

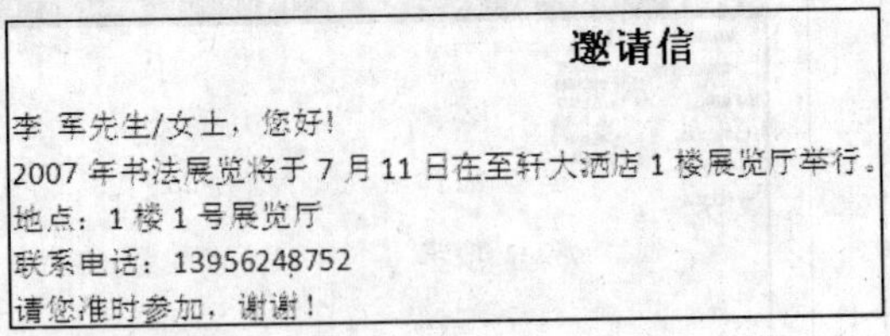
邀请信

李 军先生/女士，您好！

2007 年书法展览将于 7 月 11 日在至轩大酒店 1 楼展览厅举行。

地点：1 楼 1 号展览厅

联系电话：13956248752

请您准时参加，谢谢！

电脑即学即用

教你学电脑

第8章 综合实例

本章要点：

- 制作降价宣传单
- 制作相框
- 图画装裱
- 制作层次结构图
- 绘制七色花
- 制作财务报表

电脑博士，听说使用 Word 2007 可以制作相框、宣传单、报表等，是真的吗？

当然啦，本章就教你如何使用“新建”对话框制作宣传单和毛笔字帖；使用“图形形状”制作相框、国画装裱和绘制七色花；使用表格功能制作财务报表等内容。

8.1 制作降价宣传单

制作降价宣传单主要用到 Word 2007 新增的新建功能，在新建的过程中轻松下载各种模板。本例主要讲解制作降价宣传单，以便让读者能够更加熟练地掌握新建文档模板的功能。

本例在制作降价宣传单时先在“新建”对话框中下载降价宣传单模板，然后对宣传单的样式、颜色、内容等进行修改，使其适合自己商品的降价单。

1 单击“Office”按钮，在弹出的下拉菜单中选择“新建”按钮，此时会弹出“新建文档”对话框，在此对话框中的“模板”列表框中选择“广告、传单和海报”选项。

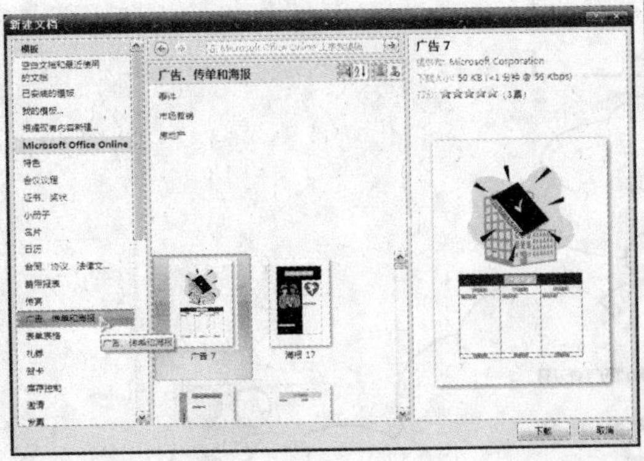

2 在对话框的“搜索模板”框中单击“市场营销”选项，此时会显示所有的市场营销模板，拖动右侧的垂直滚动条可在搜索框中查找所需的模板，找到后用鼠标单击此模板。

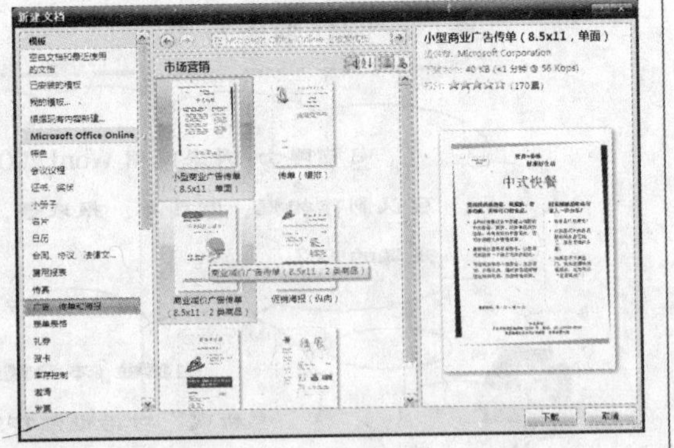

3 单击“下载”按钮后，会弹出如下图所示的提示框。

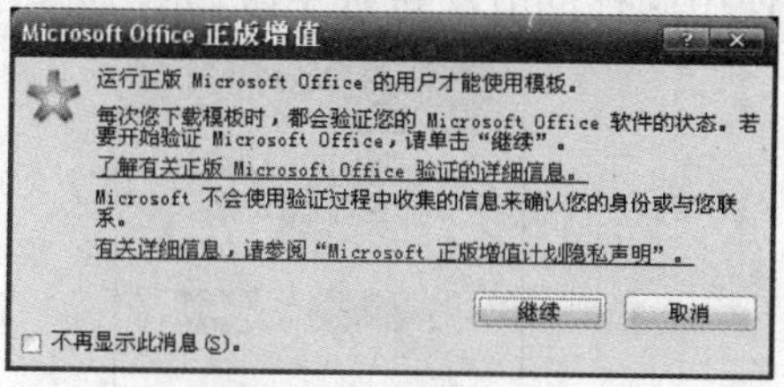
Microsoft Office 正版增值
运行正版 Microsoft Office 的用户才能使用模板。
每次您下载模板时，都会验证您的 Microsoft Office 软件的状态。若要开始验证 Microsoft Office，请单击“继续”。
了解有关正版 Microsoft Office 验证的详细信息。
Microsoft 不会使用验证过程中收集的信息来确认您的身份或与您联系。
有关详细信息，请参阅“Microsoft 正版增值计划隐私声明”。
继续
取消
不再显示此消息(S)。

4 单击“继续”按钮后，会弹出“正在下载模板”对话框。

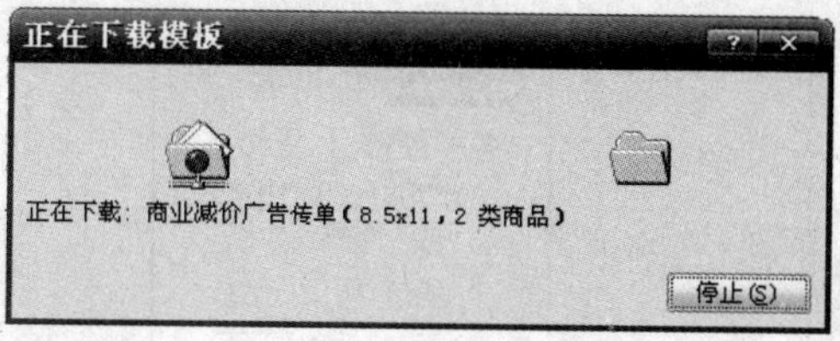
正在下载模板
正在下载：商业减价广告传单(8.5x11，2 类商品)
停止(S)

5 模板下载完成后，即可创建降价宣传单模板。

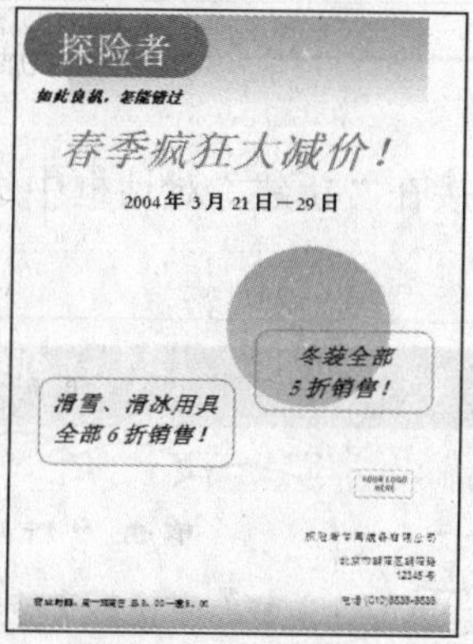
探险者
如此良机，怎能错过
春季疯狂大减价！
2004年3月21日—29日
冬装全部
5折销售！
滑雪、滑冰用具
全部6折销售！

6 用鼠标单击模板上的年月日，然后选择日期。

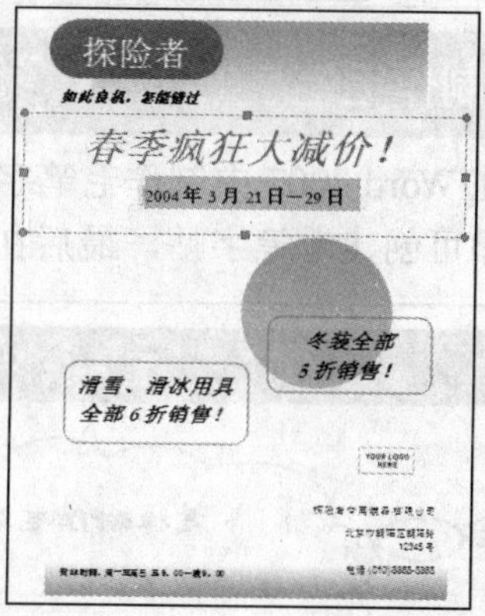
探险者
如此良机，怎能错过
春季疯狂大减价！
2004年3月21日—29日
冬装全部
5折销售！
滑雪、滑冰用具
全部6折销售！

7 在模板中输入新的日期。

探险者
如此良机，怎能错过
春季疯狂大减价！
2007年12月25日—30日
冬装全部
5折销售！
滑雪、滑冰用具
全部6折销售！

8 使用上两步相同的方法，更改模板中其他文本不符的地方。

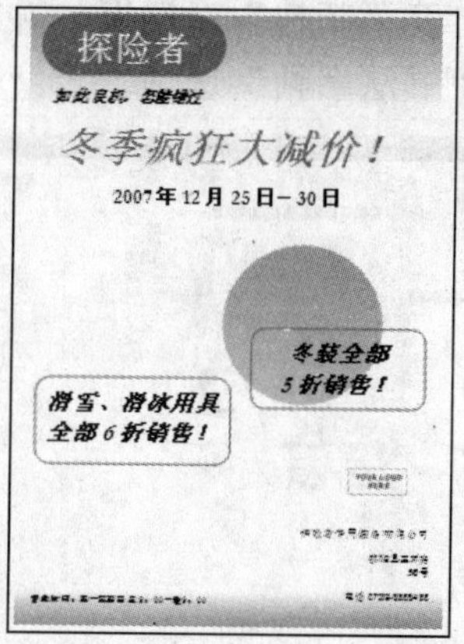
探险者
如此良机，怎能错过
冬季疯狂大减价！
2007年12月25日—30日
冬装全部
5折销售！
滑雪、滑冰用具
全部6折销售！

单击“更改形状”按钮，在弹出的形状下拉面板中选择“双向直角箭头”选项。

探险者
冬季疯狂大减价！
2007年12月25日-30日
冬装全部
5折销售！
滑雪、滑冰用具
全部6折销售！

10 移动、复制和旋转图形，即可得到最终效果。如果用户觉得颜色不满意，也可使用同样的方法进行更改。

探险者
冬季疯狂大减价！
2007年12月25日-30日
冬装全部
5折销售！
滑雪、滑冰用具
全部6折销售！

8.2 制作毛笔字帖

在 Word 2007 中制作毛笔字帖的方法非常简单，直接在“新建”对话框中选择“字帖”选项即可创建毛笔字帖，最后在字帖中添加字体即可。

怎样制作毛笔字帖呢？
单击“新建文档”对话框中的“字帖”按钮即可。

制作毛笔字帖的具体步骤如下：

打开“新建”对话框，并在对话框中单击“书法字帖”选项。

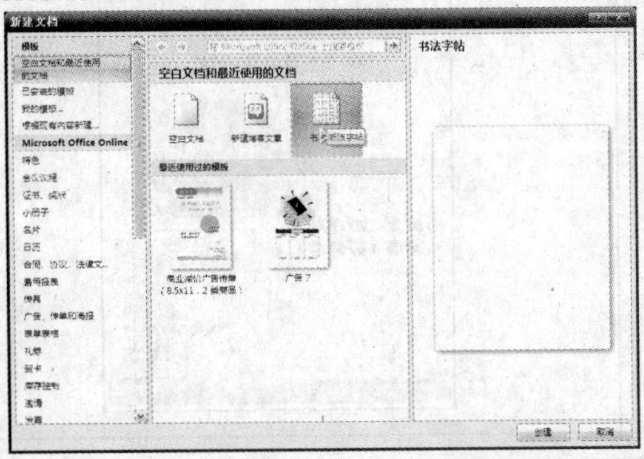
新建文档
书法字帖
空白文档和最近使用的文档

2 单击“创建”按钮后，即可在文档中创建如下图所示的字帖格式。

3 在创建字帖的同时会弹出“增减字符”对话框。

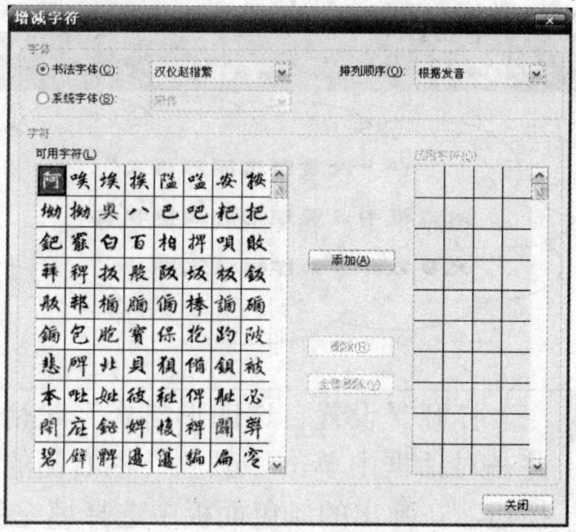

4 在对话框的“字体”选项中单击“书法字体”单选按钮后，单击右侧的下拉按钮，在弹出下拉列表中选择合适的书法字体。

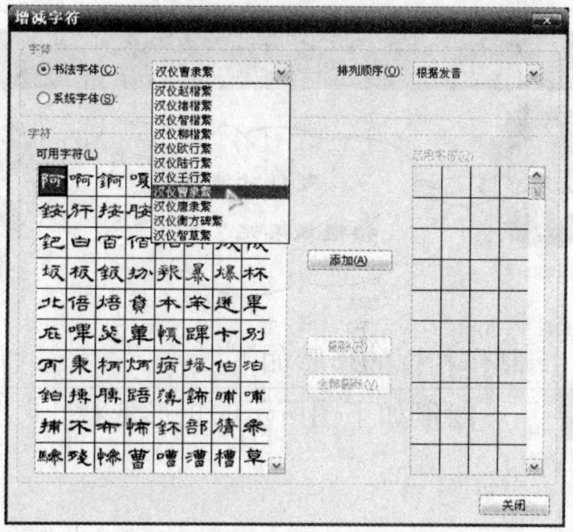

5 在“字符”框中选择所需的字符后，单击“添加”按钮，被选择的字符即可添加到对话框右侧的“已用字符”框中。

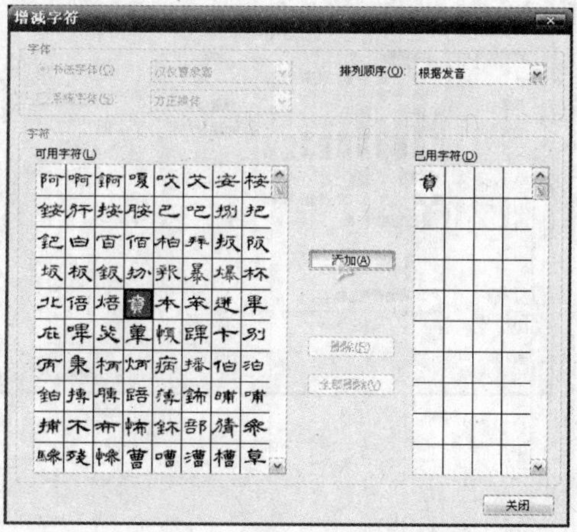

6 重复上步操作，直到字符填满字帖时，单击“关闭”按钮，即可得到如下图所示的效果。

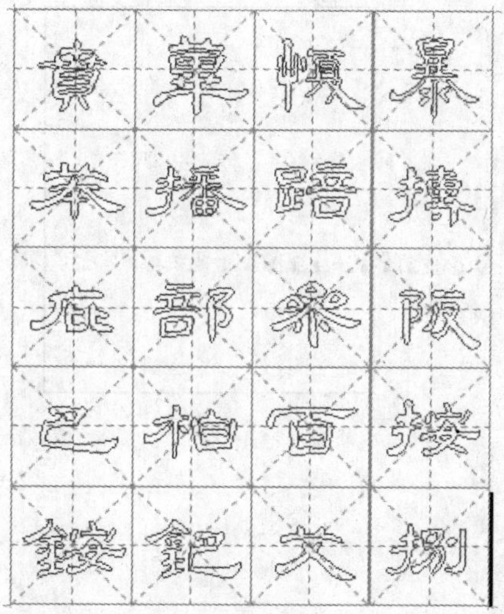

8.3 制作相框

制作相框主要用到形状工具中的矩形工具及设置边框线样式。此例的关键是设置矩形边框的线条样式和颜色，其次是制作相框的立体效果。通过此例使读者能够熟练掌握形状工具的使用及设置。

制作相框的步骤如下：

1 绘制如下图所示的矩形形状。

2 打开“设置自选图形格式”对话框，并在对话框中单击“颜色”栏右侧的下拉按钮，在弹出的颜色面板中选择填充色。

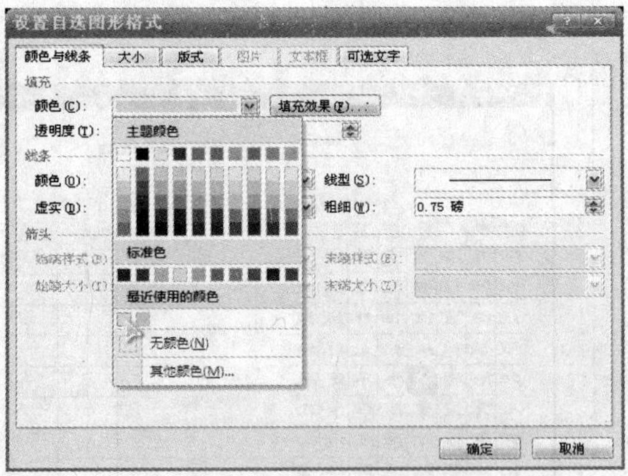

3 单击“确定”按钮后，即可为图形填充颜色。

再打开“设置自选图形格式”对话框，设置其线条样式和颜色。

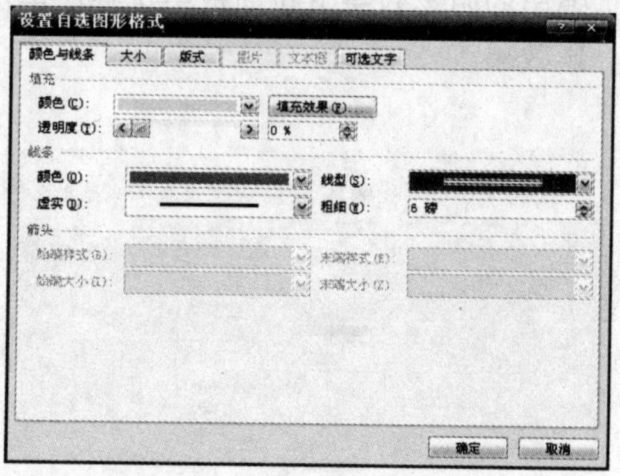

单击“确定”按钮后，边框样式如下图所示。

绘制如下图所示的形状，作为相框的内边框。

打开“设置自选图形格式”对话框，其设置如下图所示。

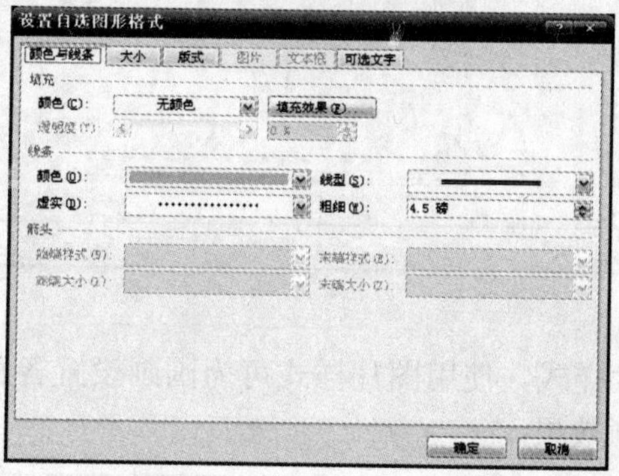

单击“确定”按钮后，内框效果如下图所示。

9 双击边框，在“格式”选项卡“阴影效果”组中单击“阴影效果”按钮，并在弹出的阴影效果下拉面板中选择所需的阴影效果。

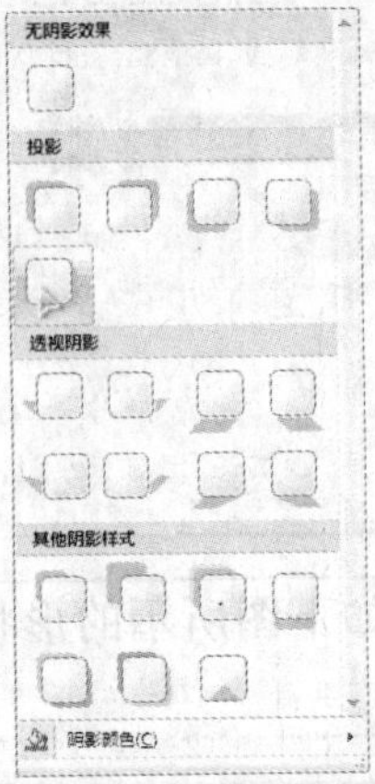

10 应用阴影效果后，可使相框产生立体效果。

11 在“插入”选项卡“插图”组单击“图片”按钮，并在内边框中插入照片，如下图所示。

12 选择图片并将其居中对齐。其图片效果如下图所示。

8.4 装裱国画

装裱国画主要用到“格式”选项卡中的图片样式，使用图片样式可为国画设置各种边框，本例就以为图片设置金属边框制作装裱国画效果。

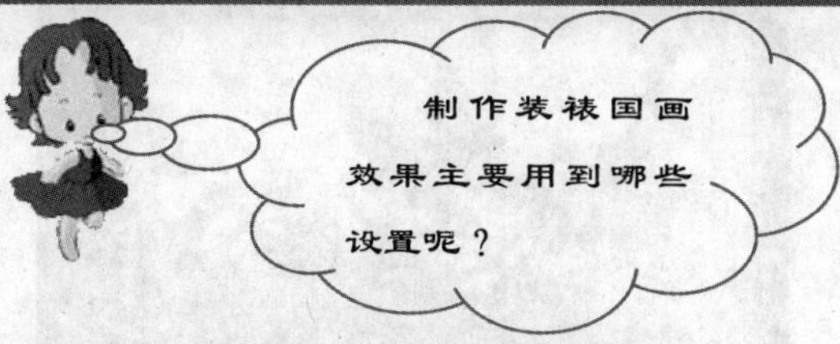

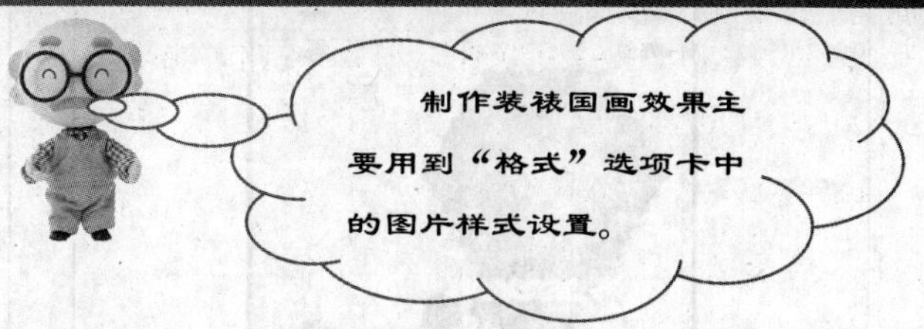

制作装裱国画效果的步骤如下：

1 新建一个文档，并在文档中插入如下图所示的图片。

2 用鼠标双击图片，并在“格式”选项卡“图片样式”组中单击“金属框架”样式。

3 应用金属框架图片样式后，图片效果如下图所示。

4 单击“图片样式”组中的“图片边框”下拉按钮，此时会弹出颜色面板，在此面板中单击“其他轮廓颜色”选项。

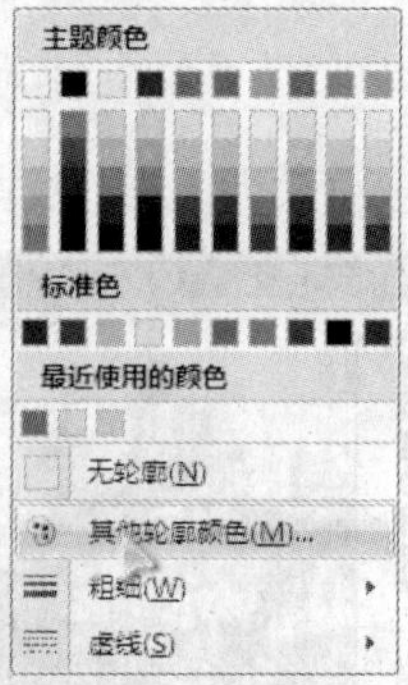

5 此时会弹出“颜色”对话框，在此对话框中单击“标准”选项卡，然后选择外框颜色。

6 单击“确定”按钮后，效果如下图所示。

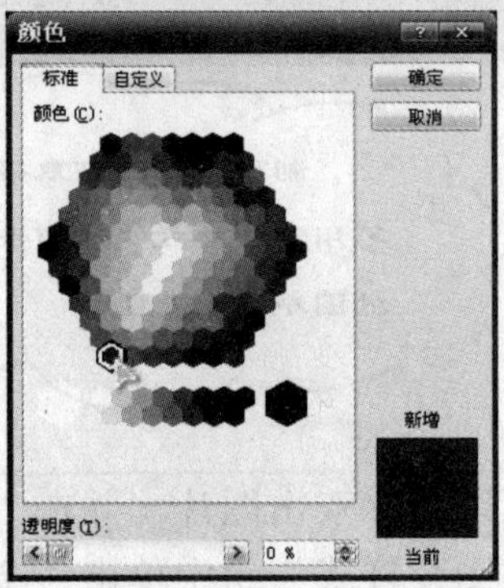

单击“文本框”按钮，在弹出的下拉菜单中单击“绘制竖排文本框”选项。

8 在图片中绘制如下图所示的竖排文本框。

在文本框中输入文本，如下图所示。

10 选择文本框中的文本，打开“字体”对话框，单击“中文字体”栏右侧的下拉按钮，在弹出的列表中选择“华文行楷”；在字形框中选择“常规”选项；在字号列表框中选择“小四”号。

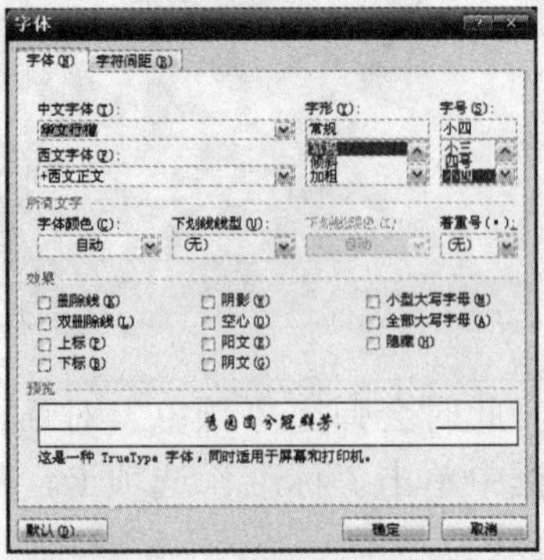

11 单击“确定”按钮后，打开“段落”对话框，在此对话框中单击“行距”栏右侧的下拉按钮，在弹出的列表中选择“固定值”。

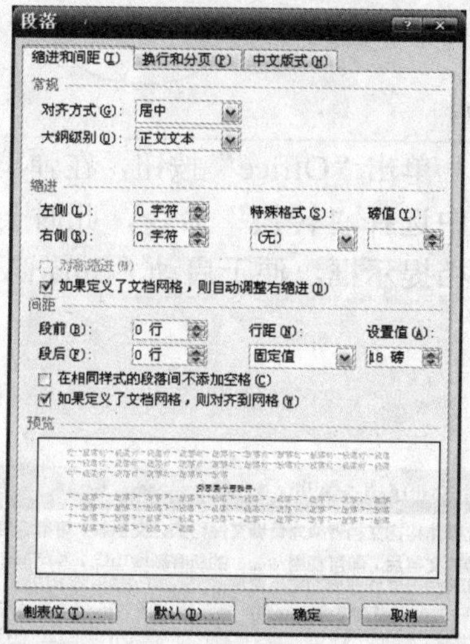

12 单击“确定”按钮后，文本格式效果如下图所示。

13 打开“设置文本框格式”对话框，在此对话框中将其“填充色”和“线条色”都设置为“无颜色”。

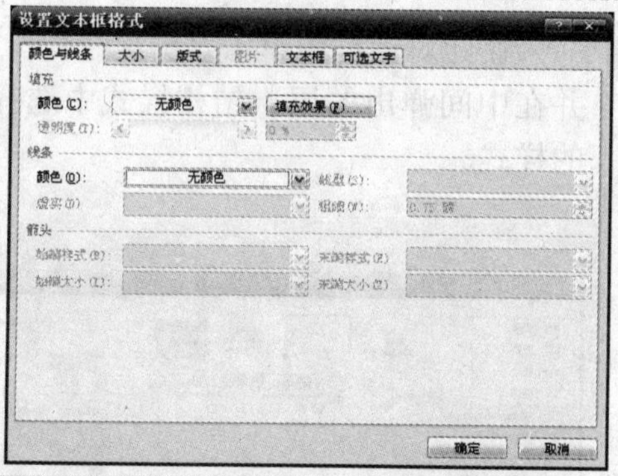

14 单击“确定”按钮后，再调整文本框的位置，最终效果如下图所示。

8.5 制作层次图

使用 Word 2007 提供的“SmartArt”新增功能可快速地制作各种样式的层次结构图、流程图和循环图。

制作层次图主要用到 Word 2007 中的什么功能呢？

制作层次图主要用到“SmartArt”功能。

制作层次图的具体步骤如下：

1 单击“SmartArt”按钮，如果弹出如下图所示的“图示库”对话框则表示当前“SmartArt”功能受到限制不能启动。

2 单击“Office”按钮，在弹出的下拉菜单中选择“转换”命令，此时会弹出转换文档提示框，便于启动“SmartArt”功能。

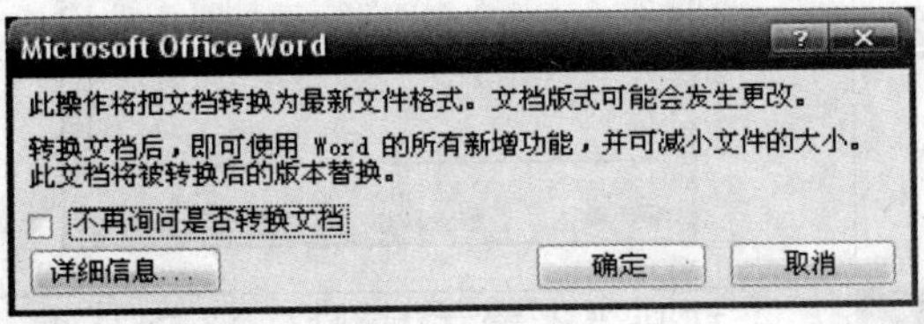

3 单击提示框中的“确定”按钮后，会弹出“选择 SmartArt 图形”对话框。

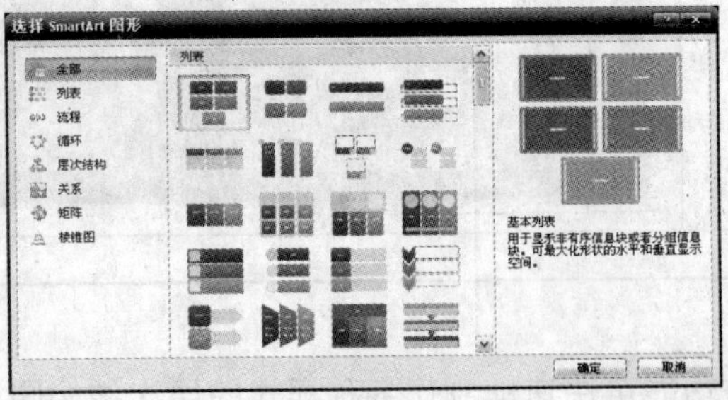

4 在此对话框中单击“层次结构”选项，并在中间弹出的层次结构样式中选择所需的样式。

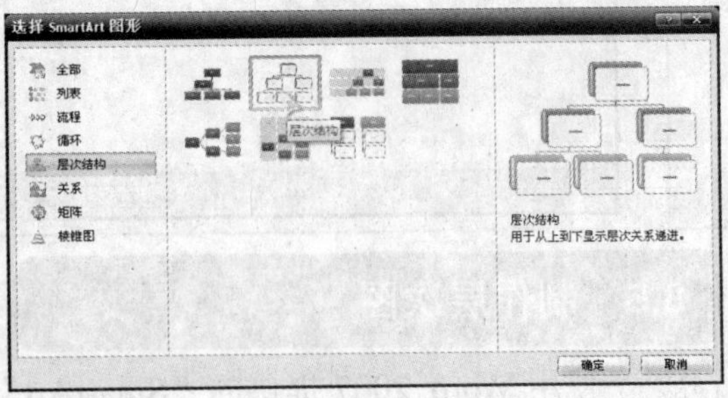

5 单击“确定”按钮后，即可在文档中插入如下图所示的层次结构图。

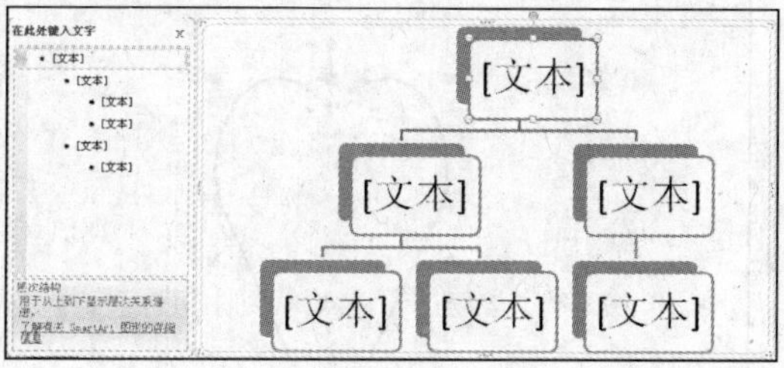

6 在插入的结构图中，单击“在此处键入文字”框下面的“文本”即可输入文本。

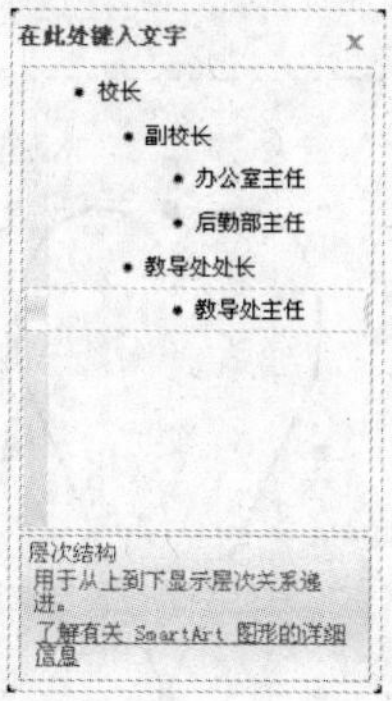

7 在左侧框中输入的文本会自动的填入右侧的层次结构图中，然后选择层次图并拖动调整其大小。

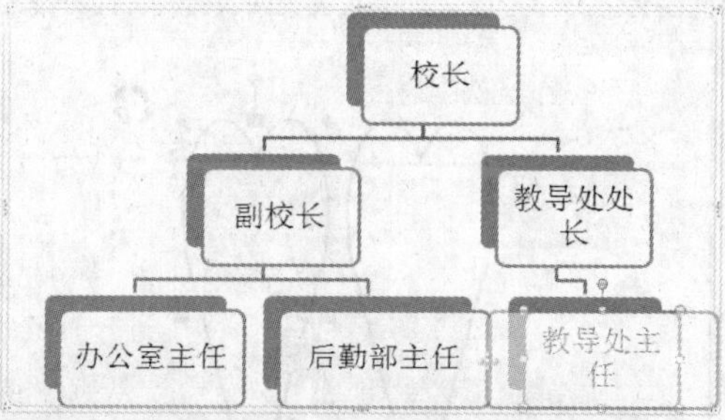

8 层次结构图的最终效果如下图所示。

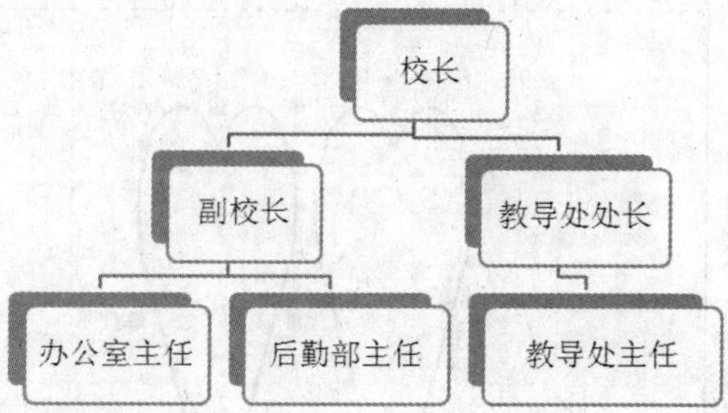

8.6 绘制七色花

绘制七色花的步骤是先使用形状工具中的心形图形绘制花瓣，再通过复制和旋转操作制作出花朵形状，然后使用图形样式面板中的样式设置每个花瓣的颜色，最后组合图形，即可得到最终效果。

绘制七色花的具体步骤如下：

1 在文档中绘制如下图所示的心形图形。

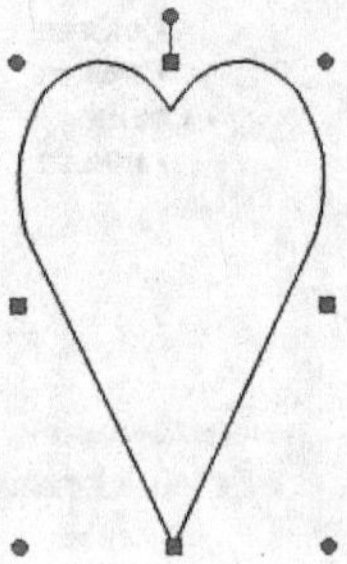

2 用鼠标指向图形上的控制大小点，并按住左键向右拖动，使其变为花瓣形状。

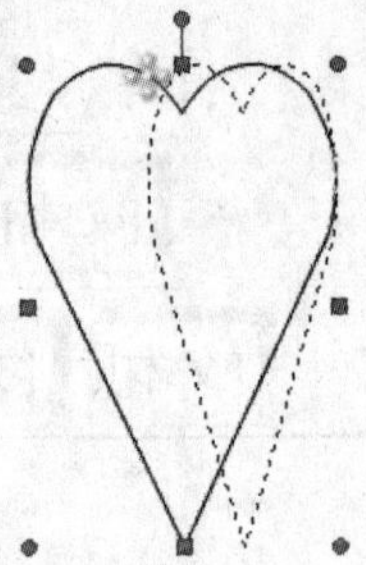

3 选择图形并按住“Ctrl”键，当鼠标旁边出现一个加号时拖动鼠标，即可复制第二个花瓣。

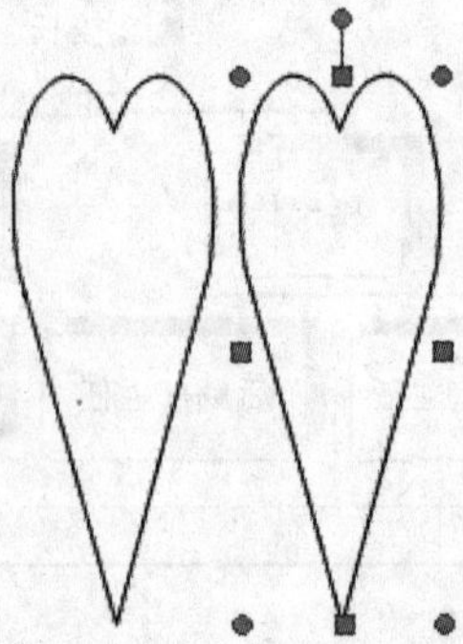

4 用鼠标指向复制图形的旋转控制点，按住左键并旋转。

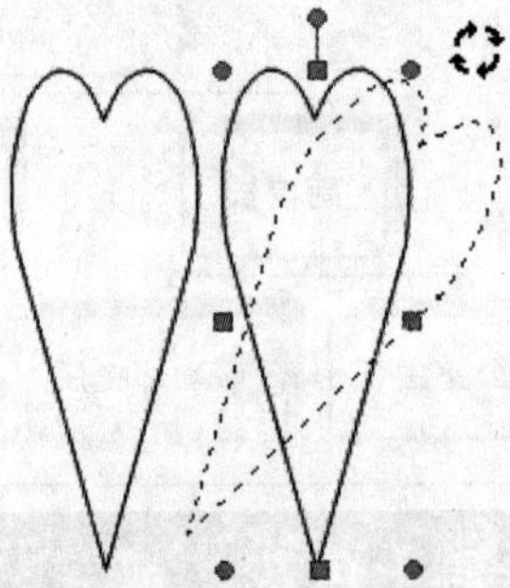

5 旋转图形后，并将图形移动到如下图所示的位置。

6 重复上两步的操作再绘制第三个花瓣，如下图所示。

7 重复上面三步操作，即可绘制如下图所示的七个花瓣。

8 双击其中一个花瓣，单击“图形样式”下拉按钮，在弹出的图形样式面板中选择所需的图形样式。

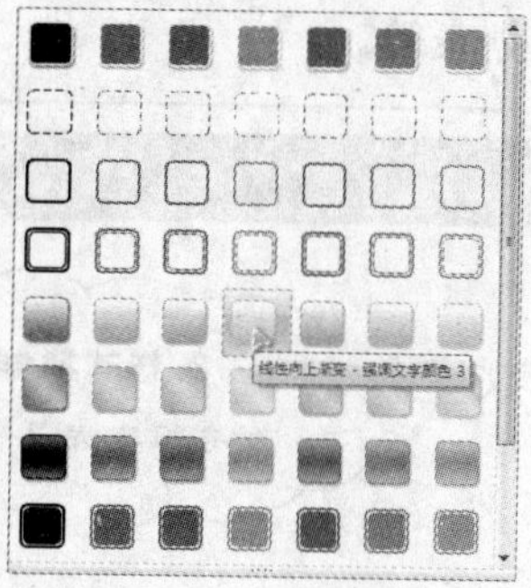

9 应用图形样式后，图形效果如下图所示。

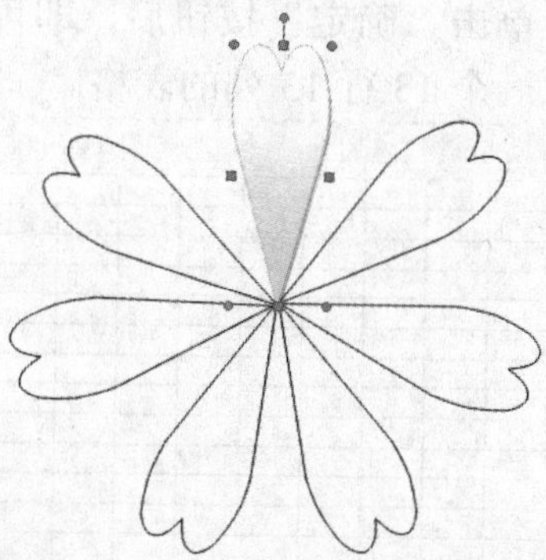

10 重得前面两个步骤的操作，即可得到如下图所示的效果。

11 选择所有的花瓣，并单击右键，在弹出的快捷菜单中选择“组合”/“组合”命令。

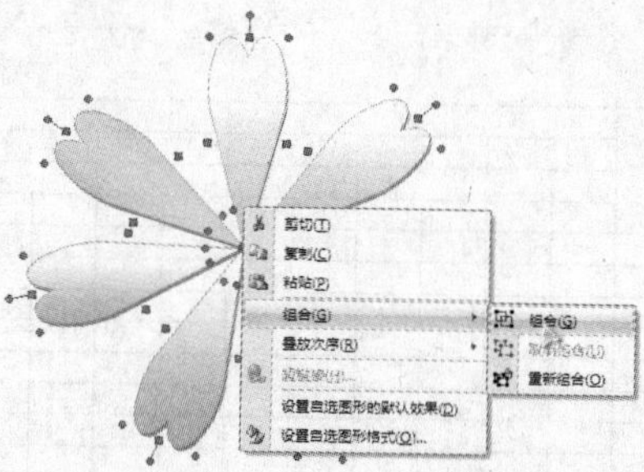

12 组合图像后，即可得到最终效果，如下图所示。

8.7 制作财务报表

使用 Word 2007 中提供的制作表格功能可制作各种表格，如工资计算表、财务报表、生产计划表等。

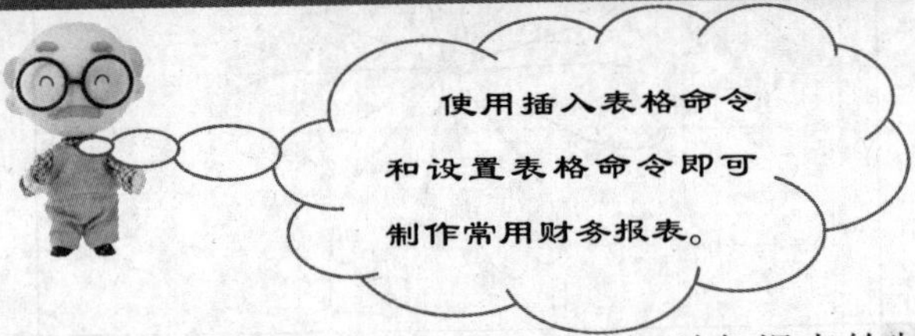

财务报表是企业部门日常使用较多的一种相对较复杂的表格，本例主要讲解财务报表的制作过程。

1 打开“插入表格”对话框，并将其“列数”和“行数”分别设置为13。

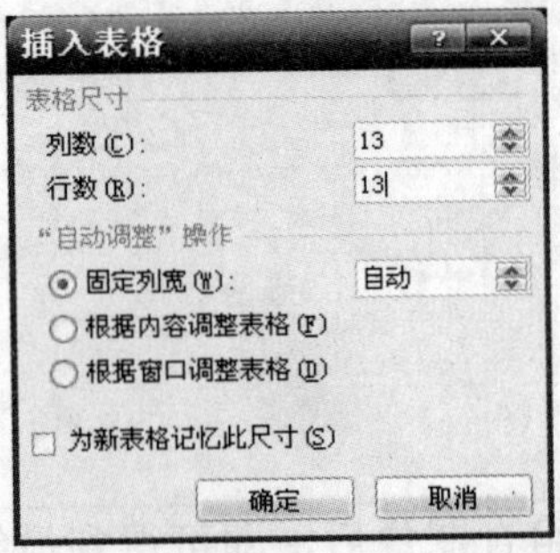

2 单击“确定”按钮后，即可在文档中插入一个13行13列的表格。

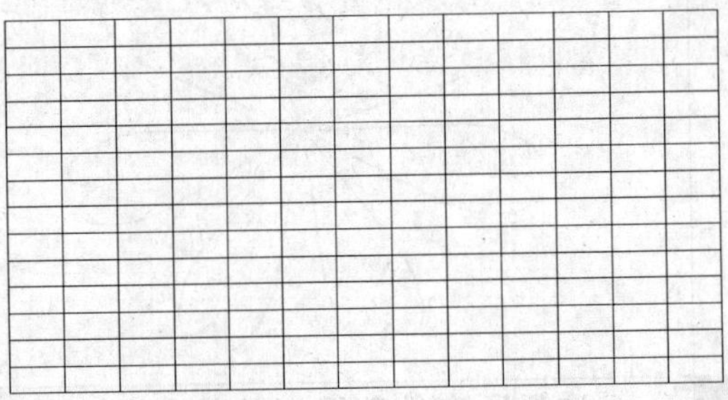

3 在表格中选择需要合并的单元格单击右键，并在弹出的快捷菜单中选择“合并单元格”命令。

4 重复上步操作，合并表格中需要合并的单元格。

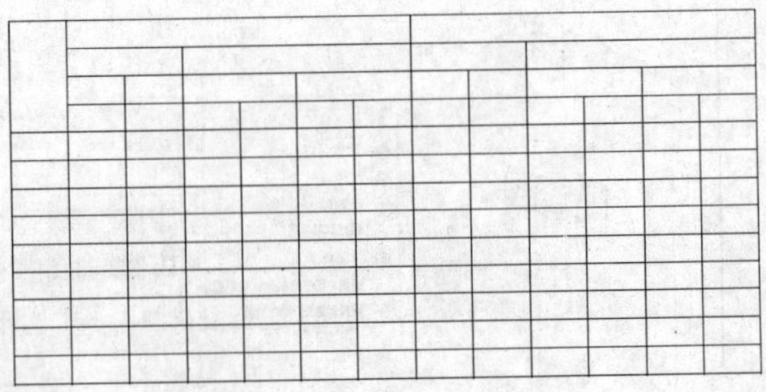

5 将鼠标指向表格中某一单元格的边框，按住鼠标左键并拖动，更改表格的行高。

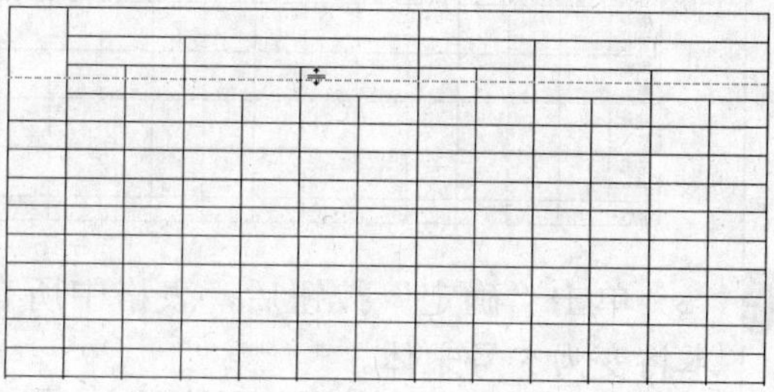

6 设置行高效果如下图所示。

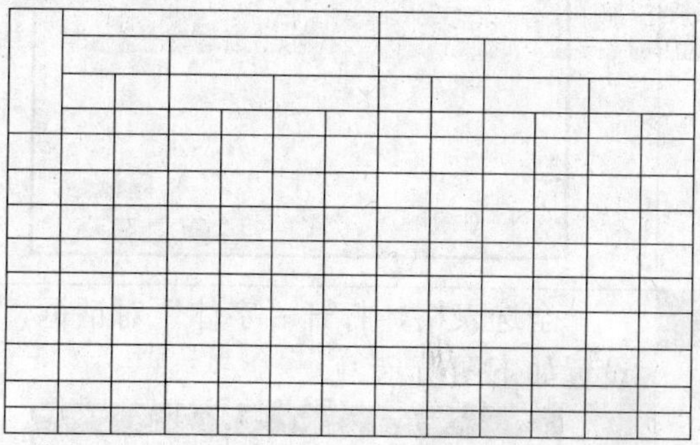

7 将鼠标指向单元格内，并单击即可出现光标，表示此时可在单元各中输入内容。

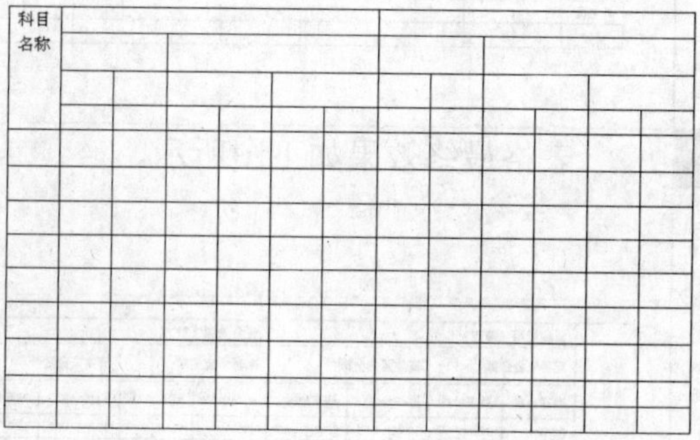

8 在表格中输入内容。

科目名称	资金运用（借方）						资金来源（贷方）					
	配套资金金额		贷款资金金额				配套资金金额		贷款资金金额			
	期初余额	期末余额	期初余额		期末余额		期初余额	期末余额	期初余额		期末余额	
	RBM	RBM	SDR	USD	SDR	USD	RBM	RBM	SDR	USD	SDR	USD
修缮费												
家具费												
仪器费												
资料费												
培训费												
服务费												
业务费												
其它费												
合计												

9 全选表格，打开“表格属性”对话框并单击“单元格”选项卡，将“垂直对齐方式”设置为“居中”。

10 单击“确定”按钮后，表格中所有单元格中的内容将居中对齐。

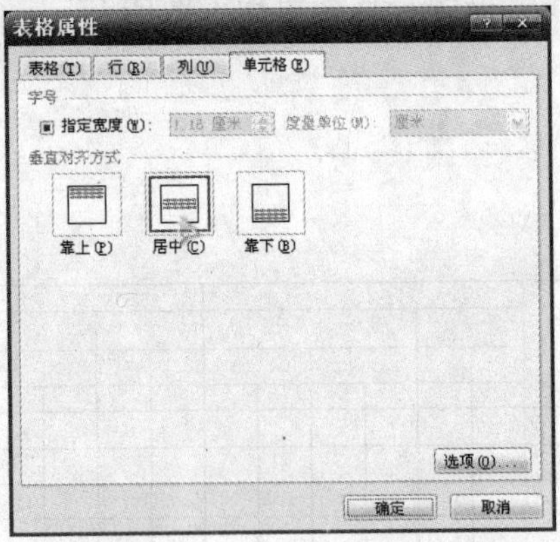

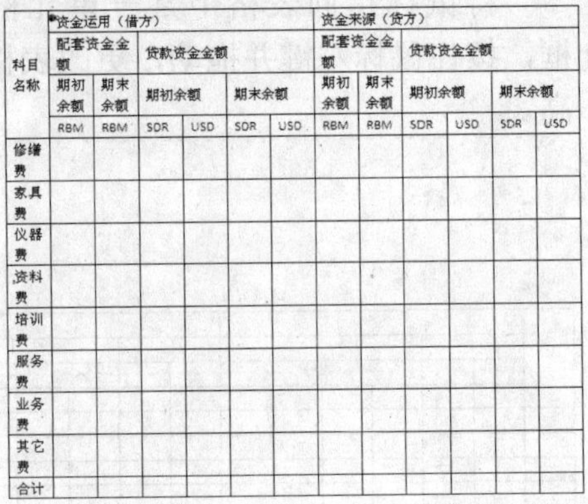

科目名称	资金运用（借方）						资金来源（贷方）					
	配套资金金额		贷款资金金额				配套资金金额		贷款资金金额			
	期初余额	期末余额	期初余额		期末余额		期初余额	期末余额	期初余额		期末余额	
	RBM	RBM	SDR	USD	SDR	USD	RBM	RBM	SDR	USD	SDR	USD
修缮费												
家具费												
仪器费												
资料费												
培训费												
服务费												
业务费												
其它费												
合计												

11 全选表格，打开“字体”对话框，其设置如下图所示。

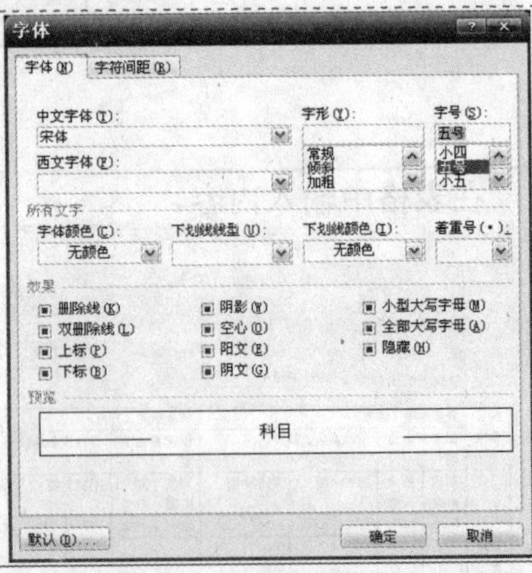

12 单击“确定”按钮后，表格中所有文本将变为 5 号宋体。

科目名称	资金运用（借方）						资金来源（贷方）					
	配套资金金额		贷款资金金额				配套资金金额		贷款资金金额			
	期初余额	期末余额	期初余额		期末余额		期初余额	期末余额	期初余额		期末余额	
	RBM	RBM	SDR	USD	SDR	USD	RBM	RBM	SDR	USD	SDR	USD
修缮费												
家具费												
仪器费												
资料费												
培训费												
服务费												
业务费												
其它费												
合计												

13 选择表格中分段显示的单元格并单击右键，在弹中的快捷菜单中选择“根据内容调整表格”命令。

14 表格最终效果如下图所示。

科目名称	资金运用（借方）						资金来源（贷方）					
	配套资金金额		贷款资金金额				配套资金金额		贷款资金金额			
	期初余额	期末余额	期初余额		期末余额		期初余额	期末余额	期初余额		期末余额	
	RBM	RBM	SDR	USD	SDR	USD	RBM	RBM	SDR	USD	SDR	USD
修缮费												
家具费												
仪器费												
资料费												
培训费												
服务费												
业务费												
其它费												
合计												